PRÉPAS SCIENTIFIQUES
MPSI-PCSI-PTSI-MP2I-BCPST

2021 - 2022
CONFORME À LA RÉFORME

Je réussis mon entrée en prépa

Physique Chimie

Passerelle Terminale → Prépa

Yann Lozier est professeur en classes préparatoires scientifiques au lycée Frédéric-Mistral en Avignon.

Olivier Levasseur est enseignant dans le secondaire au lycée Montmajour en Arles. Il intervient également à l'université de Nîmes.

Vuibert

ISBN : 978-2-311-40829-4

Conception couverture : Makaku - Emmanuel Linares

Conception et mise en page : Sébastien Mengin - Edilibre

Crédits iconographiques : page 7. AdobeStock© yuriygolub - page 21. AdobeStock© sandstoneps - page 131. AdobeStock© hallucion_7

Illustrations scientifiques réalisées Marie-Christine Liennard, Valérie Goncalves et Christel Parolini

SOMMAIRE

Ressources numériques

Pour accéder aux ressources numériques en ligne, retrouvez nos codes à flasher tout au long du livre :
- **QCM d'auto-évaluation** interactifs
- **Figures** en couleurs
- **Fiches et activités Python** de remise à niveau

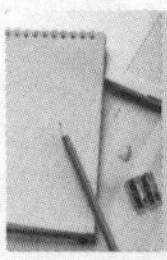

PARTIE 1. MÉTHODES ET CONSEILS POUR FAIRE LA DIFFÉRENCE

PARTIE 2. PHYSIQUE. TOUT CE QU'IL FAUT SAVOIR POUR RÉUSSIR

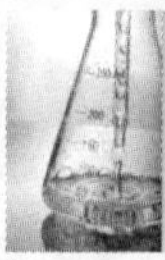

PARTIE 3. **CHIMIE. TOUT CE QU'IL FAUT SAVOIR POUR RÉUSSIR**

Ressources numériques

Retrouvez des fiches et activités interactives en Python pour une remise à niveau efficace

lienmini.fr/40828-PYTHON

MODE D'EMPLOI

Cet ouvrage a été conçu comme un **outil de révisions** pratique et agréable pour l'élève. Des rubriques, agrémentées de **pictogrammes**, permettent une lecture non linéaire et des **points de repères** visuels.

À retenir
Pour réviser et maîtriser les notions et les définitions essentielles du programme. Elles sont à connaître par cœur.

Objectif prépa
Pour s'immerger dans le programme de prépa. Un avant-goût des exigences de première année.

Attention !
Pour mettre en avant les points de vigilance.

D'autres rubriques, **Remarque**, **Exemple**, **etc.** viennent enrichir les synthèses de cours et permettent une meilleure appropriation des contenus.

PARTIE 1

MÉTHODES ET CONSEILS POUR FAIRE LA DIFFÉRENCE

Plan de la partie

MÉTHODOLOGIE DE TRAVAIL

Vous allez entrer en classe préparatoire aux grandes écoles (CPGE) ? Vous vous posez des questions sur vos capacités de réussite, sur le niveau de difficulté, sur l'organisation du travail ? Retrouvez ici tous les conseils qui vous permettront d'entreprendre plus sereinement ces deux années de formation et vous seront utiles, autant pour votre vie d'étudiant qui démarre que pour votre vie professionnelle à venir.

1 L'entrée en classe préparatoire aux grandes écoles

Présentation générale

Les CPGE, qu'elles soient scientifiques (comme cela va nous intéresser dans cet ouvrage), littéraires ou commerciales, font l'objet de nombreuses idées préconçues. Quantité de travail à fournir colossale, cours qui vont à toute vitesse, professeurs sévères, mauvaises notes, même pour les meilleurs élèves, autant d'idées passéistes et qui ne sont en aucun cas le reflet des changements et des évolutions entrepris en classe prépa. Les enseignants sont très attentifs et à l'écoute de leurs étudiants, la camaraderie est forte entre membres d'une même classe et, avec beaucoup de motivation et d'investissement, ces deux années se vivent très bien. Un premier point rassurant : si votre dossier est sélectionné et que vous êtes pris, c'est déjà bon signe ! Cela signie que des enseignants expérimentés de prépa ont inspecté votre dossier et que votre réussite ne fait aucun doute. La légende des prépas peut faire peur, mais, si la montagne paraît grande, elle n'en reste pas moins surmontable. Chaque année, un très grand nombre d'élèves intègre une école d'ingénieurs ou un autre cursus. La qualité de la formation en prépa est telle que tout élève trouvera sa voie.

Les parcours et filières en prépas scientifiques

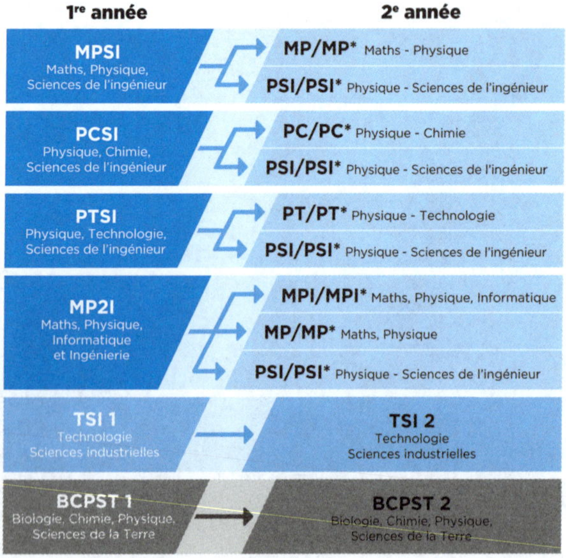

2 Les 6 qualités d'un préparationnaire

1. Faire preuve de persévérance et d'une bonne capacité de travail

La prépa implique un rythme de travail soutenu, avec une trentaine d'heures de cours par semaine qu'il faut compléter chaque jour par des heures de travail personnel, avec un rythme soutenu contenant des interrogations orales (les « colles ») et un devoir écrit chaque semaine (les DS). Le rythme sera nécessairement plus soutenu que ce que vous avez pu connaître au lycée et la préparation aux concours implique de se préparer pendant deux ans et donner le meilleur de soi-même lors des épreuves pour avoir les meilleurs résultats possibles. Il faut donc tenir sur la durée et travailler régulièrement.

2. Être capable de se concentrer

Un travail efficace implique une bonne capacité de concentration. Être capable de se concentrer sur une tâche ou sur la réalisation d'un exercice vous permet d'avancer plus rapidement dans les exercices, de comprendre en classe et ainsi commencer, dès la prise de notes, à mémoriser des savoirs opérationnels.

3. Savoir s'organiser

Les journées sont bien remplies et vous avez plusieurs matières différentes à travailler chaque jour. Il faut également prévoir des temps pour soi, afin de pratiquer une activité sportive et conserver des loisirs. Anticiper le travail à faire, répartir la charge de travail sur la semaine et aménager ses plages de détente implique une bonne capacité d'organisation et la gestion d'un planning, ce qui sera un atout certain pour vos deux années de CPGE.

4. Être rigoureux

La prépa est une formation scientifique où la rigueur dans le raisonnement est de mise. Savoir mettre en relation des informations, raisonner, utiliser ses connaissances pour proposer des interprétations, quantifier des phénomènes et réaliser une analyse critique est au cœur de cette formation.

5. Être polyvalent et curieux

Non seulement vous aborderez des thèmes très divers en physique-chimie, thermodynamique, mécanique, chimie moléculaire, atomistique, mais vous étudierez également des mathématiques, de l'informatique, de l'anglais, ou du français-philosophie. La réussite aux concours implique de s'investir dans l'ensemble de ces disciplines et donc de faire preuve d'une curiosité pour le monde qui vous entoure.

6. Avoir un ou plusieurs objectifs

Un travail soutenu dans l'optique d'un concours est difficilement envisageable sans but. Même si celui-ci peut bien évidemment changer au cours des deux années grâce à une meilleure connaissance des débouchés professionnels et des formations proposées par les grandes écoles. Il est important d'avoir un objectif qui vous aide à tenir sur la durée tout en cherchant à progresser dès que possible.

3 Les 5 conseils pour bien démarrer votre année

1. Entrer rapidement dans votre année

Les premières semaines sont très importantes et les enseignants vont démarrer l'année dès la première heure de cours. Il sera considéré que l'ensemble des connaissances du lycée sont acquises et surtout, maîtrisées. Ce livre vous y aidera ! Le premier des conseils est donc de réviser sérieusement durant les vacances d'été, avant la reprise des cours. Assurez-vous de savoir encore manipuler des équations mathématiques et de résoudre quelques exercices très importants et classiques de physique et chimie (tous les exercices de ce livre sont conçus dans ce sens). Vous pourrez alors affronter votre formation sur un bon pied.

2. Vous mettre au travail tout de suite

Les enseignants vous donneront, dès le premier jour, des directives pour travailler intelligemment, il faut donc les saisir immédiatement et les appliquer tout de suite, sans attendre en se disant que « pour le moment, ça va ! ». Si vous prenez du retard dès les premières semaines, vous serez vite débordé.
L'avantage, c'est qu'une fois le rythme pris et les méthodes correctement appliquées, il n'y aura plus aucune raison de flancher durant les deux ans qui vous attendent.

3. Optimiser votre temps

Il est souvent compliqué, pour de bons élèves du secondaire qui pouvaient s'accorder beaucoup de temps libre (pour les loisirs ou autre) de s'adapter à ce rythme. Il faut sortir radicalement du monde lycéen (parties de cartes, soirées en semaine, grande pratique sportive, flânerie) pour s'approprier l'« esprit prépa », beaucoup plus rigoureux. Vous ne devez pas vous leurrer, ces deux années de CPGE demandent beaucoup d'énergie, de motivation et de temps. Se créer un planning de travail et faire la chasse au temps non utilisé est donc primordial, par exemple en mettant à profit le temps dans les transports (en faisant des fiches de révisions ou en utilisant un système de flashcards interactives pour mémoriser les notions). Ce qui est certain c'est que, quel que soit votre niveau, en comparaison du travail fourni au lycée, il faudra amplifier votre plage horaire de travail personnel.

4. Vous attribuer des temps de détente

La prépa vous demandera une forte implication dans le travail que vous ne pourrez maintenir que si vous savez vous attribuer des moments de plaisir et de détente. Il faut simplement réduire ce temps et le ritualiser sur une durée brève. Adieu le sport tous les deux soirs dans un club et le week-end en journée, mais pourquoi pas une séance par semaine ? Sur votre planning, vous pouvez prévoir de sortir avec vos amis tous les samedis après-midi pour vous aérer, mais pas plus. Ce sera vital pour tenir sur la durée. On ne vous demande pas de vous couper complètement du monde, tout est une question d'organisation ! Il en va de même pour les amitiés et les relations amoureuses, il ne faut en aucun cas les sacrifier. Les classes prépas sont un lieu de travail mais aussi un lieu de développement personnel et de rencontres. Vous allez justement passer beaucoup de temps en présence de vos camarades, vous serez tous confrontés aux mêmes problématiques et vous le vivrez tous avec vos propres difficultés. Cela crée forcément un lien très fort et durable, ce qui est précieux.

5. Travailler efficacement chaque matière et sur le long terme

Ne partez pas bille en tête, en vous disant simplement que vous allez « travailler plus ». Cela ne veut rien dire, il faut réfléchir aux bons moyens d'améliorer son efficacité et son organisation de travail pour qu'elles soient efficaces sur le long terme. Chaque matière compte, il est impossible de laisser une matière de côté en prépa, c'est l'une des grandes difficultés. Vous allez avoir des matières dominantes, comme les mathématiques, la physique, la chimie ou les sciences de l'ingénieur, pour lesquelles le nombre d'heures de cours est très important. Mais vous aurez aussi l'étude obligatoire d'une langue vivante et des cours de français-philosophie, par exemple. Ces deux matières, parfois sous-considérées par les étudiants, peuvent justement faire une immense différence entre les candidats aux concours. Dans votre planning, il faudra prévoir un temps pour chaque matière et sur chaque semaine. Attention, néanmoins, à bien répartir le temps en fonction de la matière. Il est évident que vous ne pouvez pas passer 3 heures par jour sur l'anglais et 15 minutes seulement sur les maths. Pour gagner en efficacité et optimiser vos méthodes, vous pouvez vous procurer le livre *Intégrer l'X ou l'école d'ingénieurs de tes rêves*, paru aux éditions Vuibert, qui recense, notamment, toutes les méthodes de travail indispensables pour réussir en prépa.

Astuce ! Attention aux tentations extérieures !

Sachez que personne n'est multitâche. Des études en images IRM montrent que l'attention saute d'une tâche à l'autre et qu'il faut environ 10 secondes pour se recentrer sur une tâche. De même, avoir un smartphone allumé à côté de soi nous ferait perdre 30 % de notre attention. Lorsque vous commencez à travailler, que ce soit pour un cours, un exercice, une révision, coupez tout ce qui pourrait interférer avec votre travail : téléphone, télévision, radio, par exemple. Essayez de vous isoler au maximum pour vous créer une bulle de concentration de plusieurs heures.

4 La gestion de la masse de travail

Rythme insoutenable ? Pas tant que ça

Le rythme d'une année de classe prépa est très soutenu : on le compare souvent à un marathon dont la ligne d'arrivée serait le passage des concours. Ce but ultime est à garder en tête comme source première de motivation. Comme dans un marathon, un départ à vitesse maximale ne permettra pas de tenir sur la durée, mais un départ trop lent ne permettra pas, non plus, de finir la course dans le temps imparti. Il faut donc s'imposer un rythme soutenu dès le départ, qui fait appel à toutes vos capacités, voire à un dépassement de vos limites. Cette rigueur vous apportera beaucoup par la suite, autant dans votre vie d'étudiant que dans votre vie professionnelle future. On se pose souvent la question du nombre d'heures nécessaires pour performer en prépa. Les études montrent, qu'en moyenne, un élève en CPGE travaille 50 heures par semaines (30 heures de cours + 12 heures de travail personnel par semaine + 8 heures le week-end) contre 36 heures pour un étudiant à l'Université (22 heures de cours + 10 heures de travail personnel par semaine + 4 heures le week-end). Mais ces chiffres restent des moyennes, chaque étudiant trouvera son propre rythme et encore une fois son propre planning de travail.

Travail et planification

La première étape est de fournir un travail très régulier tous les soirs de la semaine, vendredi soir inclus. La régularité est la plus grande clé de la réussite. Il faut commencer par reprendre les cours de la journée et les apprendre. À l'aide d'un planning de travail préétabli à l'avance, définissez des plages horaires de révision pour chaque matière et tenez-vous-y. Vous pouvez essayer de définir votre type de mémoire pour adapter les temps dédiés à chaque tâche en fonction. Un étudiant qui révise de manière efficace, 30 minutes tous les soirs de la semaine connaîtra bien mieux son cours qu'un étudiant qui réviserait en une seule fois pendant 3 heures. On trouve des courbes qui traduisent l'évolution de la disparition du savoir au fil du temps et du temps nécessaire pour l'acquérir de nouveau.

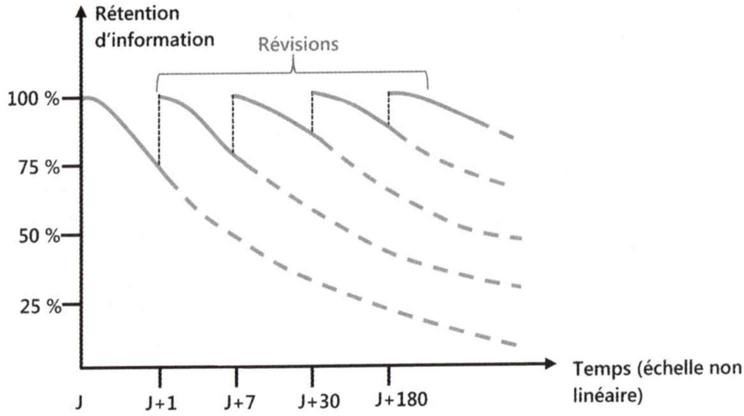

▶ **Figure 1.** Lien entre révision et mémoire.

Le week-end doit être utilisé aussi pour travailler, réviser et faire les exercices ou devoirs maison demandés, au moins un jour entier sur les deux (soir inclus). Attention, donc, aux fêtes qui finissent très tard tous les samedis. Vous risquez de ne pas être en forme le dimanche et d'avoir donc perdu un week-end entier, ce qui vous désavantagera sur le long terme si cela se reproduit trop souvent.

Astuce ! La technique du feedback

Pour aider à l'acquisition des savoirs, presque tous les enseignants de CPGE conseillent la méthode dite du « feedback ». Ce concept a été inventé en 1990 par Éric Maurette, mais la méthode est ancestrale. Il s'agit de contrôler, par écrit, par oral ou mentalement ce que l'on vient d'apprendre. Pratiquée quotidiennement, cette méthode permet des résultats spectaculaires (bien souvent utilisée par la plupart des majors de Polytechnique, Centrale, etc.). Nous conseillons de faire deux feedbacks par jour : un pour le cours et l'autre pour les exercices. Vous pouvez les faire en rentrant des cours (pendant les trajets par exemple). Essayez tout simplement de vous rappeler votre cours et vos exercices sans regarder ni vos livres, ni votre cahier, ni vos notes. Cela nécessite d'avoir été bien attentif en cours et de capitaliser le temps d'attention en classe. L'autre possibilité est de faire son feedback après avoir relu et appris votre cours, fait vos exercices. Cela ne vous rajoute pas de travail, mais vous fait gagner du temps à long terme : vous aurez besoin de moins de temps pour maîtriser le cours et de moins d'exercices pour améliorer vos résultats.

Santé et travail acharné

Tout ce que nous venons d'évoquer nous amène a revenir sur le repos et l'hygiène de vie. Il vous faudra vous maintenir en forme. Cela passe par plusieurs choses : des repas équilibrés et à heures fixes ainsi qu'un sommeil de qualité et en quantité suffisante. Ce conseil s'adresse particulièrement aux élèves qui vont quitter leurs parents pour se retrouver, pour la première fois, en appartement, en chambre étudiante ou en collocation. Vous n'aurez plus vos parents pour vous imposer un rythme de vie cadré et on peut parfois être tenté, justement, par une nourriture trop riche et un coucher tardif. L'hygiène de vie fait partie des points à ne pas négliger : la mémoire et l'attention ne peuvent se maintenir au plus haut niveau que si, physiquement, le corps est reposé et en pleine forme. Cela implique aussi une hygiène irréprochable : un appartement (ou une chambre) propre et bien rangé sera la preuve que votre esprit l'est aussi !

La prépa est véritablement le lieu où l'on apprend à travailler et à faire, en très peu de temps, plusieurs tâches de manière efficace. Pour commencer, occupez-vous des choses simples et rapides, vous économiserez ainsi vos forces pour vous attaquer ensuite aux choses plus complexes (l'inverse serait une erreur : on s'épuise sur les choses complexes et on finit par faire des erreurs ou par ne plus avoir le temps de traiter les choses simples). Maximisez le temps de travail en faisant la chasse aux moments creux (en CPGE, du temps passé à ne rien faire est du temps perdu), entraînez votre mémoire en revenant régulièrement sur les connaissances, même celles que vous savez très bien. La mémoire est comme un muscle, elle se travaille.

5 Les cours et les différents types de devoirs

Les cours

Rappelez-vous que la physique-chimie est une science cumulative, c'est-à-dire que plus on assimile les notions, plus on en comprend le principe et la finalité. Aller en cours doit donc être une évidence, car c'est en cours que se joue l'assimilation et la compréhension. En effet, si vous ne prenez pas le cours du professeur et n'assistez pas aux échanges avec les élèves et aux questions, vous perdrez une bonne partie des connaissances à assimiler. Une heure de cours pleinement suivie diminue très largement le temps à fournir ensuite pour l'apprendre. Des études montrent que, pour une heure de cours, la différence de temps d'apprentissage peut aller jusqu'à trois fois plus pour un étudiant qui n'aurait pas suivi la leçon. Cela reviendrait à apprendre seul, armé de son cours ou d'un livre, ce qui reste très complexe et qui demande quatre à cinq fois plus de temps qu'un apprentissage accompagné par les explications orales d'un enseignant.

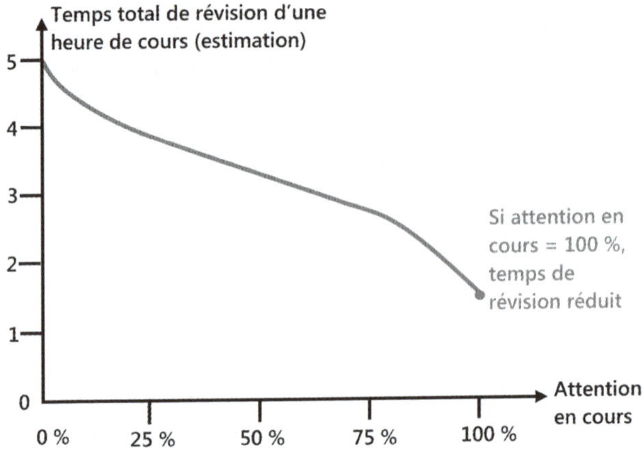

► **Figure 2.** Lien entre révision et mémoire.

Cependant, suivre en cours ne signifie pas simplement qu'il faut rester silencieux, bien assis sur sa chaise et recopier, lettre après lettre, phrase après phrase, ce que l'enseignant écrit au tableau en se disant que l'on relira le soir pour voir ce que l'on a compris. Ne vous comportez surtout pas comme une machine à écrire. Il faut être mentalement présent, suivre le raisonnement de l'enseignant au fur et à mesure qu'il avance. D'ailleurs, l'enseignant n'écrit pas tout, c'est à vous de suivre les explications et de noter les remarques importantes évoquées à l'oral. Un cours qui se suit est un cours où l'on est très actif et concentré (ce qui n'a rien d'évident sur plusieurs heures sans pause). Cela vous fera gagner un temps précieux pour vos révisions du soir. Dans votre planning de travail du soir, prévoyez un temps pour apprendre votre cours. Vous devez, le soir, revoir vos notes pendant que le cours est encore « frais » dans votre tête. Cette étape ne doit pas vous prendre beaucoup de temps mais permettra de bien retenir les notions importantes et, si vous n'avez pas compris quelque chose, de poser des questions au prochain cours. Vous pouvez aussi faire des fiches avec les définitions, les formules et quelques exemples illustratifs. Par la suite, celles-ci vous permettront de réviser les colles et les concours.

Astuce ! De l'importance de bien prendre ses notes

Parlons ici d'un point primordial, la prise de notes et la tenue du cahier ou du classeur. Un cours bien pris, avec une écriture soignée et facilement lisible, aéré, qui montre au premier coup d'œil les éléments importants à l'aide de couleurs, des résultats encadrés ou soulignés… tout cela facilitera grandement deux choses :

- votre envie d'y revenir ;
- votre rapidité à apprendre ou réviser par la suite.

En cours, ne vous contentez pas d'écrire uniquement ce qu'il y a au tableau. Votre professeur n'écrit pas tout ce qu'il dit et fera beaucoup de remarques à l'oral. Pour une prise de note efficace, n'hésitez pas à préparer des copies/pages avec des marges agrandies dans lesquelles vous noterez les commentaires du professeur ou de vos camarades. La plus grande difficulté sera de noter et d'écouter en même temps. Avec de la pratique, vous y arriverez très bien!

Les exercices

Lors de chaque cours, le professeur va donner des exercices à faire. Il ne les donne pas pour le plaisir mais pour vous aider à apprendre et à développer les bons raisonnements, à procéder avec méthode à la résolution d'un problème. C'est une occasion constante de s'entraîner et vous avez besoin de travailler à l'aide d'exercices pour comprendre en profondeur le cours. Dans votre planning, gardez du temps pour faire les exercices directement après la révision du cours, il aura l'avantage d'être encore frais dans votre esprit. Vous pouvez vous retrouver dans la position d'un étudiant perdu devant son exercice, qui n'arrive pas à savoir par où commencer. Vous vous en doutez, la solution n'apparaîtra pas par magie! Ce qui est efficace, cependant, c'est de découvrir le plus précisément possible le but de l'exercice. Est-ce un exercice qui ne sert qu'à appliquer directement le cours, un exercice qui vous amène à réfléchir sur tout le chapitre ou, enfin, un exercice qui crée du lien entre plusieurs chapitres? Une fois ce but déterminé, tentez de définir des mots de vocabulaire associés à l'exercice : mécanique du point matériel, élongation d'un ressort, réaction acido-basique, dosage conductimétrique, équation différentielle du second ordre, régime transitoire, etc. Cela vous permettra de savoir à quelle partie du cours, l'exercice se réfère précisément (les cours en CPGE sont plutôt longs et denses). Pour finir, il faut maintenant faire appel à votre mémoire, vous souvenir des outils à mettre en place (définitions, formules, démonstrations, exercices d'application dont le problème était semblable, etc.). Avec cela, vous devriez être moins perdu, si jamais cela vous arrive. Au sein même du contenu d'un exercice, après avoir lu plusieurs fois les questions et être sûr qu'elles sont comprises, posez-vous les grandes questions récurrentes suivantes :

- Que me demande de chercher la question?
- Quelles informations me donne l'énoncé?
- Qu'ai-je appris qui permet de relier les deux (formules, définitions, etc.)?

Lorsque vous avez terminé, relisez-vous bien et vérifiez la cohérence de vos réponses. Si ce sont des exercices issus d'un livre, reportez-vous au corrigé pour comprendre le raisonnement attendu et les erreurs éventuelles.

Les DM (devoirs maison)

Les devoirs maison (DM) sont des exercices plus conséquents, à la manière d'un mini-sujet de concours. Ils sont, avec les colles, la principale source d'inquiétude chez les élèves. Vous en aurez pratiquement toutes les semaines et dans presque toutes les matières. Ces devoirs peuvent demander énormément de temps pour être réalisés entièrement et nécessitent une organisation et une planification impeccables. Dans votre planning, prévoyez donc un temps pour avancer sur les DM, c'est le même principe que pour les cours ou les exercices, ne les remettez pas à plus tard. Si vous vous retrouvez avec un devoir maison à rendre « demain », c'est « qu'aujourd'hui », il est presque terminé. En CPGE, les devoirs maison se donnent toujours au moins une semaine à l'avance et se travaillent donc dès le soir où on les reçoit. S'y mettre la veille, c'est aller à l'encontre du point « travailler pour le long terme ». Par manque d'organisation, les élèves sont parfois tentés de bâcler les DM, en cherchant une solution existante sur l'Internet, par exemple. Cette démarche est contreproductive si l'on souhaite progresser durant les deux années de prépa. Il est, de très loin, préférable de fournir un effort mental personnel, de chercher véritablement les solutions, quitte à ne pas réussir à tout faire et bloquer sur certaines questions. Il faudra alors passer du temps sur la correction donnée par le professeur et s'assurer de bien comprendre les astuces de calcul et les étapes importantes du raisonnement.

Une possibilité notable pour les DM reste de les faire à plusieurs, en tout cas de temps en temps, car, n'oubliez pas que le jour de l'épreuve, vous serez seul devant votre copie. En effet, l'entraide dans la classe est bien plus une arme qu'un danger en CPGE. Deux étudiants qui s'aident sont gagnants : le premier aura tellement réfléchi au sujet pour donner ses explications qu'il peut être certain d'avoir assimilé les savoirs, le deuxième reçoit une aide d'un camarade de classe avec un langage sans doute plus adapté que celui des enseignants et avec une autre manière de dire les choses. Les devoirs maison peuvent donc être l'occasion d'un travail collaboratif.

Les colles

Les colles (parfois écrit « khôlles ») sont l'une des spécificités des prépas. Chaque semaine, durant une heure et par petits groupes de trois élèves, vous êtes interrogé à l'oral par un « colleur » (souvent un professeur que vous ne connaissez pas) sur un sujet que vous avez vu en cours durant la semaine. En général, après avoir posé une question de cours, le colleur vous propose un exercice à résoudre au tableau. L'objectif des colles est bel et bien de vous préparer aux oraux des concours. Le colleur vous donnera un exercice « nouveau » pour voir si vous parvenez à saisir quel est le problème et à trouver des pistes pour le résoudre. Donc, pas de panique ! D'une part, c'est un oral, vous n'avez pas encore l'habitude. D'autre part, l'intérêt pour le colleur sera plutôt d'analyser votre réflexion que la véracité de la réponse : un cours bien appris, des définitions et calculs utilisés à bon escient et des idées proposées vous permettront d'avoir une note forcément correcte. Un scientique se doit de pouvoir se justier ou, au moins, de voir pourquoi ce qu'il propose est sans doute faux. L'enseignant vous donnera alors quelques pistes qu'il faudra savoir attraper au vol pour rectifier sa démarche et, peut-être, finir l'exercice ! On ne vous en voudra jamais de ne pas trouver seul une astuce complexe ou de ne pas penser à une démarche originale, mais on vous reprochera vos erreurs de raisonnement ou, pire encore, d'essayer de « bluffer » votre interrogateur. Le plus important est d'être actif, même si l'exercice vous échappe. Une attitude passive ne donne pas envie à l'examinateur de vous aider. N'hésitez pas à dialoguer avec lui pour lui expliquer où vous bloquez, il vous aidera. Si la colle ne s'est pas bien passée, notez les exercices que vous avez eus et vérifiez que vous savez les refaire. Cette démarche sera payante, car les exercices donnés en colles sont très souvent des « classiques » qu'il faut maîtriser.

Les DS (devoirs surveillés)

Les devoirs surveillés sont pratiquement des sujets de concours blancs. Ils reviendront toutes les semaines dans une matière différente (ou dans plusieurs matières quand les cours n'ont pas encore suffisamment avancé, en début d'année par exemple) et durent 4 heures. Le but des DS, n'est pas de torturer les étudiants mais bel et bien de :

- vérifier que le cours est appris régulièrement;
- vérifier que le cours est compris et que l'on sait s'en servir intelligemment;
- vous entraîner à affronter des problèmes de 4 heures.

Le grand avantage des devoirs surveillés c'est que vous savez précisément sur quoi vous allez être interrogé, puisqu'il s'agit uniquement des notions acquises. Les DS, à la manière d'un sujet de concours, peuvent être constitués de plusieurs petits exercices avec éventuellement un problème, de plusieurs problèmes ou d'un problème unique très long. Si vous avez suivi tous les conseils précédents, produit un travail régulier, appris vos cours et fait des exercices chaque soir, le travail à fournir la veille d'un DS n'est pas plus dense qu'un autre jour. Vous prendrez sans doute la peine de passer en revue plusieurs exercices, mais vous serez largement prêt. Il vous suffira ensuite, le jour du contrôle, d'appliquer tous les conseils donnés pour résoudre les exercices et mener à leur terme les problèmes que l'on vous propose. Si votre inquiétude concerne votre vitesse d'exécution, gardez en tête deux choses :

- les sujets de concours sont faits de manière à être trop longs pour le temps imparti. Pour un sujet de 4 heures, il faut souvent plus de 3 heures pour, ne serait-ce que recopier la correction à la main sans réfléchir une seule seconde! Cela permet de balayer large et de donner à chaque étudiant, l'occasion de trouver quelque chose qu'il sait faire;
- le seul moyen de se guérir d'une trop faible rapidité d'exécution est de faire des exercices. Pratiquez, pratiquez, pratiquez!

Quand vous aurez vos notes, pas de découragement. Apprenez de vos erreurs. Là encore, la correction doit être utilisée pour voir ce qui n'a pas été compris, quelle astuce est passée à la trappe lors de l'épreuve et comment ne plus se faire piéger dans le cas où vous rencontreriez de nouveau, un problème similaire.

Les épreuves de concours

Les concours sont l'aboutissement des deux années de prépa. Durant les deux ans, vous vous êtes entraîné dans ce seul et unique but. Voici quelques conseils qui vous aideront à mieux appréhender les épreuves de concours et, dans un premier temps, les concours blancs ou les DS :

- **détendez-vous!** Plus facile à dire qu'à faire! et pourtant, c'est la première étape pour réussir un examen. Plus vous êtes nerveux au cours d'un concours et plus vous êtes susceptible d'oublier quelque chose, voire pire, de paniquer complètement;

- **allez à la chasse aux points**. Traitez d'abord toutes les questions que vous savez faire. Puis travaillez les questions que vous pensez que vous pouvez faire sans en être sûr. Enfin, revenez en arrière et travaillez les questions restantes. Vous obtiendrez ainsi le maximum des points que vous êtes en mesure d'obtenir;

- **gérez votre temps**. Regarder l'horloge régulièrement. Ne passez pas trop de temps à essayer de résoudre une question qui ne rapportera peut-être même pas 1 point. Si vous êtes « coincé » sur une question, passez à la suivante et revenez-y plus tard. Sinon, vous ne serez pas en mesure de terminer le sujet et obtiendrez moins de points en prenant tout ce temps pour une question que vous ne savez pas résoudre ;

- **lisez attentivement les questions**. Soyez bien concentré pour lire complètement les questions avant d'y répondre. Si l'on demande une certaine précision pour un calcul, assurez-vous que votre précision est celle demandée. N'hésitez pas à « stabiloter » les données d'une question ;
- **montrez tout votre travail et présentez bien votre réflexion**. Rendez facile la tâche à votre correcteur en lui permettant de comprendre rapidement que vous savez traiter une question. Détaillez votre rédaction de manière à ce que, même si la réponse est fausse mais le raisonnement juste, la question vous rapporte des points. Ne laissez pas le correcteur essayer de comprendre si ce que vous faites est juste ou non. Il faut toujours avoir à l'esprit que le correcteur n'a pas que votre copie à corriger et que plus vite il corrige votre copie, plus il sera enclin à laisser passer certaines maladresses ;
- **ne laissez pas une question en blanc**. Vous ne devez jamais laisser un vide dans une question. Même si vous ne savez pas comment résoudre la question, écrivez au moins une idée. Le correcteur peut être amené à vous attribuer une partie des points, tandis que s'il n'y a rien, pas de points. Écrire quelque chose n'est bien évidemment pas une garantie de points, mais ne rien écrire est une garantie d'en avoir aucun ;
- **votre réponse a-t-elle bien un sens ?** Assurez-vous que votre réponse est cohérente par rapport au problème posé ;
- **relisez-vous avant la fin de l'épreuve**. Après la rédaction de chaque question, relisez-vous afin de voir si vous n'avez pas fait de faute de calcul ou oublié une solution. N'hésitez pas à confronter votre solution avec des données qui apparaissent ensuite dans l'énoncé. N'attendez pas la fin du contrôle pour relire toute votre copie car si vous vous apercevez d'une erreur il ne sera peut-être plus temps de pouvoir la rectifier surtout si elle implique les résultats suivants dans l'exercice.

6 Les 5 incontournables en physique-chimie

1. Comprendre correctement le cours

Ce qui est capital c'est de vous tenir à jour sans rien laisser de côté : si quelque chose n'est pas compris, les lacunes risquent de s'accumuler, les cours vont s'enchaîner rapidement et le savoir en physique-chimie est cumulatif. Il ne faut donc rien négliger sous peine de ne plus réussir à comprendre ce qui se dit en classe. Comme dit plus haut, on vous demandera un bon niveau dans toutes les matières ! Vous ne pouvez donc pas vous offrir le luxe de ne pas comprendre.

2. La physique-chimie passe aussi par les mathématiques

En physique et en chimie, de nombreuses notions viennent se combiner pour pouvoir mener à son terme la résolution d'un exercice. Par-dessus ces notions, viennent se superposer les mathématiques et votre capacité à réaliser un ou plusieurs calculs. Il est alors nécessaire de bien être à jour aussi dans son cours de maths.

3. Apprendre les définitions, le vocabulaire et maîtriser les notations

Méfiance pour celles et ceux d'entre vous qui préfèrent comprendre une définition et l'exprimer avec leur propre vocabulaire. Parfois, un mot utilisé à la place d'un autre crée une imprécision dans la définition. Gardez en tête que « ce qui est à peu près juste est totalement faux! » La rigueur est trop grande en CPGE pour se permettre des approximations de langage. De même, assurez-vous de bien maîtriser les notations. Vous pouvez perdre des points pour des notations incorrectes, d'autant que le correcteur ne sera pas toujours votre professeur.

4. Comprendre et écrire les formules

Une formule ne s'apprend pas si simplement que ça. Vous devez savoir comment s'enchaînent les lettres (par exemple « P égal m fois g »), mais cela est loin de suffire. Il faut savoir avec précision ce que veulent dire chacune des lettres de la formule, ainsi que leur unité dans le système légal. Apprendre une formule demande donc un travail triple : l'enchaînement des lettres, leur signication et leur unité. Une attention toute particulière sera donnée aux lettres que l'on retrouve dans plusieurs formules mais qui ne représentent absolument pas la même grandeur (c'est le cas pour de nombreuses formules avec L, D, d, V, h, etc.).

5. La démonstration, clé de la réflexion

Viennent enfin les démonstrations, qu'il faut comprendre et savoir refaire. On peut, très souvent, être tenté de les apprendre par cœur, ligne par ligne, égalité après égalité. Cela consisterait à mettre de côté sa capacité à raisonner et la réflexion spontanée tant nécessaire, notamment lors des colles. Ce qu'il faut, c'est retenir le point de départ, les astuces de calculs importantes et la finalité de la démonstration. Vos capacités mathématiques feront le reste et vous réfléchirez à chaque fois « en direct » afin de développer les bons automatismes de calcul. On imagine mal un randonneur visualiser à l'avance chacun des pas qu'il va effectuer pour une longue traversée en montagne : il visualise le départ, l'arrivée et le chemin à suivre entre les deux. Le reste se fait de manière machinale. C'est la même chose pour les démonstrations, après tout, voilà bien longtemps que vous maîtrisiez les multiplications, les divisions, les substitutions et la résolution d'équations du premier ordre ! On fait rarement appel à autre chose.

PARTIE 2

PHYSIQUE

TOUT CE QU'IL FAUT SAVOIR POUR REUSSIR

Plan de la partie

CHAPITRE 1
Mécanique

Plan du chapitre

La mécanique est la science du mouvement : son domaine d'application est large et permet de prévoir le comportement des objets en déplacement. Que ce soient les planètes autour du Soleil ou les plus simples objets sur Terre, tous obéissent aux mêmes lois. Ces lois ont été établies par des scientifiques de génie comme Newton ou Einstein qui ont permis, en leurs temps, des révolutions en physique.

Objectifs et compétences

Ce que j'ai vu au lycée	Ce que je vais apprendre en prépa
• Connaître et énoncer les trois lois de Newton. • Établir les équations horaires du mouvement d'un objet. • Énoncer et utiliser les trois lois de Kepler. • Traiter les échanges énergétiques des systèmes mécaniques. • Maîtriser les bases de la mécanique des fluides en écoulement permanent.	• Utiliser les lois de Newton sur des systèmes plus complexes (plus de forces, présence de frottements, ...). • Étudier des mouvements de rotation. • Faire le lien entre énergie et mouvement. • Établir par le calcul, les lois de la mécanique des fluides.

AUTO-ÉVALUATION

Évaluez-vous en répondant à la série de questions ci-dessous. Plusieurs bonnes réponses sont possibles.

QCM INTERACTIFS

lienmini.fr/40829-1

1. **Un système qui n'est soumis à aucune force peut avoir un :**
□ **a.** mouvement constant;
□ **b.** mouvement rectiligne uniforme;
□ **c.** mouvement circulaire uniforme;
□ **d.** mouvement accéléré.

2. **La Terre nous attire :**
□ **a.** moins que nous l'attirons;
□ **b.** plus que nous l'attirons;
□ **c.** autant que nous l'attirons;
□ **d.** sans que nous ne l'attirions.

3. **La pression est :**
□ **a.** une force;
□ **b.** une énergie;
□ **c.** une force surfacique;
□ **d.** une energie volumique.

4. **Les planètes et les satellites ont :**
□ **a.** une accélération centrifuge;
□ **b.** une accélération uniforme;
□ **c.** une vitesse centripète;
□ **d.** une accélération centripète.

5. **Lorsque la Terre est loin du Soleil, elle va :**
□ **a.** plus vite que lorsqu'elle en est proche;
□ **b.** moins vite que lorsqu'elle en est proche;
□ **c.** à la même vitesse que lorsqu'elle en est proche;
□ **d.** deux fois moins vite.

6. **Un fluide en écoulement permanent le long d'une canalisation :**
□ **a.** s'écoule à vitesse constante;
□ **b.** s'écoule avec un débit volumique qui diminue;
□ **c.** s'écoule avec un débit volumique constant;
□ **d.** s'écoule avec un débit volumique qui augmente.

7. **Une force ne travaille pas si :**
□ **a.** elle est parallèle au mouvement;
□ **b.** elle fait un angle obtus avec le mouvement;
□ **c.** elle fait un angle aigu avec le mouvement;
□ **d.** elle est perpendiculaire au mouvement.

8. **L'énergie mécanique d'un système :**
□ **a.** est toujours constante;
□ **b.** diminue en présence de forces conservatives;
□ **c.** augmente en présence de forces conservatives;
□ **d.** diminue en présence de forces non conservatives.

▸ **Corrigés p. 47**

SYNTHÈSE DE COURS

I ▸ Mécanique newtonienne

1 Définitions de base

La mécanique est la science du mouvement, elle nécessite, avant toute chose, la mise en place d'un vocabulaire de base important qu'il faut savoir définir avec précision.

La première chose à faire en mécanique est de définir le système étudié. Pour étudier le mouvement d'un objet, il faut choisir un point de cet objet. On cherche alors à décrire sa trajectoire.

À retenir. Trajectoire

La trajectoire est l'ensemble des positions successives occupées par un objet au cours de son mouvement.

On choisit généralement d'étudier le point de l'objet qui a la trajectoire la plus simple (souvent, le centre de gravité du système). Cette trajectoire dépend évidemment du point d'observation. Il faut alors définir le référentiel d'étude.

À retenir. Référentiel

Le référentiel est l'objet de référence par rapport auquel l'étude du mouvement est menée. Il est défini par un centre, trois axes formant un repère orthonormé et une horloge qui indique l'écoulement du temps.

Les axes du référentiel sont généralement notés x, y et z et représentent les trois directions possibles : de gauche à droite, d'avant en arrière et de haut en bas (un coin de mur). Il existe trois référentiels majeurs :

- le **référentiel terrestre** avec son centre à la surface du sol terrestre (là où se produit l'expérience) ;
- le **référentiel géocentrique** avec son centre au centre de la Terre (étude du mouvement des satellites) ;
- le **référentiel héliocentrique** avec son centre au centre du Soleil (étude du mouvement des planètes).

On parle aussi souvent du référentiel du laboratoire pour indiquer que l'on se place là où se déroule l'expérience (assimilable au référentiel terrestre).

Selon le référentiel, la trajectoire et la vitesse peuvent être différents. On peut parler de trajectoire :

- **rectiligne** si la trajectoire est une droite ;
- **circulaire** si la trajectoire est un cercle ;
- **curviligne** si la trajectoire est incurvée sans former un cercle.

Pour repérer le point M du système étudié, on peut utiliser deux types de coordonnées dans le référentiel d'étude : les coordonnées cartésiennes (x, y, z) et le vecteur position $\overrightarrow{OM}$.

À retenir. Vecteur position

Le vecteur position $\overrightarrow{OM}$, dans un repère R $(O, \vec{i}, \vec{j}, \vec{k})$ est défini par :

$$\overrightarrow{OM}(t) = x(t)\vec{i} + y(t)\vec{j} + z(t)\vec{k}.$$

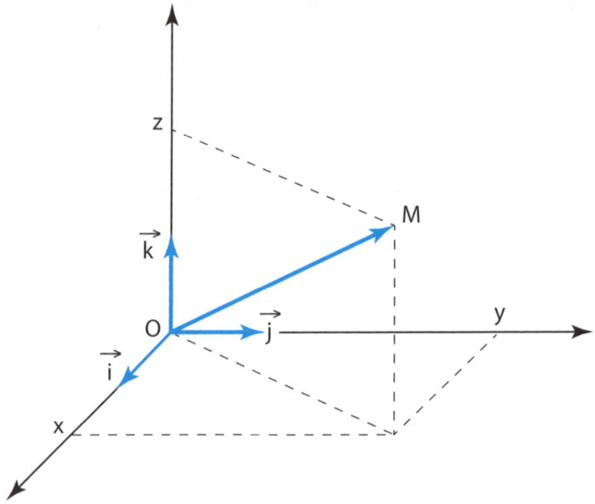

► **Figure 1.1.** Référentiel et coordonnées.

2 Force et mouvement

Lorsqu'il existe une interaction entre un objet et le milieu extérieur (gravitation, choc, aimantation, ...) on parle d'une **action mécanique**. Il peut y avoir des actions de contact (contact direct entre le donneur et le receveur) et des actions à distance.

À retenir. Force

Toute action mécanique est modélisée par une force. Une force peut :
- créer un mouvement;
- modifier un mouvement (trajectoire et vitesse);
- créer une déformation.

Une force est représentée par un vecteur $\vec{F}$ dont :
- l'origine est le point d'application de la force;
- la direction et le sens sont ceux de la force;
- la norme (intensité) est proportionnelle à la valeur de la force, exprimée en newtons (N).

Exemple

Poids $\vec{P}$ pour un objet quelconque

$$\vec{P} = \begin{cases} \text{point d'application : } G \text{ (centre de gravité)} \\ \text{direction : verticale} \\ \text{sens : vers le bas} \\ \text{norme : } P = m \times g \end{cases}$$

Avec g : intensité de la pesanteur. Sur Terre $g = 9,81$ N/kg.

Les forces peuvent modifier la vitesse d'un objet. La vitesse, de formule générale $v = \frac{D}{\Delta t}$ doit être définie plus précisément.

À retenir. Vecteur vitesse

Le vecteur vitesse d'un point M est défini par la dérivée temporelle du vecteur position :

$$\vec{v} = \frac{\mathrm{d}\overrightarrow{OM}}{\mathrm{d}t} = \frac{\mathrm{d}x(t)}{\mathrm{d}t}\vec{i} + \frac{\mathrm{d}y(t)}{\mathrm{d}t}\vec{j} + \frac{\mathrm{d}z(t)}{\mathrm{d}t}\vec{k} = v_x(t)\vec{i} + v_y(t)\vec{j} + v_z(t)\vec{k}.$$

Attention !

En mathématique, il est habituel d'écrire la dérivée d'une fonction à l'aide du symbole « prime ». Ainsi, lorsque l'on calcule la dérivée d'une fonction f, on a l'habitude de l'écrire f'. Ceci est réservé aux mathématiques lorsque l'on dérive par rapport à la variable x.
En physique, c'est souvent le temps qui est la variable principale. La notation correcte pour indiquer que l'on dérive une fonction f, par rapport au temps est $\frac{\mathrm{d}f}{\mathrm{d}t}$.
Le $\frac{\mathrm{d}}{\mathrm{d}t}$ doit être pris comme un ensemble indissociable qui signifie simplement « dériver par rapport à t ». Il ne faut pas voir le d du numérateur ou le $\mathrm{d}t$ du dénominateur comme des lettres d'une formule, que l'on pourrait simplifier.

On remarquera que, même si le $\frac{\mathrm{d}}{\mathrm{d}t}$ est un « opérateur mathématique » qui indique simplement que l'on doit dériver par rapport au temps, le $\mathrm{d}t$ du dénominateur possède une unité. Il représente une brève variation de temps, il correspond donc à des secondes. Cela permet de maintenir l'homogénéité de la vitesse. En effet, $\vec{v} = \frac{\mathrm{d}\overrightarrow{OM}}{\mathrm{d}t}$. Le vecteur $\overrightarrow{OM}$ correspond à une distance, or, la vitesse est en m/s, on vérifie bien que $\mathrm{d}t$ est en seconde.
Il existe une dernière notion importante en mécanique : l'accélération. Elle traduit l'évolution de la vitesse au cours du temps.

À retenir. Vecteur accélération

Le vecteur accélération correspond à la dérivée temporelle de la vitesse :

$$\vec{a} = \frac{d\vec{v}}{dt} = \frac{dv_x(t)}{dt}\vec{i} + \frac{dv_y(t)}{dt}\vec{j} + \frac{dv_z(t)}{dt}\vec{k} = a_x(t)\vec{i} + a_y(t)\vec{j} + a_z(t)\vec{k}.$$

De fait : $\vec{a} = \dfrac{d^2\overrightarrow{OM}}{dt^2}$.

Attention !

En mathématique, la dérivée représente le coefficient directeur de la tangente au point considéré. On peut donc, graphiquement, calculer des vitesses et des accélérations si on possède la trajectoire de l'objet.

Conseils méthodologiques

Sur une trajectoire donnée, il faut savoir tracer des vecteurs vitesse et des vecteurs accélération. Pour cela, on utilise la définition mathématique du vecteur vitesse (ou accélération) instantanée : si l'on souhaite tracer le vecteur au point M_4 d'une série de points donnée, on calcule la norme du vecteur v_4 en divisant la distance entre le point d'avant et le point d'après, par la durée du déplacement entre ces points :

$$v_4 = \frac{M_3M_5}{2\Delta t}.$$

Avec Δt la durée entre deux points successifs. Pour rappel, le vecteur $\overrightarrow{MM'}$ est nommé « vecteur déplacement » en physique. Le vecteur $\vec{v}_4$ aura pour origine le point M_4 et sera dirigé selon la tangente à la trajectoire au point M_4. Son sens ira dans le sens du mouvement.

On procède de même pour une accélération : $\vec{a}_4 = \dfrac{\vec{v}_5 - \vec{v}_3}{2\Delta t}$.

Pour représenter le vecteur $\vec{a}_4$, on trace le vecteur $\vec{v}_5$ au point M_4, puis, à la suite, l'opposé du vecteur $\vec{v}_3$. L'accélération $\vec{a}_4$ se trouve entre l'origine de $\vec{v}_5$ et l'extrémité de $-\vec{v}_3$.

3 Lois de Newton

La **première loi de Newton,** appelée « **Principe d'inertie** » a une double fonction : elle définit la notion de référentiel galiléen et indique le comportement d'une particule soumise à des forces qui se compensent. Par définition, un « principe » ne se démontre pas.

À retenir. 1re loi de Newton

Dans un référentiel galiléen, tout système soumis à des forces qui se compensent est soit au repos, soit en mouvement rectiligne uniforme.

Des forces se compensent lorsque leur somme vectorielle est nulle : $\vec{F_1} + \vec{F_2} + \vec{F_3} = \vec{0}$. On parle alors de système pseudo-isolé. S'il y a une absence totale de force, on parle de système isolé (cette situation n'existe pas réellement : il faudrait qu'un objet soit seul, suffisamment éloigné de tout autre corps, au fin fond de l'espace pour être vraiment isolé).

La **deuxième loi de Newton** donne un lien mathématique entre les forces qui s'appliquent sur un objet et son accélération. Elle permet donc de déterminer, par intégrations successives, la vitesse puis la position de l'objet au cours du temps (on parle des équations horaires du mouvement).

À retenir. 2e loi de Newton

Dans un référentiel galiléen, la somme vectorielle des forces extérieures appliquées à un système est égale au produit de la masse par l'accélération :

$$\sum \vec{F}_{\text{ext}} = m \times \vec{a}.$$

La **troisième loi de Newton,** appelée aussi « **loi des actions réciproques** » indique le lien entre deux objets en interaction.

À retenir. 3e loi de Newton

Tout corps A exerçant sur un corps B une force $\vec{F}_{A/B}$, subit de ce corps une force d'égale intensité, de même direction et de sens opposé $\vec{F}_{B/A}$.

$$\vec{F}_{A/B} = -\vec{F}_{B/A}$$

Cette loi rappelle que nous exerçons sur la Terre, la même force que la Terre exerce sur nous. Cela ne semble pas intuitif, c'est parce qu'il ne faut pas oublier que la masse s'oppose à la mise en mouvement par une force. Ainsi, deux objets ayant des masses différentes et qui subissent une même force, n'auront pas la même vitesse de déplacement ensuite (inertie). Il ne faut pas confondre la force et son effet.

4 Interactions fondamentales

Il existe quatre interactions fondamentales dans l'Univers :

- L'**interaction nucléaire forte** se manifeste à très courte distance. Elle permet la cohésion des noyaux atomiques (10^{-15} m).
- L'**interaction nucléaire faible** se manifeste à très courte distance (10^{-17} m). Elle est responsable de la radioactivité.
- Entre deux corps A et B possédant une masse m_A et m_B, il existe une force d'attraction, inversement proportionnelle au carré de la distance entre le centre de gravité des deux corps (théorie de la gravitation de Newton). C'est la **force d'interaction gravitationnelle** :

$$\vec{F}_{A/B} = -G\frac{m_A \times m_B}{d^2}\vec{u}_{AB}.$$

Avec : $G = 6{,}67 \times 10^{-11}\,\mathrm{Nm^2.kg^{-2}}$ la constante de gravitation universelle; m_A et m_B les masses en kg des corps en interaction; d la distance entre le centre de gravité de A et B en mètre; $\vec{u}_{AB}$ le vecteur unitaire allant de A vers B. Cette interaction intervient dans la chute des corps et dans les phénomènes à l'échelle astronomique. Le poids d'un corps $\vec{P} = m \times \vec{g}$ dérive de l'interaction gravitationnelle.

▸ Deux particules chargées A et B, de charges q_A et q_B distantes d'une distance d, interagissent entre elles. L'interaction peut être attractive si les charges sont opposées ou répulsives si les charges sont de même signe. C'est la **force d'interaction électromagnétique** :

$$\vec{F}_{A/B} = k\frac{q_A \times q_B}{d^2}\vec{u}_{AB}.$$

Avec : $k = 8{,}99 \times 10^9\,\mathrm{Nm^2.C^{-2}}$ la constante de Coulomb; q_A et q_B les charges en coulomb C des corps chargés en interaction; d la distance entre le centre de gravité de A et B en mètre; $\vec{u}_{AB}$ le vecteur unitaire allant de A vers B. Cette interaction intervient dans tous les phénomènes électriques et magnétiques (la cohésion des atomes,les frottements, ...), notamment dans la création d'un champ électrique lorsque l'on applique une tension U aux bornes d'un condensateur plan (voir chapitre 4 sur l'électricité).

C'est sur ce principe que fonctionne un **accélérateur linéaire de particules chargées** : on impose une forte tension aux bornes de plusieurs condensateurs plans successifs. La particule traverse ces condensateurs et son mouvement est accéléré par le champ électrique généré et la force qui en découle : $\vec{F} = q\vec{E}$.

Objectif prépa

Il existe plusieurs autres forces qu'il est intéressant de connaître :
- la **force de rappel élastique d'un ressort :** $\vec{F}_k = -k \times (l - l_0)\vec{i}$;
- la **force électromagnétique de Lorentz.** Elle dépend de deux éléments distinctifs : un champ électrique $\vec{E}$ qui va mettre en mouvement une particule de charge q et un champ magnétique $\vec{B}$ qui va dévier une particule chargée se déplaçant à la vitesse $\vec{v}$. La norme de la force de Lorentz est $F_L = qE + qvB$.

II ▸ Mécanique céleste

La mécanique céleste est la branche de la physique qui s'occupe de modéliser le mouvement des planètes, des étoiles ou encore des satellites. On utilise notamment, pour se faire, les trois lois de Newton.

1 Mouvement des corps célestes

La force d'interaction gravitationnelle commande le mouvement des corps célestes qui s'attirent de part leur masse (voir cours I. Mécanique newtonienne, au début de ce chapitre). Le mouvement de rotation présente des caractéristiques particulières lorsque ce mouvement se fait à vitesse constante : on est dans le cadre de l'approximation des trajectoires circulaires, une planète P tourne autour du Soleil S de masse M en décrivant un cercle de rayon r, soumise à l'attraction de S.

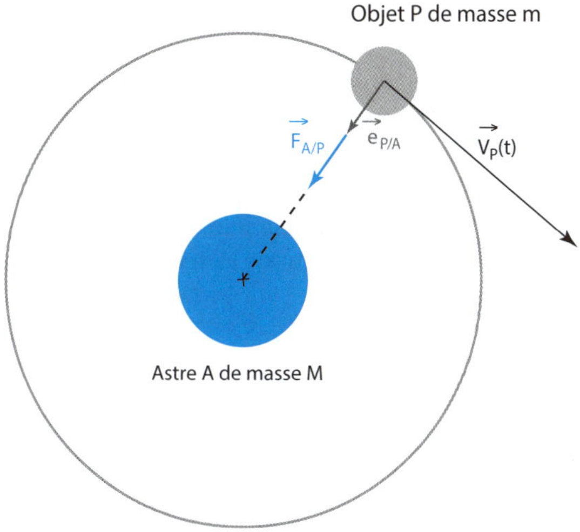

► **Figure 1.2.** Mouvement circulaire.

Pour un mouvement circulaire uniforme, les valeurs de l'accélération et de la vitesse d'une planète ou d'un satellite sont reliées par : $a = \dfrac{v^2}{r}$.

Avec a : l'accélération ($m.s^{-2}$) ; v la vitesse ($m.s^{-1}$) ; r le rayon de l'orbite circulaire (m).

Lorsqu'un système est en mouvement selon une trajectoire circulaire, le repère cartésien n'est pas le plus adapté. Le repère de Frénet est alors utilisé. Ce repère (Figure 1.3) a pour origine le centre de gravité du système et pour vecteurs unitaires :

- $\vec{T}$ vecteur orienté selon la tangente à la trajectoire et orienté dans le même sens que le mouvement;
- $\vec{N}$ vecteur orienté selon la normale à la trajectoire et orienté vers l'intérieur de celle-ci.

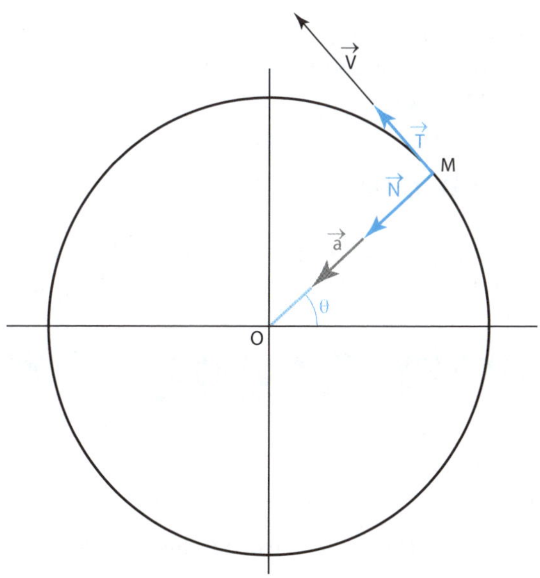

► **Figure 1.3.** Repère de Frénet.

Propriété 1.1.

Une planète ou un satellite tournant autour de son astre attracteur A possède un vecteur accélération dirigé vers le centre de sa trajectoire circulaire (centripète), perpendiculaire au vecteur vitesse.

On peut établir, à l'aide de la formule de l'accélération, la valeur de la vitesse d'une planète ou d'un satellite de masse m. En effet, à partir de la deuxième loi de Newton :

$$\sum \vec{F}_{\text{ext}} = m\vec{a} \quad <=> \quad m \times a = G\frac{m \times M}{r^2} \quad \text{or :} \quad a = \frac{v^2}{r}.$$

Ainsi, pour une orbite circulaire uniforme, la planète ou le satellite de masse m, autour d'un astre attracteur de masse M se déplace à :

$$v = \sqrt{\frac{G \times M}{r}}.$$

Pour une planète ou un satellite, on peut définir une période de révolution.

À retenir. Période de révolution

On définit la période de révolution T d'une planète ou d'un satellite en orbite comme la durée qu'il lui faut pour accomplir un tour complet autour de l'astre attracteur.

Pour une orbite circulaire de rayon r, la distance parcourue par le corps céleste en une période de révolution est $d = 2\pi r$. Ainsi, par définition de la vitesse : $\mathrm{v} = \frac{d}{T}$, or, on a établi ci-avant que $v = \sqrt{\frac{G \times M}{r}}$. Ainsi, on peut écrire :

$$T = 2\pi\sqrt{\frac{r^3}{G \times M}}.$$

Avec : T la période de révolution (en s) ; r le rayon de l'orbite (en m) ; M la masse de l'astre attracteur en kg. Cette relation peut s'utiliser pour déterminer une distance entre deux astres ou une période de révolution.

2 Les lois de Kepler

En utilisant en partie les travaux de son maître Tycho Brahe, c'est au XVIIe siècle que Johannes Kepler fait des découvertes marquantes sur le mouvement des planètes qu'il résume en trois lois :

À retenir. Première loi de Kepler

Dans le référentiel héliocentrique, les planètes ont pour trajectoire une ellipse dont le Soleil occupe un des deux foyers.

Pour de nombreuses planètes, la trajectoire est une ellipse quasi équivalente à un cercle.

À retenir. Deuxième loi de Kepler

Le segment reliant le centre du Soleil au centre d'une planète balaye des aires égales pendant des durées égales. Ainsi, la planète va plus vite lorsqu'elle est proche de l'étoile.

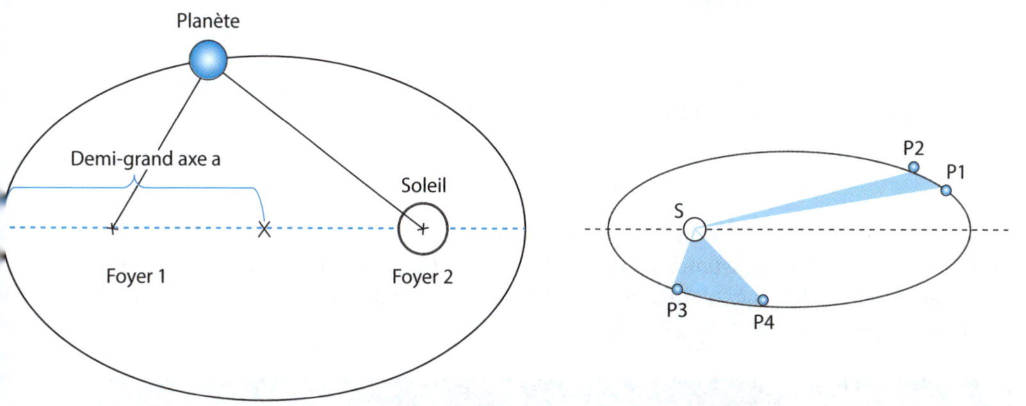

▸ **Figure 1.4.** Illustration des deux premières lois de Kepler.

À retenir. Troisième loi de Kepler

Pour une planète ou un satellite de période de révolution T :

$$\frac{T^2}{a^3} = \text{cte}.$$

Avec a le demi-grand axe de l'orbite elliptique de la planète ou du satellite (en m) et T en seconde. Dans le cas d'une orbite circulaire, le demi-grand axe est égal au rayon du cercle.

Ainsi, pour une planète ou un satellite, autour du corps attracteur de masse M, en orbite circulaire $a = r$ et donc :

$$\frac{T^2}{r^3} = \frac{4\pi^2}{G \times M} \quad \text{puisque : } \quad T = 2\pi\sqrt{\frac{r^3}{G \times M}}.$$

Remarque

Toutes les planètes autour du Soleil auront la même constante, mais si on prend un satellite autour de la Terre et un satellite autour de Mars, la constante de la troisième loi de Kepler ne sera pas la même.

3 Satellite géostationnaire

À retenir.

Un satellite géostationnaire est un satellite artificiel de la Terre, fixe dans le référentiel terrestre. Il pointe toujours le même point de la Terre.

Puisqu'ils sont les seuls satellites à être immobiles dans le ciel, on peut pointer vers eux une antenne satellite pour les télécommunications. Par définition, la période d'un satellite géostationnaire est égale à la période de rotation de la Terre : 1 jour sidéral.

$$T_{\text{sid}} = 86\,164\,\text{s}.$$

C'est un peu moins que 24 h (86 400 s) car on prend en compte la rotation de la Terre autour du Soleil aussi. La distance Terre-satellite géostationnaire est forcément constante, son mouvement et donc circulaire uniforme. Le seul lieu possible pour une telle trajectoire est donc au niveau de l'équateur.

Objectif prépa

Pour un mouvement circulaire, il est intéressant de connaître la vitesse angulaire ω :

$$\omega = \frac{d\theta}{dt}.$$

Avec ω en rad.s^{-1}. On peut alors relier la vitesse angulaire à la vitesse du système en mouvement circulaire de rayon R :

$$v = R \times \omega \quad \text{or : } a = \frac{v^2}{R} \quad \text{donc : } a = R \times \omega^2.$$

La définition de la vitesse angulaire indique que deux objets en orbite circulaire situés sur un même axe mais avec des rayons différents $R_1 < R_2$, auront la même vitesse angulaire : $\omega_1 = \omega_2$. Cela implique $v_1 < v_2$.

III ▸ Travail et échanges énergétiques

1 Travail d'une force

Une force n'a pas nécessairement un effet sur l'objet qui la subit. Selon l'angle avec lequel on impose la force sur un objet, ou la distance sur laquelle cette force agit, les effets ne seront pas identiques :

- si l'on veut faire avancer une voiture, il sera préférable de pousser de l'arrière vers l'avant que d'appuyer sur les portières ;

- une grande force appliquée sur une courte distance ne sera pas aussi efficace qu'une force plus petite, mais appliquée tout le long du mouvement.

On met alors en place la notion de **travail** d'une force :

À retenir.

Le travail d'une force constante $\vec{F}$, lors d'un déplacement du système, d'un point A vers un point B, se note $W_{AB}(\vec{F})$:

$$W_{AB}(\vec{F}) = \vec{F}.\overrightarrow{AB} = F.AB.\cos\alpha.$$

Avec
$W_{AB}(\vec{F})$: le travail de la force $\vec{F}$ en Joule ;
F : l'intensité de la force en Newton ;
AB : la longueur rectiligne en mètre entre A et B et
α : l'angle entre $\vec{F}$ et $\overrightarrow{AB}$.

Une force qui travaille est une force qui a un effet sur le mouvement de l'objet étudié.

Le travail d'une force est une grandeur algébrique : lorsqu'elle est positive, la force favorise le mouvement, lorsqu'elle est négative, la force s'oppose au mouvement.
Si la valeur du travail d'une force est de zéro : la force n'a pas d'effet sur le déplacement étudié.
On dit alors que, selon le cas, le travail est moteur, résistant ou nul. On peut résumer cela dans le tableau Figure 1.5. Certains cas sont à connaître : le travail du poids, le travail d'une force électrique constante et le travail d'une force de frottement.

$\alpha = 0$	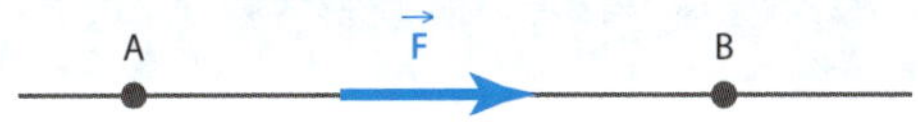	$W_{AB}(\vec{F}) = \vec{F}.\vec{AB} = F.AB > 0$
$0 < \alpha < 90$	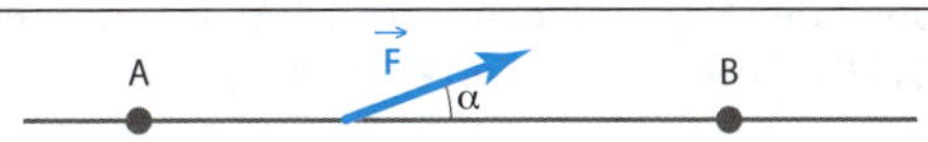	$W_{AB}(\vec{F}) = F.AB.\cos\alpha > 0$
$\alpha = 90$	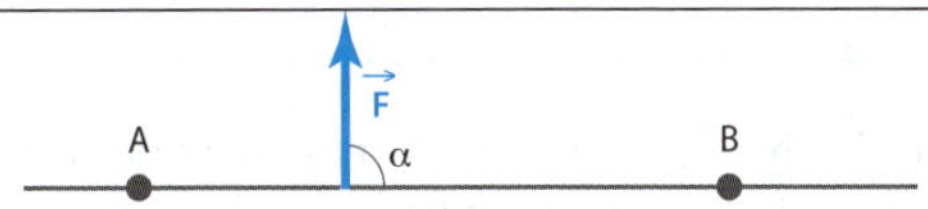	$W_{AB}(\vec{F}) = 0$
$90 < \alpha < 180$	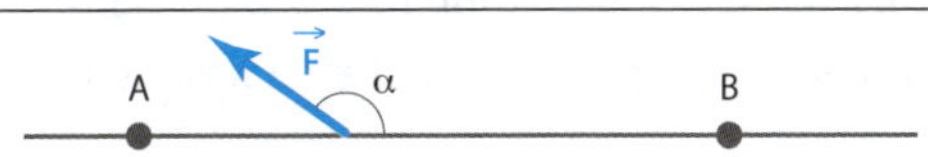	$W_{AB}(\vec{F}) = F.AB.\cos\alpha < 0$
$\alpha = 180$	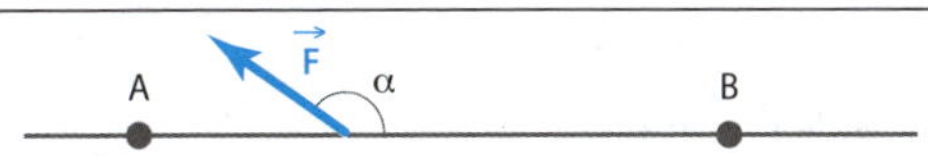	$W_{AB}(\vec{F}) = -F.AB < 0$

► **Figure 1.5.** Les différents cas possibles.

Au voisinage de la Terre, on peut considérer $\vec{g}$ comme constant et donc le poids $\vec{P} = m\vec{g}$ constant aussi. Considérons un objet de masse m qui suit un chemin quelconque entre deux points A et B d'altitude z_A et z_B. On note H le projeté orthogonal du point A :

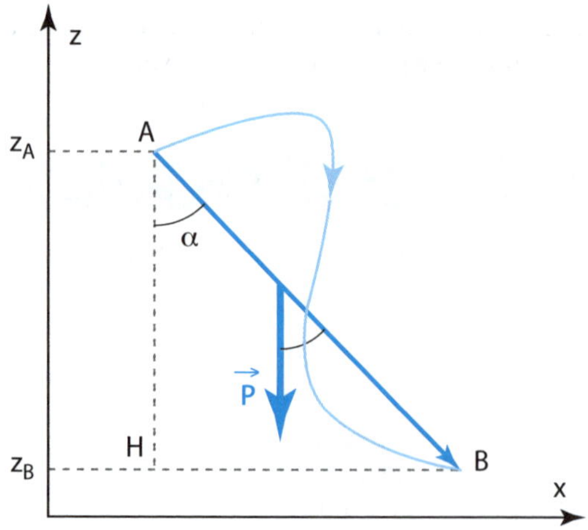

▸ **Figure 1.6.** Chemin quelconque entre A et B.

Par définition du vecteur $\overrightarrow{AB} = \overrightarrow{AH} + \overrightarrow{HB}$. Ainsi :

$W_{AB}(\vec{P}) = \vec{P}.\overrightarrow{AB} = \vec{P}.\overrightarrow{AH} + \vec{P}.\overrightarrow{HB} = P \times AH \times \cos 0 + P \times HB \times \cos 90 = P \times AH = mg(z_A - z_B)$.

Ce raisonnement peut se généraliser à toute trajectoire entre deux points A et B.

2 Travail du poids

À retenir. Travail du poids

Le travail du poids, pour un objet de masse m, dans un champ de pesanteur $\vec{g}$ uniforme, a pour expression : $W_{AB}(\vec{P}) = mg(z_A - z_B)$. Avec m en kg, g en m/s^2 et z_A et z_B en m.

Le travail du poids ne dépend pas du chemin entre A et B, seulement de la différence d'altitude. Si $z_A > z_B$ alors $W_{AB}(\vec{P}) > 0$, le poids est bien moteur lors d'une chute.

On définit, à partir du travail du poids, l'énergie potentielle de pesanteur d'un corps de masse m, à l'altitude z :

$$E_{pp} = mgz.$$

On peut alors écrire le travail du poids comme suit :

$$W_{AB}(\vec{P}) = mg(z_A - z_B) = mgz_A - mgz_B = E_{ppA} - E_{ppB} = -\Delta E_{pp}.$$

Le travail d'une force traduit une variation d'énergie potentielle.

Pour une force électrique constante appliquée à une particule de charge q grâce à un champ électrique $\vec{E}$.

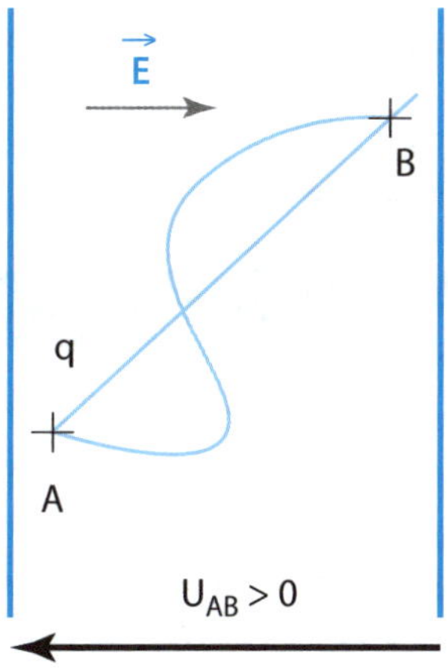

▸ **Figure 1.7.** Particule soumise à une tension entre A et B.

Remarque

Pour rappel : $\vec{F_e} = q\vec{E}$ et $U_{AB} = \vec{E}.\overrightarrow{AB}$. Ainsi : $W_{AB}(\vec{F_e}) = q.\vec{E}.\overrightarrow{AB} = qU_{AB}$.

Dans ce cas, le travail dépend du signe de q et U_{AB}, pas du chemin suivi entre A et B.

En ce qui concerne les forces de frottement en physique, il est difficile de les calculer. On suppose ici qu'il existe une force de frottement $\vec{f}$, constante au cours du déplacement, opposée au mouvement à chaque instant, ce qui implique un angle de 180 avec le sens de déplacement $\overrightarrow{AB}$.

$$W_{AB}(\vec{f}) = \vec{f}.\overrightarrow{AB} = f \times AB \times \cos 180 = -f \times AB.$$

La force de frottement étant, ici, toujours opposée au déplacement, son travail est résistant et dépend du chemin suivi.

À retenir. Force conservative

Une force est dite conservative lorsque son travail ne dépend pas du chemin suivi entre A et B ($\vec{P}$, $\vec{F_e}$, ...). Dans le cas contraire, la force est dite non conservative ($\vec{f}$).

3 Transferts énergétiques

Lors du mouvement d'un objet, on peut rencontrer deux grandes formes d'énergie : l'énergie cinétique et l'énergie potentielle.

À retenir. Énergie cinétique

L'énergie cinétique E_c d'un solide de masse m qui se déplace à la vitesse v est telle que :

$$E_c = \frac{1}{2}mv^2.$$

Avec E_c en joules m en kg et v en m.s^{-1}.

De même, l'énergie potentielle d'un système est liée à la position des éléments qui le compose :

- lors d'une chute : $E_p = mgz$;
- pour un ressort horizontal : $E_p = \frac{1}{2}kx^2$.

À retenir. Énergie mécanique

L'énergie mécanique E_m d'un système est telle que : $E_m = E_c + E_p$.

Dans le cas d'un pendule oscillant : si les frottements peuvent être négligés, l'énergie mécanique d'un système reste constante. On dit qu'elle se conserve : $E_m =$ cte. Or, $E_m = E_c + E_p$. Ainsi, si E_c diminue, alors E_p augmente et inversement : on parle de **transfert énergétique**. Si les frottements ne sont pas négligeables, E_m va finir par s'annuler par dissipation d'énergie.

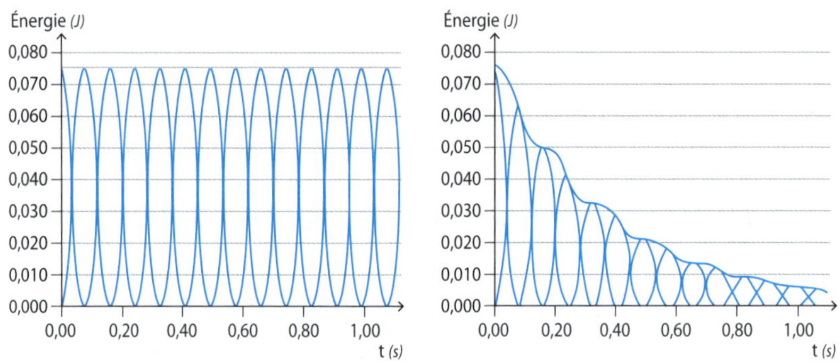

► **Figure 1.8.** Transferts d'énergie sans et avec frottement.

4 Théorème de l'énergie cinétique

Dans les référentiels galiléens, il existe un lien entre la variation d'énergie cinétique d'un objet et les travaux des forces qui s'appliquent dessus.

À retenir.

La variation d'énergie cinétique ΔE_c d'un système en mouvement entre deux points A et B est égale à la somme des travaux des forces qu'il subit :

$$\Delta E_c = \Sigma W_{AB}(\vec{F}) \quad <=> \quad E_c(B) - E_c(A) = W_{AB}(\vec{F_1}) + W_{AB}(\vec{F_2}) + \dots.$$

Ce théorème fonctionne aussi bien en présence de forces conservatives que non conservatives. Il faut faire un bilan précis des forces, calculer les travaux de chacune d'entre elles et égaler cela à la variation d'énergie cinétique (le chemin parcouru entre A et B influence les travaux des forces non conservatives mais pas la variation d'énergie cinétique). On peut ainsi calculer des vitesses de début ou de fin de mouvement autant que des valeurs de forces de frottements par exemple.

IV ▸ Mécanique des fluides

1 Définitions de base

Quelques notions de mécanique des fluides sont abordées au lycée, dans un cadre d'étude restreint : la statique des fluides.

À retenir. Fluide

Un fluide est un milieu matériel qui n'a pas de forme propre. Cela regroupe les liquides et les gaz.

On cherche à établir un modèle microscopique valable pour traduire l'action des particules de fluides. On enferme un ballon dans une cloche à vide et on aspire doucement tout l'air enfermé sous la cloche.

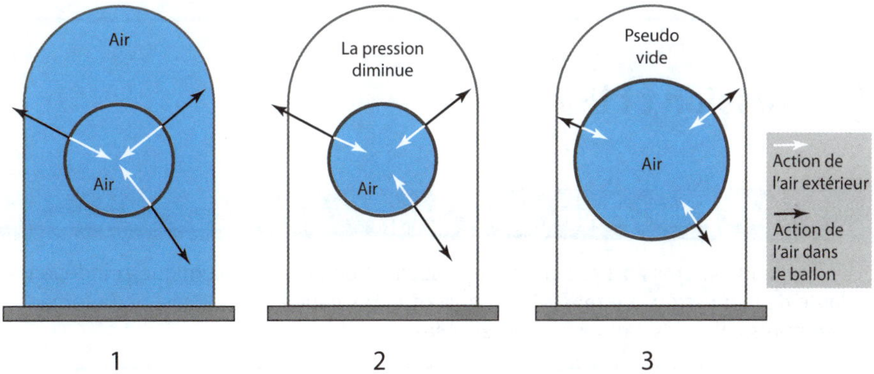

▸ **Figure 1.9.** Expérience de la cloche à vide.

Dans la **situation 1** : le ballon est légèrement gonflé, il contient de l'air et baigne dans l'air sous la cloche. Dans la **situation 2,** l'air a été aspiré par la pompe à vide : il n'y a presque plus d'air autour du ballon, mais l'air à l'intérieur reste bien présent. Il existe alors un déséquilibre entre le nombre de chocs sur les parois extérieures et intérieures du ballon. On passe alors à la **situation 3** : le ballon gonfle littéralement dans la cloche à vide sans apport d'air jusqu'à un nouvel équilibre.

Propriété 1.2.

Dans un fluide, les molécules se déplacent de manière désordonnée (mouvement chaotique). Les forces pressantes, et donc la pression, sont interprétées par des chocs successifs de molécules sur les objets.

Plusieurs expériences peuvent donner une indication sur le lien entre la pression exercée par un fluide et la surface sur laquelle elle s'exerce (bouteille d'eau percée d'un trou, expérience du « crève-vessie », ...).

À retenir. Pression et force pressante

L'action d'un fluide sur une surface d'aire S est modélisée par une force pressante $\vec{F}$, perpendiculaire à S telle que

$$P = \frac{F}{S}.$$

Avec P la pression en Pa; F la force pressante en N; S la surface d'application en m^2.

Plusieurs scientifiques ont établi expérimentalement des liens entre les différents paramètres intervenant sur la pression au sein d'un gaz.

À retenir. Loi de Boyle-Mariotte

À température et quantité de matière constantes : $P \times V = \text{cte}$.
Avec P la pression du gaz et V le volume occupé par le gaz. Ce résultat est valable quels que soient les unités et le gaz considérés.

2 Pression et liquide

À retenir. Fluide incompressible

Un fluide incompressible est un fluide possédant une masse volumique ρ indépendante de la pression, à température constante. Les liquides sont quasi parfaitement incompressibles, les gaz sont compressibles.

Si le fluide considéré est un liquide au repos (pas de mouvement global ou de mouvement interne observable, comme un tourbillon), on peut établir un lien entre la différence de profondeur entre deux points A et B et la différence de pression ΔP entre ces deux points.

À retenir. Loi fondamentale de la statique des fluides

$$\Delta P = P_B - P_A = \rho \times g \times (h_B - h_A).$$

Avec P_B et P_A les pressions en Pascal (Pa); h_B et h_A les profondeurs en mètre (m); ρ la masse volumique du fluide ($kg.m^{-3}$) et g l'intensité de la pesanteur ($N.kg^{-1}$).

On constate, à l'aide de la formule précédente, que plus la profondeur augmente, plus la pression augmente dans un liquide. Ainsi, si on plonge un corps dans un liquide, la pression exercée sur le bas du corps sera plus forte que sur le sommet du corps.

On modélise l'ensemble des forces pressantes qui s'appliquent sur chaque point du corps, par une seule force : la poussée d'Archimède $\vec{\Pi}$ (le poids n'est pas représenté ici).

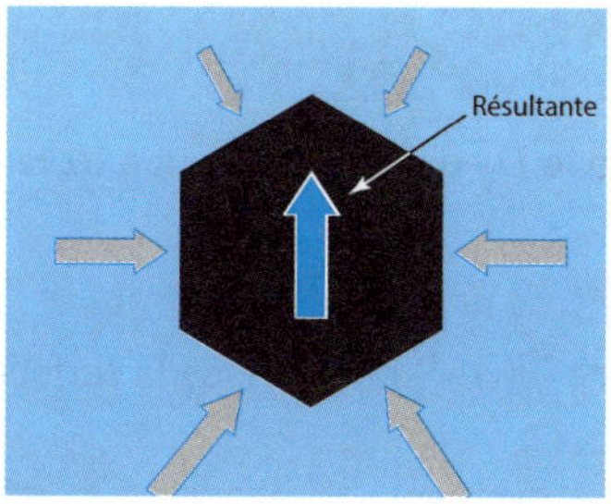

► **Figure 1.10.** Résultante des forces pressantes.

À retenir. Expression de la poussée d'Archimède

La poussée d'Archimède d'un corps a pour norme l'opposé du poids de fluide déplacé par ce corps :

$$\vec{\Pi} = -\rho_f \times V_{\text{imm}} \times \vec{g}$$

avec ρ_f la masse volumique du fluide dans lequel plonge le corps en kg.m^{-3} et V_{imm} le volume du corps immergé en m^3.

3 Description de l'écoulement d'un fluide

Il est difficile de décrire un fluide en mouvement. Plusieurs points de vue peuvent être adoptés. On étudie le mouvement d'une particule de fluide M : une petite quantité de fluide contenue dans un volume intermédiaire entre la taille des entités (molécule d'eau par exemple) et la taille caractéristique de l'écoulement (rivière qui s'écoule).

À retenir. Écoulement permanent

Un écoulement est permanent si les champs de vitesse $\vec{v}(M,t)$, pression $P(M,t)$ ou masse volumique $\rho(M,t)$, ne dépendent pas du temps.

On va alors suivre l'évolution du point M le long de **lignes de courant**, c'est-à-dire les lignes tangentes au vecteur vitesse au point M, orientées dans le sens des vecteurs vitesses.

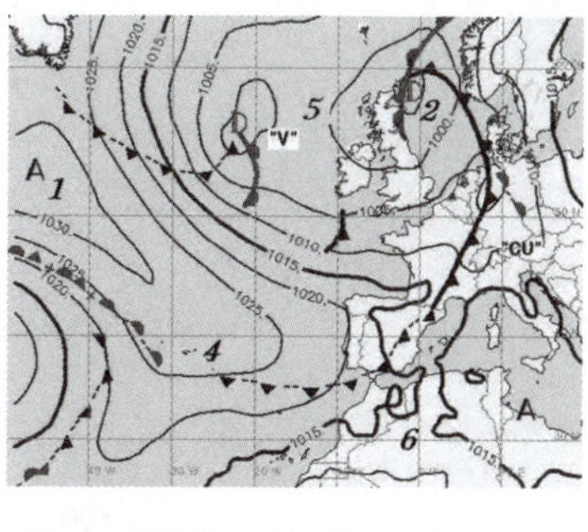

► **Figure 1.11.** Carte de champ de pression.

À retenir. Débit volumique

On définit le débit volumique D_V d'un écoulement à travers une surface S :

$$D_V = \frac{V_S}{\Delta t}.$$

Avec V_S le volume de fluide (en m^3) qui traverse la surface S pendant un temps Δt (en s).

Dans une canalisation, le débit volumique d'un fluide incompressible en écoulement permanent se conserve. Il dépend de la section droite du tube d'écoulement et de la vitesse d'écoulement du fluide :

$$D_V = v_S.S,$$

avec v_S la vitesse d'écoulement en $m.s^{-1}$ et S la section droite de la canalisation en m^2.

En réalisant un bilan d'énergie mécanique d'une particule de fluide parfait (fluide qui s'écoule sans frottement), on obtient la relation de Bernoulli.

À retenir. Relation de Bernoulli

Pour un écoulement permanent d'un fluide parfait incompressible de masse volumique ρ, on choisit deux points A et B le long d'une même ligne de courant. On peut alors écrire :

$$P_A + \frac{1}{2}\rho v_A^2 + \rho g z_A = P_B + \frac{1}{2}\rho v_B^2 + \rho g z_B.$$

Avec P la pression en Pa, v la vitesse d'écoulement en $m.s^{-1}$ et z l'altitude en m.

Grâce à la relation de Bernoulli, on peut mettre en évidence **l'effet Venturi**. Pour deux points à la même altitude $z_A = z_B$ le long d'une canalisation de section variable : $S_A < S_B$, on obtient par conservation du débit volumique $v_A S_A = v_B S_B$ que $v_A > v_B$. La relation de Bernoulli mène alors à $P_B = P_A + \frac{1}{2}\rho\left(v_A^2 - v_B^2\right)$ et donc $P_B > P_A$.

L'effet Venturi indique que le long d'un écoulement horizontal et permanent d'un fluide incompressible parfait, là où la vitesse du fluide augmente, la pression diminue.

Cela explique de nombreux phénomènes de la vie courante.

EXERCICES D'APPLICATION

I ▸ Mécanique newtonienne

●●○ 15 min.

EXERCICE 1

On crée en laboratoire un champ électrostatique uniforme de valeur $E = 5000\,\text{V.m}^{-1}$ entre deux plaques conductrices 1 et 2, planes et horizontales (selon x). Des électrons pénètrent dans le champ $\vec{E}$ à l'ordonnée y_0 avec une vitesse $\overrightarrow{v_0}$ parallèle aux plaques de conduction.

Données : masse de l'électron $m_{e^-} = 9{,}1 \times 10^{-31}\,\text{kg}$; charge élementaire $e = 1{,}6 \times 10^{-19}\,\text{C}$ et $g = 9{,}81\,\text{N.kg}^{-1}$.

1) Démontrer par le calcul que l'on peut négliger le poids de l'électron dans ce problème par rapport à la force électrostatique.
2) Établir l'expression du vecteur accélération de l'électron.
3) On souhaite que l'électron soit dévié vers la plaque du bas (la plaque 2 en $y = 0$). Quelle plaque est alors chargée positivement ?
4) Établir les équations horaires du mouvement de l'électron.
5) Déterminer l'équation de la trajectoire de l'électron.
6) Pour une vitesse initiale $v_0 = 1{,}5 \times 10^8\,\text{m.s}^{-1}$ déterminer la distance d parcourue par un électron qui se trouverait en $t = 0$ au milieu des deux plaques espacées de $y = 1{,}0\,\text{cm}$ avant de s'écraser sur la plaque 2.

●●● 20 min.

EXERCICE 2

Lyam, le seigneur d'un château fort, se voit encerclé par les armées du royaume voisin. Avec son magicien, ils observent les troupes avec attention depuis le mur d'enceinte. Un bélier est en cours de construction, droit devant la porte du château, sous le grand chêne familial, à 1 250 m du mur d'enceinte. Après réflexion, le magicien lui dit « Monseigneur, faites amener ici le canon que je vous ai fabriqué. Nous sommes à 7 m de hauteur. En inclinant l'arme de 45° par rapport au sol et avec la bonne dose de poudre à canon, je détruirai le bélier ». Les hommes s'exécutent, le magicien fait son office, oriente le canon dans la direction du bélier et le frappe très précisément.

1) On néglige les frottements de l'air et on utilise $g = 9{,}81\,\text{N.kg}^{-1}$. Déterminer l'expression du vecteur accélération du boulet de canon au cours de son mouvement.
2) En déduire l'expression du vecteur vitesse puis les équations horaires du mouvement.
3) Établir l'expression de la trajectoire du boulet de canon.
4) Calculer alors la vitesse initiale à laquelle le magicien a dû lancer le boulet de canon.
5) Déterminer la hauteur maximale atteinte par le boulet de canon au cours du mouvement.

II ▸ Mécanique céleste

●○○ 20 min.

EXERCICE 3

On s'intéresse au plus gros satellite artificiel terrestre : la Station Spatiale Internationale (ISS). Son orbite est dite « basse », elle oscille entre $h_{\text{min}} = 330\,\text{km}$ et $h_{\text{max}} = 420\,\text{km}$ au-dessus du sol terrestre.

1) Combien de tours de la Terre, l'ISS fait-elle chaque jour ?
2) Déterminer l'unité précise de la constante gravitationnelle G.
3) Par analyse dimensionnelle démontrer que la relation $T = 2\pi\sqrt{\frac{r^3}{GM}}$ est homogène.

Données : Masse de la Terre : $M_T = 5{,}98 \times 10^{24}$ kg; Rayon de la Terre : $R_T = 6{,}37 \times 10^3$ km; $G = 6{,}67 \times 10^{-11}$ U.S.I.

●●○ 35 min.

EXERCICE 4

Le système Galileo est un système de radionavigation par satellite, initiative de l'Union européenne et de l'Agence spatiale européenne (ESA), qui viendra compléter le système de géopositionnement global actuel (GPS). Galileo offrira une précision au mètre près sur toute la surface du globe contre 5 à 10 m actuellement. Le 28 décembre 2005, le satellite Giove-A, qui est le premier des 30 satellites du projet Galileo, a été mis sur une orbite circulaire par une fusée Soyouz-Frégate.

1) Dans quel référentiel doit-on se placer pour étudier le mouvement du satellite Giove-A ?
2) Exprimer vectoriellement la force qui modélise l'action mécanique exercée par la Terre sur ce satellite.
3) En appliquant la deuxième loi de Newton, déterminer l'expression vectorielle de l'accélération $\vec{a}_S$ de ce satellite.
4) Que peut-on alors en déduire de son mouvement ?
5) Exprimer puis calculer la vitesse v_S de ce satellite autour de la Terre.
6) Définir la période de révolution T_S de ce satellite.
7) Exprimer puis calculer cette période T_S en secondes puis en heures.
8) Retrouver la constante de la troisième loi de Kepler en utilisant vos résultats précédents.

Données : $G = 6{,}67 \times 10^{-11}\ \text{m}^3.\text{kg}^{-1}.\text{s}^{-2}$; Rayon de la Terre : $R_T = 6{,}37 \times 10^3$ km; Masse de la Terre : $M_T = 5{,}98 \times 10^{24}$ kg; Altitude du satellite Giove-A : $h = 23\,260$ km.

III ▸ Travail et échanges énergétiques

●●○ 15 min.

EXERCICE 5

On considère l'espace entre deux plaques chargées, écartées d'une distance $d = 8,00$ cm, où subsiste un champ électrostatique de norme $E = 5000\,\text{V.m}^{-1}$. On dépose, sans vitesse initiale, une particule chargée, de charge électrique $q = 4,80.10^{-19}$ C sur la plaque chargée positivement.

1) Calculer le travail de la force qui s'applique sur la particule chargée lors de son mouvement entre la plaque positive et la plaque négative.
2) Cette force est-elle conservative ?
3) Déterminer la vitesse finale de la particule lorsqu'elle rencontre la plaque négative.

Données : Masse de la particule : $m = 2{,}73 \times 10^{-30}$ kg.

●●● 30 min.

EXERCICE 6

Un snowboarder et un skieur avec des miniskis, tous deux de même masse $m = 80{,}0$ kg, s'élancent sans vitesse initiale du sommet A d'une piste rectiligne avec une dénivelé $h = 15{,}0$ m.

1) L'origine O des altitudes est choisie en bas de la piste. Quelle est l'énergie potentielle de pesanteur des deux sportifs au sommet de la piste ?
2) On suppose que les frottements sur snowboard sont négligeables : déterminer l'énergie cinétique puis la vitesse du snowboarder en bas de la piste.
3) En déduire la variation d'énergie cinétique ΔE_c du snowboarder.
4) Faire un bilan des forces appliquées sur le snowboarder. Donner les expressions puis les valeurs des travaux des forces mises en jeu.
5) Déterminer l'expression de la variation de l'énergie potentielle du snowboarder ΔE_{pp}.
6) Comparer la somme des travaux des forces appliquées au snowboarder et ΔE_c. Que peut-on en conclure ?
7) En ce qui concerne le skieur, les frottements entre les miniskis et la piste ne sont pas négligeables malgré la surface plus faible de contact. Que peut-on dire de l'énergie mécanique du skieur lors de la descente ? Que peut-on dire de son énergie cinétique ?
8) Le skieur atteint le bas de la piste à la vitesse $v = 45\,\text{km.h}^{-1}$. Exprimer alors le travail des forces de frottement $\vec{f}$ en fonction de ΔE_c et du travail de la force de pesanteur puis en fonction de v, m, g et h. Calculer sa valeur. On considère ici que l'on peut appliquer le résultat obtenu à la question 6) malgré la présence de frottements.
9) Déterminer la variation d'énergie mécanique du skieur. Que constate-t-on ?
10) Que peut-on conclure de cette étude ?

IV ▸ Mécanique des fluides

●●○ 25 min.

EXERCICE 7

Au début d'une plongée, une bouteille contient 15,0 L sous une pression de 180 bar. À la fin de la plongée, le manomètre indique 85 bar. Une expérience est ensuite réalisée afin de savoir si la température « T » a un effet quelconque sur la pression « P » ou le volume « V » d'un gaz. On plonge donc un pressiomètre dans un récipient de forme variable mais de volume connu, rempli du gaz de la bouteille initiale et on fait varier la température. On relève tous les résultats dans le tableau suivant :

P (hPa)	1000	2000	3000	4000	5000	6000
V (L)	4,16	4,16	4,16	4,16	4,16	4,16
T (°C)	50	100	150	200	250	300

1) L'air contenu dans la bouteille à la fin de la plongée occupe-t-il toujours le même volume ?
2) La loi de Boyle-Mariotte est-elle applicable pendant la plongée ?
3) Quelle est la pression à laquelle le plongeur a été soumis au fond de l'étang d'eau salée dans lequel il a plongé, lorsqu'il a atteint la profondeur de 65 m si $P_{\text{atm}} = 1{,}0\,\text{bar}$?
4) En utilisant les résultats de l'expérience réunis dans le tableau, tracer la courbe qui donne le produit de la pression par le volume, en fonction de la température :
$$P \times V = f(T).$$
5) Montrer que l'équation de cette courbe est de la forme : $P \times V = k \times T$ avec k une constante.
6) Démontrer que $k = 83{,}2$. Indiquer avec précision, l'unité de k.

Données : $1{,}0\,\text{bar} = 1000\,\text{hPa}$; $g = 9{,}81\,\text{N.kg}^{-1}$; $\rho_{\text{eau salée}} = 1{,}3\,\text{kg.L}^{-1}$.

EXERCICES D'APPLICATION

●●○ 20 min.

EXERCICE 8

La fabrication des confitures se fait à partir d'un mélange de fruits et de sucre, chauffé autour de 120 °C sous la pression atmosphérique égale à $1{,}00 \times 10^5$ Pa. Les pots sont alors remplis jusqu'à un centimètre du couvercle, puis fermés. Ils refroidissent ensuite lentement jusqu'à atteindre 25,0 °C. On considère que les résultats de l'exercice précédent sont utilisables.

1) Quelle est la pression de l'air enfermé sous le couvercle au moment où le pot est fermé ?
2) La confiture se refroidissant, que peut-on dire de la pression de l'air enfermé sous le couvercle ? Justifier votre réponse.
3) Le couvercle du pot de confiture a une surface équivalente à celle d'un rectangle de 6,00 cm de long sur 2,00 cm de large. Quelle est la surface de ce couvercle ?
4) La force pressante créée par l'air restant sous le couvercle est de $2{,}40 \times 10^1$ N. Calculer la pression créée par l'air enfermé sous le couvercle.
5) Pourquoi est-il si difficile d'ouvrir un pot de confiture neuf ?

●●○ 25 min.

EXERCICE 9

On étudie la vidange d'un grand réservoir d'eau dans une caserne de pompier. Ce réservoir est un cylindre de rayon $R = 6{,}0$ m, rempli au départ sur une hauteur $H = 8{,}0$ m d'eau de masse volumique $\rho = 1{,}0 \times 10^3$ kg/m³. Pour nettoyer cette cuve, un couvercle est ouvert à la base, modélisé par un cercle de rayon $r = 10{,}0$ cm par lequel l'eau s'échappe librement. La pression atmosphérique est telle que $P_A = P_B = P_0 = 1{,}0$ bar (voir figure suivante).

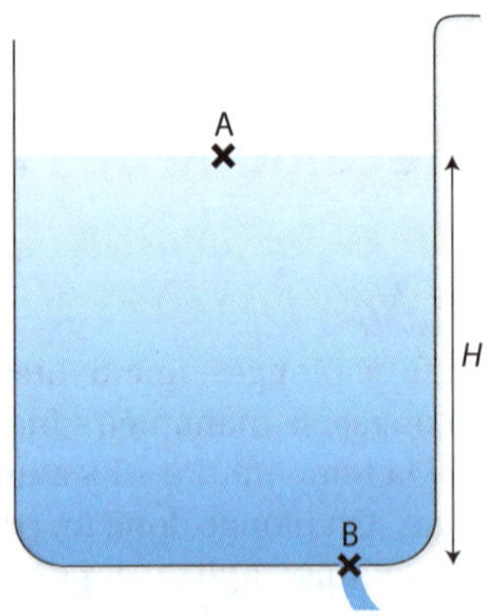

1) Montrer que $R^2 v_A = r^2 v_B$. Expliquer alors pourquoi on peut considérer l'écoulement comme permanent (l'étude du rapport des vitesses en A et B peut aider).
2) En appliquant la relation de Bernoulli le long de la ligne de courant entre A et B, calculer la vitesse de sortie de l'eau $v_{B,8}$ lorsque la hauteur d'eau est de $H_8 = 8{,}0$ m.
3) Calculer alors le débit volumique D_8 sortant par le point B.
4) Le niveau d'eau dans le réservoir va lentement diminuer. On considère que le débit volumique d'eau va rester le même pour 1 m d'écoulement d'eau dans le réservoir. En déduire la durée τ_8 nécessaire pour faire passer le niveau d'eau dans le réservoir de 8,0 m à 7,0 m.
5) Calculer $v_{B,7}$ quand $H_7 = 7{,}0$ m, le débit D_7 et la durée τ_7 pour le passage de 7 à 6 m, puis τ_6, τ_5, ... et τ_1.
6) Déterminer alors la durée totale de la vidange du réservoir.

CORRIGÉS DÉTAILLÉS

Corrigés de l'auto-évaluation, p. 24

1-b : première loi de Newton ; **2-c** : troisième loi de Newton ; **3-c** : voir la formule de la pression ; **4-d** : orientée selon la force de gravitation ; **5-a** : plus vite car elle a plus de distance à parcourir ; **6-c** : si la canalisation change de section, sa vitesse peut évoluer ; **7-d** : voir la définition du travail d'une force ; **8-d** : forces non conservatives = frottements.

Corrigés des exercices d'application, p. 43

I ▸ Mécanique newtonienne

EXERCICE 1

1) On compare la valeur du poids $\vec{P}$ avec la valeur de la force électrostatique $\vec{F} = q\vec{E}$ pour un électron :

$$P = m_{e^-} \times g = 8{,}92 \times 10^{-30}\,\text{N} \text{ alors que : } F = |e| \times E = 8 \times 10^{-16}\,\text{N}.$$

On remarque que le poids est environ 10^{14} fois plus petit que la force électrostatique. On négligera donc le poids dans ce problème.

2) On utilise la deuxième loi de Newton, dans le référentiel terrestre supposé galiléen, pour établir l'expression du vecteur accélération :

$$\vec{F} = m\vec{a} <=> \vec{a} = \frac{-e}{m} \times \vec{E}.$$

3) L'électron doit être dévié vers le bas, à savoir la plaque 2. Les particules sont chargées négativement, ainsi, si la force doit dévier vers le bas : $\vec{F} = -F\vec{e_y}$, il faut que $\vec{E}$ soit orienté dans l'autre sens (selon les y croissants). En effet, $\vec{F} = -e\vec{E}$. Or, on sait que le champ électrique $\vec{E}$ est orienté de l'armature positive vers l'armature négative. Il faut donc que la plaque 2 soit chargée positivement.

4) En prenant en compte les conditions initiales et les résultats précédents et en intégrant à chaque fois :

$$\vec{a} = \left| \begin{array}{l} 0 \\ \frac{-e}{m}E \\ 0 \end{array} \right. \quad \text{donc } \vec{v} = \left| \begin{array}{l} v_0 \\ \frac{-e}{m}E \times t \\ 0 \end{array} \right. \quad \text{et enfin } \overrightarrow{OM} = \left| \begin{array}{l} v_0 \times t \\ \frac{-e}{2m}E \times t^2 + y_0 \\ 0 \end{array} \right.$$

5) Pour l'équation de la trajectoire on veut déterminer $y = f(x)$:

$$t = \frac{x}{v_0} \;<=>\; y(x) = -\frac{e}{2m}E\frac{x^2}{v_0^2} + y_0.$$

6) On cherche la distance x pour laquelle on aura $y(x) = 0$. On note cette distance $x = d$:

$$d = \sqrt{\left(\frac{2m\,v_0^2\,y_0}{eE}\right)} = \sqrt{\left(\frac{2 \times 9{,}1.10^{-31} \times (1{,}5.10^{8})^2 \times 0{,}5.10^{-2}}{1{,}6.10^{-19} \times 5000}\right)} = 0{,}51\,\text{m}.$$

EXERCICE 2

1) On utilise la deuxième loi de Newton pour établir un lien entre l'accélération du boulet de canon et les paramètres du système. Il faut, avant tout, définir le référentiel d'étude et le système avec ses conditions initiales. On se place dans le référentiel terrestre, supposé galiléen. Le boulet de canon se situe à une altitude initiale $z_0 = 7$ m, il possède une vitesse initiale v_0 dirigée avec un angle $\alpha = 45°$ vers la cible qui se trouve à une distance $x_d = 1\ 250$ m du canon. L'origine du référentiel est prise au pied du mur d'enceinte du château, sous le canon. Les deux axes vraiment intéressants sont l'axe z et l'axe x.
Bilan des forces : le poids uniquement. On peut aussi passer en revue le vecteur vitesse initial et la position initiale du système sur les trois axes (x, y, z).

$$\text{Poids } \vec{P} \left| \begin{array}{l} 0 \\ 0 \\ -mg \end{array} \right. \qquad \text{Vitesse initiale } \vec{v}_0 \left| \begin{array}{l} v_0 \times \cos\alpha \\ 0 \\ v_0 \times \sin\alpha \end{array} \right. \qquad \text{Position initiale } \overrightarrow{OM}_0 \left| \begin{array}{l} 0 \\ 0 \\ 7 \end{array} \right.$$

On applique la deuxième loi de Newton au boulet de canon de masse m :

$$\sum \vec{F}_{\text{ext}} = m\vec{a} \ <=> \ \vec{P} = m\vec{a}.$$

On projette ce résultat sur les trois axes d'étude afin d'obtenir l'expression du vecteur accélération :

$$\left| \begin{array}{l} 0 = ma_x \\ 0 = ma_y \\ -mg = ma_z \end{array} \right. <=> \vec{a} = \left| \begin{array}{l} a_x \\ a_y \\ a_z \end{array} \right. = \left| \begin{array}{l} 0 \\ 0 \\ -g \end{array} \right.$$

2) Par définition mathématique de l'accélération (dérivée de la vitesse) puis de la vitesse (dérivée de la position), il reste à chercher la primitive de chaque expression pour passer de l'accélération à la vitesse puis de la vitesse à la position.
Attention : la variable ici est le temps t !

$$\vec{v} = \left| \begin{array}{l} v_x \\ v_y \\ v_z \end{array} \right. = \left| \begin{array}{l} A \\ B \\ -gt + C \end{array} \right.$$

Avec A, B et C des constantes d'intégration que l'on détermine avec les conditions initiales. En effet, pour $t = 0$, on a $v_x = v_0 \times \cos\alpha = A$, $v_y = 0 = B$ et $v_z = v_0 \sin\alpha = C$. On procédera de même avec la position où, pour $t = 0$, on a $x = 0$, $y = 0$ et $z = 7$. Ainsi, on obtient :

$$\vec{v} = \left| \begin{array}{l} v_0 \cos\alpha \\ 0 \\ -gt + v_0 \sin\alpha \end{array} \right. \quad => \text{par intégration } \overrightarrow{OM} = \left| \begin{array}{l} x(t) \\ y(t) \\ z(t) \end{array} \right. = \left| \begin{array}{l} v_0 \cos(\alpha) \times t \\ 0 \\ -\frac{1}{2} g t^2 + v_0 \sin(\alpha) \times t + 7 \end{array} \right.$$

3) La trajectoire est donnée par l'expression de $z = f(x)$. On utilise l'expression de $x = f(t)$ pour exprimer t en fonction de x puis on l'introduit dans l'expression de z en fonction de t.

$$t = \frac{x}{v_0 \cos\alpha} => z(x) = -\frac{1}{2} g \left(\frac{x}{v_0 \cos\alpha} \right)^2 + \frac{x \times v_0 \sin\alpha}{v_0 \cos\alpha} + 7.$$

Ainsi, l'équation de la trajectoire est :

$$z(x) = -\frac{1}{2v_0^2\cos^2\alpha}x^2 + x\tan\alpha + 7.$$

4) On sait que le boulet de canon frappe très précisément le bélier qui se trouve au niveau du sol donc en $z = 0$. On cherche ainsi à résoudre l'équation $z(x) = 0$ avec $x = 1250$ m, la position du bélier par rapport au mur d'enceinte.

$$0 = -\frac{1}{2v_0^2\cos^2(45)}(1250)^2 + 1250 \times \tan(45) + 7 <=> v_0 = 35\,\text{m.s}^{-1}.$$

Remarque

Les canons sous Louis XIV pouvaient atteindre des vitesses de lancer de plus de $150\,\text{m.s}^{-1}$. Il n'y a donc pas de magie ici, simplement un bon tour !

5) Lorsque le boulet de canon a atteint son altitude la plus élevée, sa vitesse sur z s'annule avant qu'il ne redescende. En effet, le canon a deux composantes pour sa vitesse : une sur x qui le fait avancer et une sur z qui le fait monter puis redescendre. On cherche donc à résoudre l'équation $v_z(t) = 0$. On détermine alors le temps nécessaire t_{max} pour atteindre la position la plus élevée, puis on insère ce temps dans l'expression de $z(t)$ pour obtenir z_{max}.

$$t_{\text{max}} = \frac{v_0\sin\alpha}{g} = 2{,}52\,\text{s} <=> z_{\text{max}} = -\frac{1}{2}g \times t_{\text{max}}^2 + v_0\sin(\alpha) \times t_{\text{max}} + 7 = 38{,}2\,\text{m}.$$

II ► Mécanique céleste

EXERCICE 3

1) Le satellite ISS présente deux altitudes extrêmes (h_{min} et h_{max}). Sa trajectoire est donc une ellipse autour de la Terre. Les formules vues dans le cours pour les orbites parfaitement circulaires s'adaptent aux ellipses en considérant que le rayon du cercle se remplace par le demi-grand axe de l'ellipse (et inversement). Il faut donc d'abord déterminer la valeur de a le demi-grand axe :

$$a = \frac{h_{\text{min}} + h_{\text{max}} + 2R_T}{2} = 6745\,\text{km}.$$

Ainsi, on peut utiliser la troisième loi de Kepler appliquée à l'ISS autour de la Terre :

$$T = \sqrt{\frac{4\pi^2a^3}{GM_T}} = 5511\,\text{s}.$$

Enfin, pour savoir combien de tours fait l'ISS autour de la Terre, il suffit de calculer $N = \frac{24\times60\times60}{5511} = 15,7$ tours. En une journée, l'ISS fait un peu plus de 15 tours de la planète.

2) On utilise une formule bien connue pour déterminer l'unité de G : $\vec{F} = -G\,\frac{m_A \times m_B}{d^2}\,\vec{u_{AB}}$. En effet, dans cette formule, les différentes grandeurs ont les unités suivantes : F en newtons, les masses m_A et m_B sont en kilogrammes et la distance entre les deux corps A et B, d est en mètres. Les newtons ne sont pas une unité de base du système

CORRIGÉS DÉTAILLÉS

international. Il faut utiliser la deuxième loi de Newton pour ramener cette unité aux unités légales. La force est équivalent à $m \times \vec{a}$. Ainsi, N = kg.m.s^{-2}. De fait :

$$G = \frac{F \times d^2}{m_A \times m_B} \text{ ce qui donne, en unité : } G = \frac{\text{kg.m.}s^{-2} \times m^2}{\text{kg}^2}.$$

On obtient l'unité de G : $m^3.s^{-2}$.kg^{-1}.

3) Par analyse dimensionnelle de la formule suivante : $T = 2\pi\sqrt{\frac{r^3}{GM}}$, on doit vérifier que $2\pi\sqrt{\frac{r^3}{GM}}$ est bien homogène à du temps.

$$2\pi\sqrt{\frac{r^3}{GM}} <=> \sqrt{\frac{m^3}{m^3 s^{-2} kg^{-1} \times \text{kg}}}.$$

En effet, 2π est équivalent à des radians, ce qui, en physique, n'a pas d'unité. C'est un nombre. On trouve que $\sqrt{\frac{r^3}{GM}}$ est homogène à $\sqrt{s^2}$ ce qui donne bien des secondes.

EXERCICE 4

1) On se place dans le référentiel géocentrique, supposé galiléen, pour suivre le satellite car il permet d'avoir la trajectoire la plus simple à étudier.
2) La seule force qui s'applique sur le satellite est la force d'interaction gravitationnelle :

$$\vec{F} = G\frac{m \times M_T}{d^2}\vec{u}.$$

Avec $\vec{u}$ le vecteur unitaire allant du satellite vers la Terre ($\vec{N}$ dans le repère de Frénet) et d la distance entre le centre de la Terre et le satellite : $d = R_T + h$.

3) La deuxième loi de Newton pour le satellite donne : $\sum \vec{F}_{\text{ext}} = m \times \vec{a}$. Ici, la seule force est $\vec{F}$:

$$\vec{a} = G\frac{M_T}{d^2}\vec{u}.$$

4) L'accélération est centripète (dirigée suivant $\vec{u}$), perpendiculaire à la vitesse (voir repère de Frénet) et le mouvement est uniforme.
5) Le mouvement est circulaire et uniforme, la vitesse est reliée à l'accélération par :

$$a = \frac{v^2}{d}.$$

Donc :

$$v_S = \sqrt{\frac{G \times M_T}{d}} = \sqrt{\frac{G \times M_T}{R_T + h}}.$$

6) La période de révolution du satellite est le temps nécessaire pour que le satellite fasse un tour complet autour de la Terre.
7) Par définition de la vitesse, on peut écrire pour le satellite :

$$v_S = \frac{D}{T_S}.$$

Avec D la distance parcourue en une période de révolution et T_S la période sidérale de révolution. Ainsi :

$$T_S = \frac{D}{v_S} = \frac{2\pi(R_T + h)}{\sqrt{\frac{G \times M_T}{R_T + h}}} = 2\pi\sqrt{\frac{(R_T + h)^3}{G \times M_T}} = 5{,}07 \times 10^4 \text{ s} = 14{,}1 \text{ h}.$$

8) La troisième loi de Kepler pour un satellite autour de la Terre en orbite circulaire s'écrit :

$$\frac{T_S^2}{(R_T+h)^3} = k = \text{cte}.$$

Il a été établi dans les questions précédentes, l'expression de la période sidérale de révolution T_S. Il suffit donc de développer le premier terme de la troisième loi de Kepler pour déterminer la valeur de la constante k :

$$k = \frac{T_S^2}{(R_T+h)^3} = \frac{\left(2\pi\sqrt{\frac{(R_T+h)^3}{G\times M_T}}\right)^2}{(R_T+h)^3} = \frac{4\pi^2}{G\times M_T}.$$

Le résultat obtenu est bien une constante qui ne dépend que de la masse du corps attracteur (ici, la Terre).

Remarque
Toutes les démarches utilisées dans cet exercice sont utilisables pour n'importe quel satellite (naturel ou artificiel) ou n'importe quelle planète autour du Soleil, du moment que l'on considère leur trajectoire comme circulaire.

III ▸ Travail et échanges énergétiques

EXERCICE 5

1) On utilise la définition du travail d'une force constante : $W_{AB}(\vec{F}) = \vec{F}.\vec{AB}$. Or, entre deux plaques chargées, il existe un champ électrostatique $\vec{E}$, perpendiculaire aux plaques distantes d'une distance d. Ainsi, le travail de la force électrique $\vec{F} = q\vec{E}$ vaut :

$$W_{AB} = q\vec{E}.\vec{AB} = q\times E\times d = 1{,}92\times10^{-16}\,\text{J}\ (= q\times U).$$

2) Une force est conservative si son travail ne dépend pas du chemin suivi entre le début et la fin du mouvement considéré. Ici, la force est orientée par le champ électrostatique $\vec{E}$ qui est parfaitement perpendiculaire aux plaques. Ainsi, quel que soit le mouvement de la particule, on peut décomposer le vecteur $\overrightarrow{AB}$ en plusieurs parties, dont une seule sera parallèle à $\vec{E}$, de longueur d. Les autres parties du vecteur seront forcément perpendiculaires à $\vec{E}$. Ainsi, le travail ne dépend pas du chemin suivi entre A et B mais seulement de la distance d entre les plaques. La force est donc bien conservative (on néglige le poids de la particule ici).
3) On utilise le théorème de l'énergie cinétique, il n'y a qu'une seule force qui travaille ici (le poids est négligé car la particule a une masse très faible devant la norme du champ électrique).

$$\Delta E_c = W_{AB}(\vec{F}) \iff \frac{1}{2}mv_B^2 - \frac{1}{2}mv_A^2 = q\times E\times d.$$

Or, la vitesse initiale est nulle, ainsi $v_A^2 = 0$ et donc :

$$v_B = \sqrt{\frac{2qEd}{m}} = 1{,}19\times10^7\,\text{m.s}^{-1}.$$

Cette vitesse reste inférieure à la vitesse de la lumière dans le vide. Cohérent.

CORRIGÉS DÉTAILLÉS

EXERCICE 6

1) Par définition, $E_{pp} = mgz$ donc pour chaque sportif : $E_{pp} = 80{,}0 \times 9{,}81 \times 15{,}0 = 11{,}8 \times 10^3$ J.
2) Le snowboarder ne subit pas de frottement : c'est un système isolé et les forces qui s'appliquent à lui sont conservatives.
   L'énergie mécanique du snowboarder se conserve entre le haut et le bas de la piste : $E_c(h) + E_{pp}(h) = E_c(0) + E_{pp}(0)$. Or, au sommet de la piste la vitesse du sportif est nulle : $E_c(h) = 0$ J et en bas de la piste l'énergie potentielle est nulle : $E_{pp} = 0$ J. Donc $E_{pp}(h) = E_c(0) = 11{,}8 \times 10^3$ J. Enfin, $E_c = \frac{1}{2}mv^2$ donc $v = \sqrt{\frac{2E_c}{m}} = 17{,}2\,\text{m.s}^{-1}$.
3) La variation d'énergie cinétique du snowboarder est $\Delta E_c = E_c(0) - E_c(h) = 11{,}8 \times 10^3$ J.
4) Le snowboarder est soumis à son poids $\vec{P}$ qui s'applique sur son centre d'inertie, verticale, vers le bas, d'intensité $P = mg$. Il est aussi soumis à la réaction du support $\vec{R}$ qui s'applique sur le snowboard, perpendiculairement à la surface de la piste, vers le haut.
$$W_{AB}(\vec{P}) = \vec{P}.\overrightarrow{AB} = \vec{P}.\overrightarrow{AH} + \vec{P}.\overrightarrow{HB} = mgh + 0 = 11{,}8 \times 10^3\ \text{J}$$
$$\text{et : } W_{AB}(\vec{R}) = \vec{R}.\overrightarrow{AB} = R.AB\cos 90 = 0\ \text{J}.$$
5) Par définition, $\Delta E_{pp} = E_{pp}(0) - E_{pp}(h) = 0 - E_{pp}(h)$. Donc $\Delta E_{pp} = -mgh$.
6) La somme des travaux des forces vaut $W = mgh = 11{,}8 \times 10^3\ \text{J} = \Delta E_c$.
   On peut en conclure que la somme des travaux des forces est égale à la variation d'énergie cinétique. Le poids est moteur au cours de la descente de la piste. On remarque aussi que $\Delta E_c = -\Delta E_{pp}$, c'est-à-dire que $\Delta E_m = 0$, donc l'énergie mécanique se conserve : pas de frottement.
7) En présence de frottements, l'énergie mécanique du système va diminuer au cours du temps. L'énergie cinétique finale du skieur devrait être moins élevée que celle du snowboarder.
8) On a établi en question 6) que la variation d'énergie cinétique est égale à la somme des travaux des forces. Ainsi :
$$\Delta E_c = W_{AB}(\vec{P}) + W_{AB}(\vec{R}) + W_{AB}(\vec{f}) = W_{AB}(\vec{P}) + 0 + W_{AB}(\vec{f}) \text{ donc : } W_{AB}(\vec{f}) = \Delta E_c - W_{AB}(\vec{P}).$$
   Et donc, par définition :
$$W_{AB}(\vec{f}) = \frac{1}{2}mv^2 - 0 - mgh = \frac{1}{2} \times 80 \times 12{,}5^2 - 80{,}0 \times 9{,}81 \times 15{,}0 = -5{,}52 \times 10^3\ \text{J}.$$
9) Pour l'énergie mécanique :
   $\Delta E_m = \Delta E_c + \Delta E_{pp} = \left(\frac{1}{2}mv^2 - 0\right) + \left(0 - mgh\right) = -5{,}52 \times 10^3$ J. On remarque un résultat intéressant à retenir : dans le cas où il y a des frottements, alors on a $\Delta E_m = W_{AB}(\vec{f})$.
10) Les frottements ont un effet important sur le mouvement. Quand ils sont considérés comme nuls, l'énergie mécanique se conserve mais c'est un résultat théorique. En réalité il y a toujours des frottements. Ici, ils font perdre près de $15\,\text{km.h}^{-1}$ au skieur.

IV ▸ Mécanique des fluides

EXERCICE 7

1) L'air est enfermé dans une bouteille qui fait 15,0 L. Or, un gaz occupe tout l'espace qu'on lui propose : l'air occupe donc toujours 15,0 L.
2) La loi de Boyle-Mariotte ne peut s'appliquer que si la quantité de matière de gaz reste contante au cours de l'expérience. Or, le plongeur respire l'air de sa bouteille pendant la plongée : on ne peut pas appliquer la loi ici.
3) $\Delta P = P_B - P_A = \rho \times g \times (h_B - h_A)$ donc $P_{65} = 1300 \times 9{,}81 \times (65-0) + 100000 = 9{,}3 \times 10^5$ Pa.
4) On trace le produit « Pression. Volume » en fonction du temps :

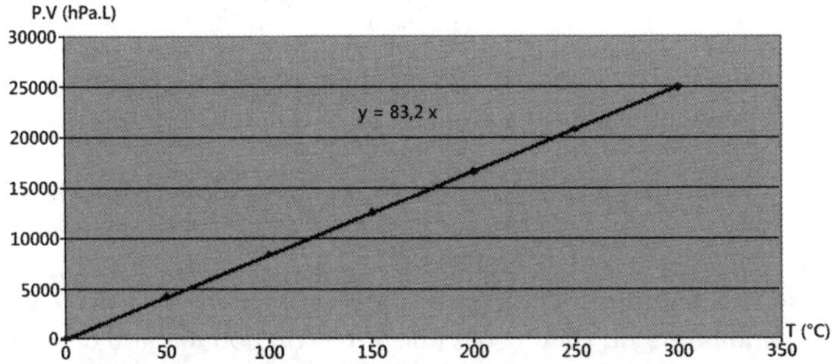

▸ **Figure 1.12.** Graphique d'évolution.

5) Ce graphe est une droite affine donc d'équation $y = k \times x$ avec $y = P \times V$ et $x = T$. Ainsi, on a bien $P \times V = k \times T$ avec k le coefficient directeur de la droite.
6) Pour calculer k on choisit deux points A et B :
$k = \frac{y_B - y_A}{x_B - x_A} = \frac{24960-4160}{300-50} = 83{,}2\,\text{hPaLC}^{-1}$.

EXERCICE 8

1) La pression atmosphérique est égale à celle de l'air : $P = 1{,}00 \times 10^5$ Pa.
2) Le volume d'air lors du refroidissement est le même, donc si T diminue, P va diminuer aussi car $P \times V = k \times T$.
3) $S = 6{,}00.10^{-2} \times 4{,}00.10^{-2} = 1{,}20 \times 10^{-3}\,\text{m}^2$.
4) On utilise la définition de la pression :
$P = \frac{F}{S} = \frac{2{,}40 \times 10^1}{1{,}20 \times 10^{-3}} = 2{,}00 \times 10^4$ Pa.
5) La pression de l'air extérieur est 5 fois plus forte que la pression de l'air à l'intérieur du pot. Il est donc difficile de l'ouvrir car l'air écrase le couvercle sans être totalement compensé.

EXERCICE 9

1) Le liquide étudié est l'eau considérée comme incompressible et parfait. On peut utiliser la conservation du débit volumique entre les points A et B : $D_{V,A} = D_{V,B}$ donc :

$$v_A \times \pi \times R^2 = v_B \times \pi \times r^2. \text{ donc : } R^2 \times v_A = r^2 \times v_B.$$

En effet, le débit volumique est le rapport d'un volume sur une durée, ce qui est équivalent au produit d'une vitesse par une surface (la surface du cylindre ici). Pour

CORRIGÉS DÉTAILLÉS

s'assurer que l'écoulement est permanent, il faut vérifier que la vitesse d'écoulement en A est très faible devant la vitesse d'écoulement en B. Or, avec la relation établie, on peut déterminer que :

$$v_A = \frac{r^2}{R^2} \times v_B \iff v_A = 2{,}78 \times 10^{-4} \times v_B.$$

Ainsi, on vérifie bien que $v_A << v_B$ et donc que la hauteur d'eau H diminue très lentement : l'écoulement est en régime permanent.

2) On utilise la relation de Bernoulli entre A et B avec l'égalité des pressions en A et B et le rapport des vitesses déterminé à la question précédente.

$$P_A + \frac{1}{2}\rho v_A^2 + \rho g z_A = P_B + \frac{1}{2}\rho v_B^2 + \rho g z_B.$$

On sait que $v_A^2 = 7{,}72 \times 10^{-8} \times v_B^2$, on peut donc très largement négliger le terme en $\frac{1}{2}\rho v_A^2$ devant celui en $\frac{1}{2}\rho v_B^2$. La relation de Bernoulli devient alors :

$$P_A + \rho g H_8 = P_B + \frac{1}{2}\rho v_B^2 + \rho g \times 0 \iff v_B = \sqrt{2gH_8} = 12{,}5\,\text{m.s}^{-1}.$$

3) On veut calculer le débit volumique $D_{B,8} = \frac{V_8}{\Delta t} = \frac{z_B}{\Delta t} \times S_8 = v_{B,8} \times \pi r^2 = 0{,}39\,\text{m}^3/\text{s}$.

4) On cherche la durée d'écoulement pour une hauteur de 1 m. Le débit volumique étant le rapport d'un volume par une durée, on doit d'abord déterminer le volume qui s'est écoulé du réservoir en passant de 8 à 7 m : $V = \pi R^2(8{,}0 - 7{,}0) = 113\,\text{m}^3$. Ainsi, par définition :

$$D_8 = \frac{V}{\tau_8} \text{ donc : } \tau_8 = \frac{V}{D_8} = 289{,}7\,\text{s}.$$

5) On applique les raisonnements des questions précédentes pour chaque nouveau niveau d'eau, en calculant à chaque fois la vitesse d'écoulement en B avec la conservation du débit, le débit volumique avec la relation de Bernoulli et le temps d'écoulement. On résume tous les résultats dans le tableau suivant :

n	8	7	6	5	4	3	2	1
H (m)	8	7	6	5	4	3	2	1
v (m/s)	12,5	11,7	10,85	9,9	8,86	7,67	6,26	4,43
D (m^3/s)	0,39	0,37	0,34	0,31	0,28	0,24	0,20	0,14
τ (s)	290	306	333	365	404	471	565	808

6) La durée totale de vidange est la somme des durées calculées dans le tableau ci-dessus. $\tau = 3542$ s, c'est-à-dire 59 minutes environ. Un temps raisonnable pour vider la cuve si besoin.

CHAPITRE 2

Physique des ondes

Plan du chapitre

Dans cette partie nous développerons les connaissances autour de la physique des ondes : leurs caractéristiques communes ainsi que leurs propriétés. Nous aborderons ensuite les particularités des ondes lumineuses puis le moyen de manipuler la lumière afin de former des images nettes avec l'optique géométrique.

Objectifs et compétences

Ce que j'ai vu au lycée	Ce que je vais apprendre en prépa
• Définir une onde, une période, une fréquence et une longueur d'onde. • Calculer la vitesse de propagation d'une onde. • Distinguer hauteur, intensité sonore, niveau d'intensité sonore et timbre d'un son. • Décrire la diffraction et le phénomène d'interférence. • Présenter l'effet Doppler et ses conséquences sur la fréquence. • Connaître et utiliser la relation de Snell-Descartes pour la lumière. • Définir la notion de spectre lumineux (corps chaud, émission, absorption). • Maîtriser la relation de conjugaison. • Avoir des notions de mécanique quantique. • Comprendre l'effet photoélectrique et ses applications.	• Modéliser mathématiquement la fonction d'une onde. • Passer de la représentation spatiale à la représentation temporelle. • Représenter le spectre d'une onde. • Développer les calculs d'interférences à l'aide des développements limités. • Gérer les systèmes optiques à plusieurs lentilles. • Mettre en équation certains principes de la mécanique quantique.

AUTO-ÉVALUATION

Évaluez-vous en répondant à la série de questions ci-dessous. Plusieurs bonnes réponses sont possibles.

QCM INTERACTIFS
lienmini.fr/40829-2

1. **La vitesse de propagation d'une onde mécanique dépend :**
   - ☐ **a.** de la fréquence de l'onde ;
   - ☐ **b.** du milieu de propagation ;
   - ☐ **c.** de la forme de l'onde ;
   - ☐ **d.** de la longueur d'onde de l'onde.

2. **Le son est une onde :**
   - ☐ **a.** longitudinale ;
   - ☐ **b.** transversale ;
   - ☐ **c.** sinusoïdale ;
   - ☐ **d.** électromagnétique.

3. **Deux sons ayant un timbre différent ont :**
   - ☐ **a.** un niveau sonore différent ;
   - ☐ **b.** une fréquence fondamentale différente ;
   - ☐ **c.** des fréquences harmoniques différentes ;
   - ☐ **d.** une intensité sonore différente.

4. **Le phénomène de diffraction :**
   - ☐ **a.** ne s'applique qu'à la lumière ;
   - ☐ **b.** s'applique à toutes les ondes ;
   - ☐ **c.** ne s'applique qu'aux ondes périodiques ;
   - ☐ **d.** ne s'applique qu'aux ondes mécaniques.

5. **Deux ondes sonores peuvent interférer si :**
   - ☐ **a.** elles ont le même niveau sonore ;
   - ☐ **b.** elles sont périodiques ;
   - ☐ **c.** elles sont cohérentes ;
   - ☐ **d.** elles ont la même fréquence.

6. **Un corps chaud émet :**
   - ☐ **a.** un spectre discontinu ;
   - ☐ **b.** un spectre de raie d'absorption ;
   - ☐ **c.** un spectre continu ;
   - ☐ **d.** un spectre de raie d'émission.

7. **Tout rayon lumineux passant par le foyer focal objet d'une lentille convergente :**
   - ☐ **a.** ressort de la lentille parallèle à l'axe optique ;
   - ☐ **b.** ressort de la lentille en passant par le foyer focal image ;
   - ☐ **c.** ressort de la lentille en direction de l'infini ;
   - ☐ **d.** ressort de la lentille en subissant le phénomène de réfraction.

8. **Un œil emmétrope voit :**
   - ☐ **a.** correctement un objet à l'infini ;
   - ☐ **b.** flou si l'image se forme sur le plan focal image ;
   - ☐ **c.** les couleurs grâce aux bâtonnets de la rétine ;
   - ☐ **d.** net tout objet réel.

9. **Un atome dans un état excité peut se désexciter :**
   - ☐ **a.** en libérant de l'énergie électrique ;
   - ☐ **b.** en libérant de l'énergie lumineuse ;
   - ☐ **c.** de manière stimulée en refroidissant l'environnement de l'atome ;
   - ☐ **d.** seulement si l'écart entre ses niveaux d'énergie est égal au quantum d'énergie.

▸ **Corrigés p. 86**

SYNTHÈSE DE COURS

I ▸ Les ondes

1 Ondes et propagation

Nous nous intéressons d'abord globalement aux ondes progressives.

À retenir. Onde progressive

Une onde progressive est la propagation d'une perturbation sans transport de matière mais avec transport d'énergie.

Exemples

- Une onde le long d'une corde fixe en un point;
- le son;
- la lumière.

Une onde progressive peut être mécanique ou électromagnétique.

À retenir.

Une onde mécanique a besoin d'un milieu matériel pour se propager (comme le son). Une onde électromagnétique correspond à la propagation d'un champ électrique et magnétique. Elle peut se propager dans le vide (comme la lumière).

Une onde se propage dans toutes les directions qui lui sont offertes : le long d'une corde (1 dimension), une pierre qui tombe dans l'eau (2 dimensions), le son d'une flûte dans l'air (3 dimensions).

Une onde possède une vitesse de propagation v (on parle parfois de **célérité**) ce qui implique une notion de retard que l'on note τ. Il représente le temps que met l'onde à parcourir une certaine distance MM'. $v = \frac{MM'}{\tau}$.
La célérité de l'onde dépend du milieu de propagation : le son se déplace à $340\,m.s^{-1}$ dans l'air à 25° ; à $1500\,m.s^{-1}$ dans l'eau ou $5700\,m.s^{-1}$ dans l'acier.

2 Ondes progressives sinusoïdales

Selon les situations, la source de l'onde progressive peut donner naissance à des ondes de toutes formes.

À retenir. Onde progressive sinusoïdale

Une onde progressive est dite sinusoïdale si elle prend la forme d'une sinusoïde dans le temps. On parle alors de double périodicité pour une telle onde.

► En ce qui concerne la périodicité temporelle :

À retenir. Période

La période T d'une onde est la plus petite **durée** qui permet de reproduire le signal identique à lui-même.

On utilise alors, plus souvent, la fréquence f en hertz (Hz) pour caractériser l'onde :

$$f = \frac{1}{T}.$$

Il faut prendre la précaution de mettre la période T en secondes.

► En ce qui concerne la périodicité spatiale :

À retenir. Longueur d'onde

La longueur d'onde λ est la plus petite **distance** qui permet de reproduire le signal identique à lui-même.

On peut résumer cette notion de double périodicité avec la Figure 2.1.

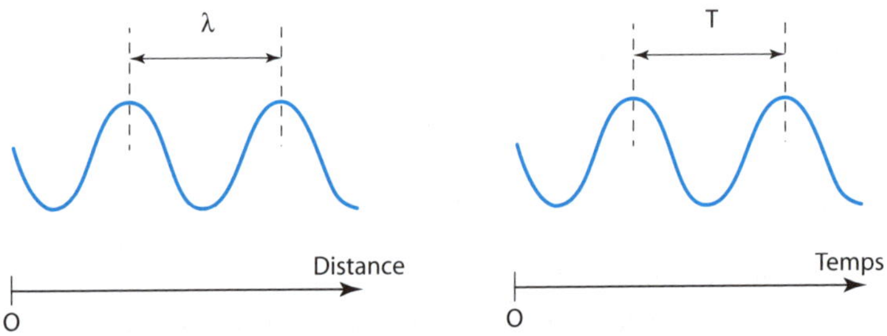

► **Figure 2.1.** Double périodicité spatiale et temporelle.

On peut réunir ces deux notions avec la vitesse :

$$v = \frac{\lambda}{T} = \lambda \times f.$$

3 Les ondes sonores

Le son est une onde mécanique qui se propage par compression et dilatation des couches d'air, de proche en proche, dans les trois dimensions. Une onde sonore dispose de plusieurs caractéristiques : une hauteur, une intensité et un niveau d'intensité sonore, ainsi qu'un timbre.

L'oreille humaine est limitée sur une certaine bande de fréquences qui varie selon l'âge et qui s'étend de 20 Hz à 20 000 Hz. En dessous, ce sont des infrasons et au-dessus, des ultrasons. On définit alors la hauteur d'un son comme la propriété qui donne la sensation que ce son est plus aigu ou plus grave :

- plus la **fréquence est élevée** plus le son est aigu (haut) ;
- plus la **fréquence est basse** plus le son est grave (bas).

Pour qu'un son puisse être audible, il faut que l'onde sonore transporte suffisamment d'énergie.

À retenir. Intensité sonore

L'intensité sonore I est la puissance transportée par une onde sonore, par unité de surface.

$$I = \frac{P}{S}.$$

Avec P la puissance sonore en watts (W) ; S la surface de propagation en m^2 et I l'intensité sonore en $W.m^{-2}$.

On utilise une échelle mieux adaptée pour caractériser l'intensité sonore :

À retenir. Niveau d'intensité sonore

Le niveau d'intensité sonore L est défini tel que :

$$L = 10 \times \log\left(\frac{I}{I_0}\right).$$

Avec I l'intensité sonore en $W.m^{-2}$, I_0 l'intensité sonore de référence (seuil d'audibilité) $I_0 = 10^{-12}\,W.m^{-2}$ et L le niveau d'intensité sonore en décibels (dB).

Plus le son se propage loin de sa source, plus il s'atténue. Cette atténuation s'explique par :

- l'**éloignement géométrique de la source produisant le son.** La surface de propagation augmente, l'intensité sonore diminue.
- l'**absorption par le milieu traversé.** Selon la densité du milieu matériel traversé, une partie plus ou moins importante de la puissance sonore est absorbée.

À retenir.

L'atténuation sonore est notée A. Lorsqu'un son passe d'un niveau sonore L à L' :

$$A = L - L' = 10\log\left(\frac{I}{I'}\right).$$

Avec I et I' les intensités sonores en L et L' (en $W.m^{-2}$).

Remarque

La perception d'un son diffère aussi selon la fréquence : parler plus haut permet de se faire entendre davantage.

Un son est toujours périodique, or, selon la théorie de Fourier :

Propriété 2.1.

Toute fonction périodique de fréquence f peut être décomposée en une somme de fonctions sinusoïdales de fréquences $f, 2f, 3f$, etc.

On peut alors décomposer un son en « son spectre », c'est-à-dire en une représentation graphique de l'amplitude relative de chaque fréquence de ce son.

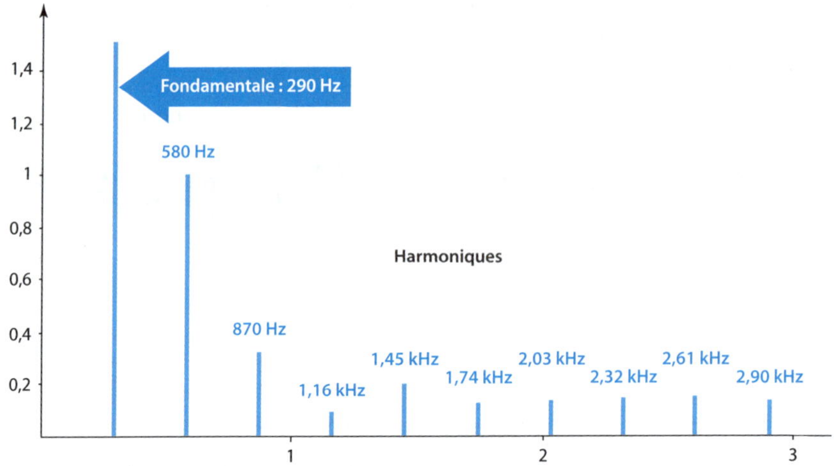

► **Figure 2.2.** Exemple d'un spectre sonore.

On appelle **fondamental** le son de fréquence f et tous les autres de fréquence $n \times f$, les **harmoniques**. Un son dont le signal est une sinusoïde parfaite (une seule fréquence : la fondamentale) est un son pur (diapason). C'est la fréquence fondamentale qui donne la hauteur de la note émise par un instrument.

Enfin, une même note, jouée par différents instruments correctement accordés, donne des impressions auditives différentes qui permettent de reconnaître l'instrument (piano, violon, trompette, etc.) : on dit qu'ils n'ont pas le même timbre.

À retenir. Timbre d'un son

Le timbre d'un son est lié à sa composition spectrale (importance et présence des harmoniques) et à son évolution au cours du temps (phase d'attaque et d'extinction).

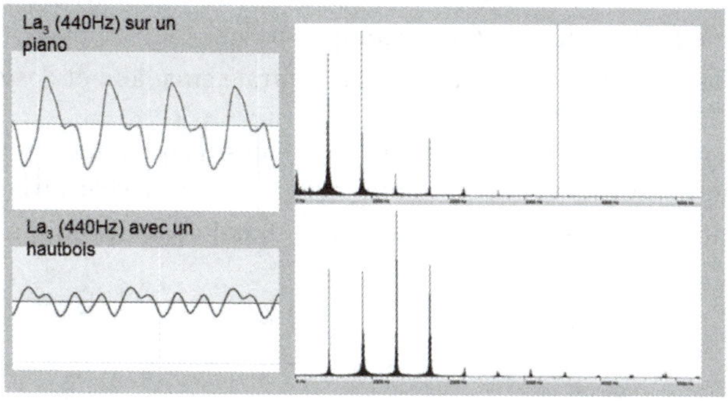

► **Figure 2.3.** Même note produite par deux instruments.

II ► Diffraction et interférences

❶ Le phénomène de diffraction

Lorsqu'une onde rencontre un obstacle de petite dimension, sa direction de propagation est modifiée : c'est le phénomène de diffraction. Ce phénomène dépend de la longueur d'onde ainsi que de la taille de l'obstacle rencontré par l'onde :

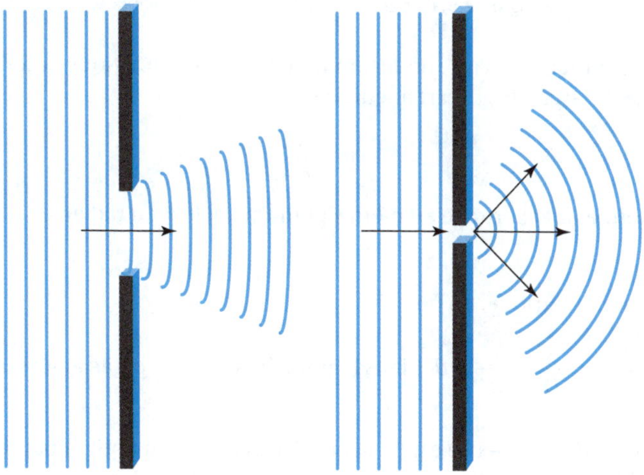

► **Figure 2.4.** Diffraction des ondes.

Propriété 2.2.

Pour toutes les ondes, la diffraction est nettement observée lorsque la dimension de l'ouverture ou de l'obstacle est du même ordre de grandeur ou inférieure à la longueur d'onde.

Dans le cas des ondes lumineuses, si de la lumière passe :

- **par un trou**, la diffraction donne une tache centrale circulaire et des cercles concentriques ;
- **par une fente rectangulaire**, la diffraction donne une tache centrale rectangulaire puis des taches plus petites selon une direction perpendiculaire à celle de la fente.

On s'intéresse plus particulièrement au cas de la diffraction au travers d'une fente :

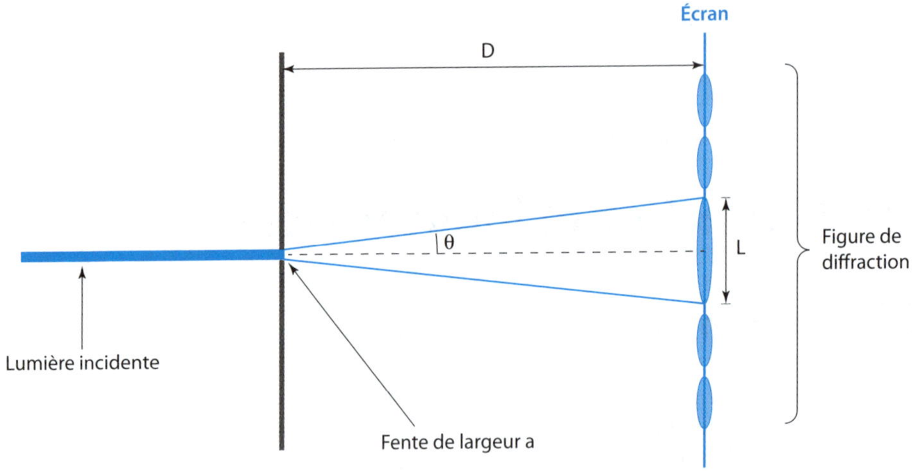

▸ **Figure 2.5.** Diffraction d'un laser monochromatique.

Dans le cas de la diffraction d'une onde lumineuse monochromatique de longueur d'onde λ par une fente de largeur a, l'écart angulaire θ est égal à :

$$\theta = \frac{\lambda}{a}.$$

Chaque longueur étant exprimée en mètres pour un angle θ en radians.

Remarque

Par relation trigonométrique, on peut écrire :

$$\tan\theta = \frac{\frac{L}{2}}{D} = \frac{L}{2D} \approx \theta \text{ (dans l'approximation des petits angles).}$$

Dans le cas où l'onde lumineuse est de la lumière blanche, on obtient par diffraction une tache centrale blanche et des taches latérales irisées. En effet, la lumière blanche est constituée de toutes les radiations colorées visibles, chacune faisant sa propre figure d'interférences.

2 Phénomène d'interférence

Deux ondes, en se croisant, peuvent se superposer.

À retenir. Interférence

Il y a interférence en tout point d'un milieu où deux ondes de même nature et de même fréquence se superposent.

L'élongation résultante est la somme des élongations des deux ondes en un point.
Pour pouvoir réellement interférer, les sources des ondes doivent être cohérentes :

À retenir. Sources cohérentes

On dit que deux sources sont cohérentes si elles émettent des ondes sinusoïdales de même fréquence et si elles gardent un déphasage constant au cours du temps.

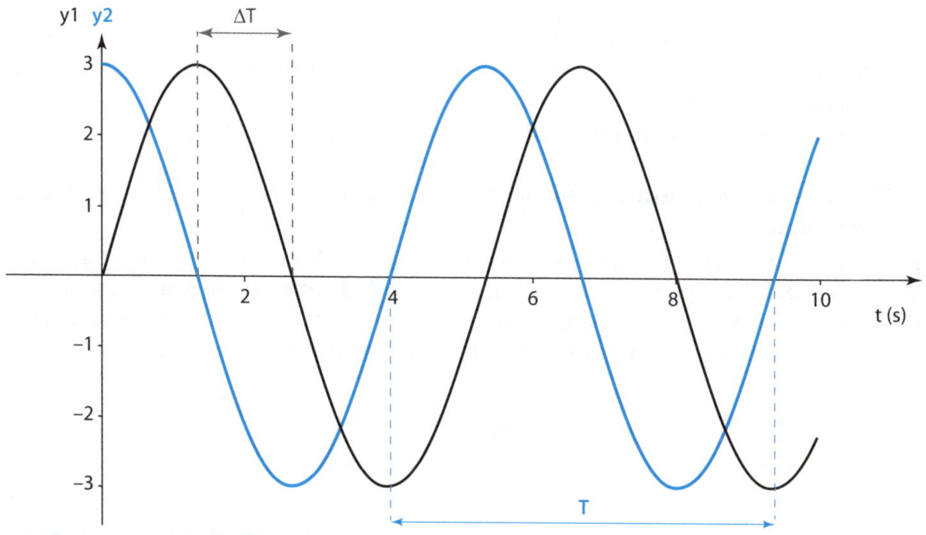

▸ **Figure 2.6.** Deux signaux de même fréquence avec un déphasage constant.

Si le décalage entre les deux courbes est nul, on dit qu'elles sont **en phase**. Si le déphasage est un multiple impair d'une demi-période T, alors les courbes sont **en opposition de phase**. Pour simplifier le reste de l'étude, on considère généralement que le déphasage est nul.

Soient deux ondes cohérentes qui interfèrent en un point :

- si les ondes sont en phase, on a des interférences **constructives** ;
- si les ondes sont en opposition de phase, on a des interférences **destructives**.

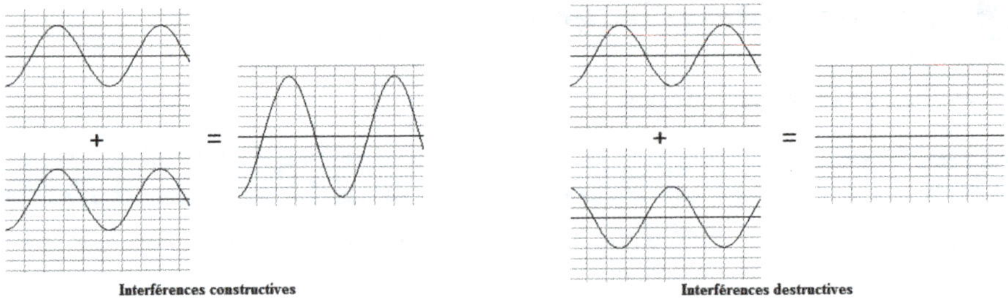

► **Figure 2.7.** Exemples d'interférences.

Soit un point M de l'espace sur lequel deux sources cohérentes interfèrent. On note d_1 la distance rectiligne entre la source S_1 et M, et d_2 la distance rectiligne entre la source S_2 et M.

À retenir. Différence de marche

On appelle différence de marche δ la différence entre les deux distances d_1 et d_2

$$\delta = d_2 - d_1 = S_2M - S_1M > 0.$$

Si v est la vitesse des ondes, on peut écrire : $\delta = v \times \tau_2 - v \times \tau_1 = v \times (\tau_2 - \tau_1)$. Ainsi, selon la différence de temps ($\tau_2 - \tau_1 = k \times T$), on peut avoir des interférences constructives. En notant que $v \times k \times T = k \times \lambda$, on retient que :

- il y a **interférence constructive** en tout point de l'espace où $\delta = k \times \lambda$ avec k un entier naturel;
- il y a **interférence destructive** en tout point de l'espace où $\delta = (2k+1) \times \frac{\lambda}{2}$ avec k un entier naturel.

Le mode d'émission de la lumière est si particulier qu'il est impossible de former plusieurs sources cohérentes séparées. Pour obtenir des interférences avec des ondes lumineuses, il faut utiliser deux sources secondaires créées à partir d'une source unique. Pour se faire, on utilise généralement le dispositif des trous d'Young constitué par deux fentes S_1 et S_2.

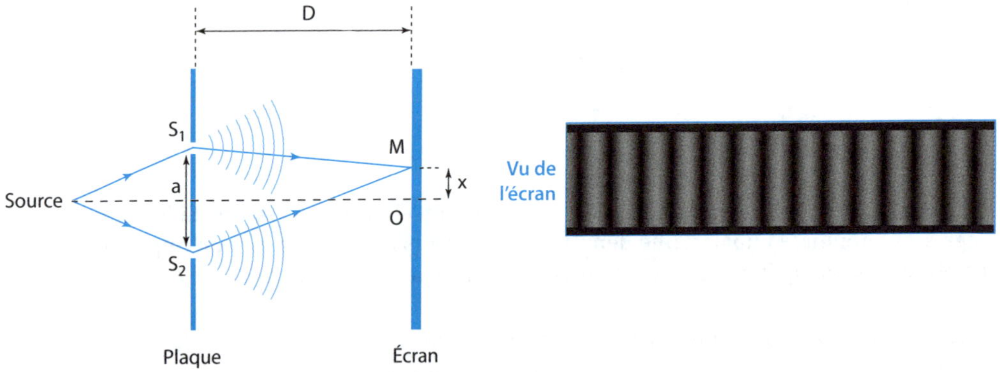

► **Figure 2.8.** Dispositif des trous d'Young.

En ce qui concerne les trous d'Young, on peut déterminer l'expression de la différence de marche δ en un point M de l'écran :

$$\delta = \frac{a\,x}{D}.$$

Avec a la distance entre les trous, x la position du point M par rapport au centre de l'écran et D la distance entre le plan contenant les trous et l'écran. Cette formule s'obtient à l'aide de connaissances mathématiques qui seront mises en place en CPGE. On obtient alors sur l'écran une succession de franges brillantes et de franges sombres.

À retenir. Interfrange

On appelle interfrange i, la distance séparant deux franges consécutives de même nature.

$$i = \frac{\lambda \times D}{a}.$$

i en mètres (m); λ la longueur d'onde monochromatique de l'onde en mètres (m); D la distance entre les fentes et l'écran en mètres (m) et a la distance entre les deux fentes en mètres (m).

Remarque

La lumière blanche étant la superposition d'une infinité de radiations monochromatiques, chaque radiation va créer sa propre figure d'interférence, qui vont ensuite toutes s'ajouter et donner des franges brillantes blanches au centre de la figure puis des franges aux couleurs irisées (superposition de différentes couleurs en phase, en opposition de phase ou dans aucun de ces deux cas particuliers). On parle alors de couleurs interférentielles.

En astrophysique (comme dans d'autres domaines), on utilise une propriété particulière des ondes : l'effet Doppler (décalage des raies d'absorption du spectre d'une étoile).

À retenir. Effet Doppler

C'est la variation de fréquence d'une onde mesurée entre l'émission et la réception, lorsque la distance entre l'émetteur et le récepteur varie au cours du temps.

En effet, la variation de fréquence dépend de la vitesse de l'émetteur par rapport au récepteur : la fréquence mesurée par le récepteur f_R est supérieure à la fréquence émise par l'émetteur f_E lorsque la source se rapproche du récepteur et $f_R < f_E$ lorsqu'elle s'en éloigne.

Démonstration

À $t = 0$, un émetteur qui se déplace à la vitesse v_E se trouve à une distance D d'un récepteur fixe. L'émetteur émet alors une première onde qui se propage dans l'air à la célérité c.

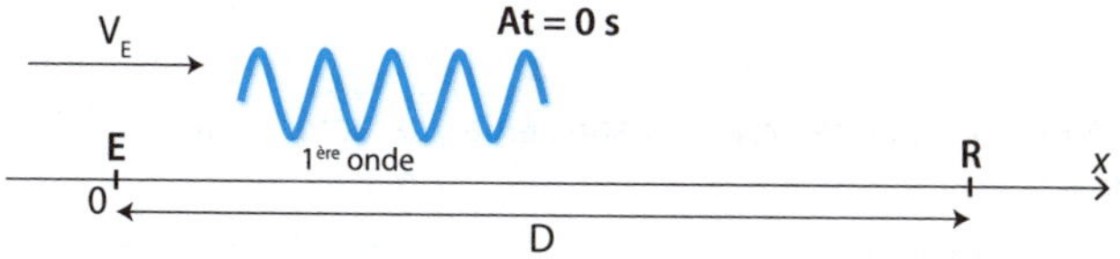

► **Figure 2.9.** Effet Doppler : première onde envoyée par l'émetteur.

L'onde met un temps t_1 à parvenir au récepteur tel que : $t_1 = \frac{D}{c}$.
Au bout d'un temps t_2, l'émetteur renvoie une onde identique en direction du récepteur alors qu'il a parcouru une distance $d_2 = v_E \times t_2$.

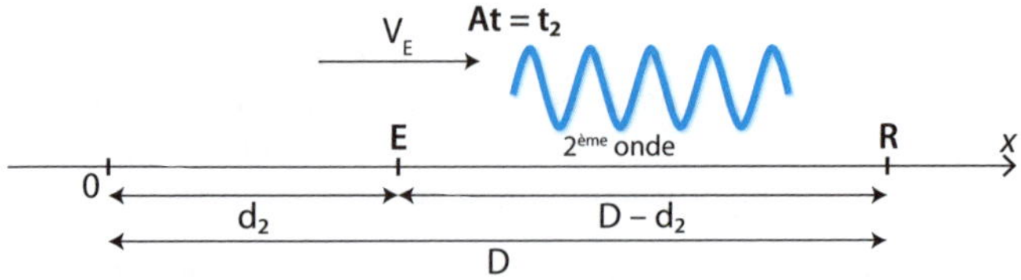

► **Figure 2.10.** Effet Doppler : deuxième onde envoyée par l'émetteur.

Cette deuxième onde arrive au récepteur au temps :

$$t_3 = t_2 + \frac{D - d_2}{c} = \frac{D}{c} + \left(1 - \frac{v_E}{c}\right) t_2.$$

Il se crée alors un phénomène périodique de réception des ondes de période $T_R = t_3 - t_1$ pour le récepteur par rapport à la période d'émission $T_E = t_2 - 0 = t_2$ (généralisable à n envois d'ondes identiques à intervalle régulier).

$$T_R = t_3 - t_1 = \frac{D}{c} + \left(1 - \frac{v_E}{c}\right) t_2 - t_1 = \left(1 - \frac{v_E}{c}\right) t_2 = \left(1 - \frac{v_E}{c}\right) T_E.$$

Et donc, si on passe en fréquence plutôt qu'en période :

$$f_R = \frac{1}{T_R} = \frac{1}{1 - \frac{v_E}{c}} \times f_E \ \ (> f_E).$$

III ► La lumière

1 Comportement global et caractéristiques

La lumière est une onde électromagnétique constituée d'une infinité de radiations caractérisées par une longueur d'onde ou une fréquence. Elle se déplace dans le vide à une vitesse :

$$C = 3{,}00 \times 10^8 \text{ m.s}^{-1}.$$

L'œil humain est sensible aux radiations qui se situent sur une bande de longueur d'onde comprise entre $\lambda = 400$ nm pour le violet et $\lambda = 800$ nm pour le rouge : la bande du visible.

À retenir. Vitesse d'une onde lumineuse

En milieu d'indice de réfraction n, une onde lumineuse se propage à la vitesse v :

$$v = \frac{C}{n}.$$

L'indice de réfraction est une grandeur sans unité, caractéristique du milieu. Pour l'air il s'agit de $n = 1$.

Cette définition s'applique aussi pour la longueur d'onde d'une onde lumineuse dans un milieu : $\lambda = \frac{\lambda_0}{n}$, avec λ_0 la longueur d'onde dans le vide (en m).

Lorsque la lumière traverse un nouveau milieu, il se produit plusieurs effets possibles.

À retenir. Loi de Snell-Descartes

Soit un rayon lumineux monochromatique incident dans un milieu d'indice n_1 qui passe dans un second milieu d'indice n_2.
Les angles d'incidence i et de réfraction r sont repérés depuis la normale au dioptre, vers le rayon incident ou réfracté. On a alors trois lois :

- le rayon incident et le rayon réfracté sont dans le même plan ;
- le rayon incident et le rayon réfléchi ont le même angle i avec le dioptre ;
- $n_1 \times \sin i = n_2 \times \sin r$.

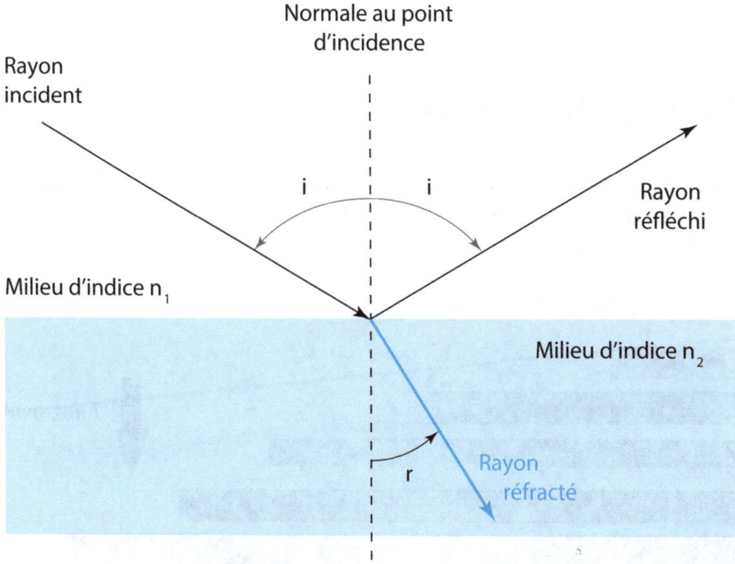

▸ **Figure 2.11.** Phénomène de réfraction.

Dans le cas où $n_1 > n_2$, il existe un angle limite à partir duquel la réfraction n'a plus lieu :

$$i_{\lim} = \arcsin\left(\frac{n_2}{n_1}\right).$$

On parle alors de réflexion totale.

Dans le cas d'une onde lumineuse polychromatique qui traverse un prisme, on obtient un phénomène de dispersion (voir Figure 68 page suivante).

Chaque radiation monochromatique subit le phénomène de réfraction avec un angle différent et donne en sortie, le spectre lumineux de la lumière blanche. Ce spectre peut donner des informations sur la lumière.

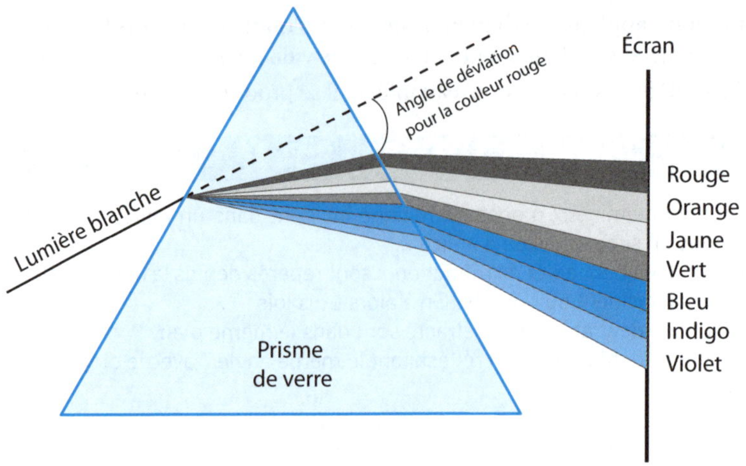

► **Figure 2.12.** Dispersion de la lumière blanche au travers d'un prisme.

2 Sources de lumière

Tout corps chaud émet un spectre lumineux continu dont la composition dépend de la température. Plus la température est élevée, plus on assiste à l'apparition progressive des couleurs vers le bleu dans le spectre.

► **Figure 2.13.** Spectre continu d'émission d'un corps chaud.

Si la source de lumière est un gaz à basse pression qui est excité par une source extérieure d'énergie, on obtient un spectre de raies d'émission caractéristique du gaz.

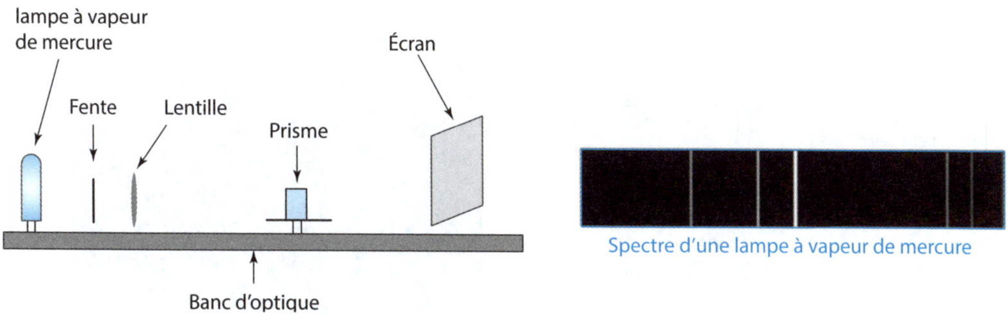

► **Figure 2.14.** Spectre de raies d'émission du mercure.

Lorsque la lumière blanche passe au travers d'un gaz, on obtient un spectre d'absorption, caractéristique du gaz et complémentaire du spectre de raies d'émission correspondant.

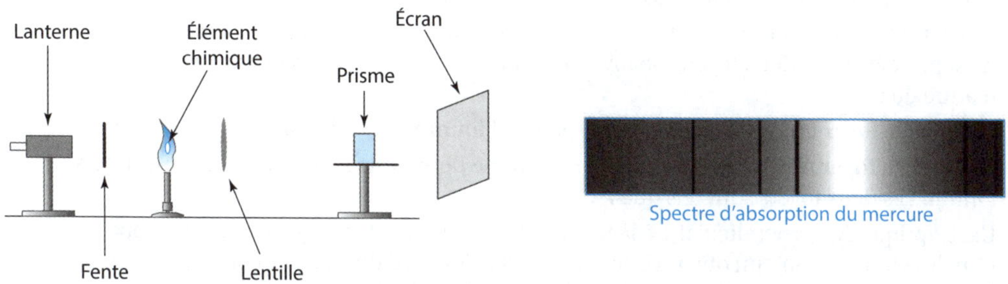

► **Figure 2.15.** Spectre de raies d'absorption du mercure.

On peut ainsi étudier la composition d'une étoile en analysant la lumière qui arrive sur Terre et retrouver les éléments chimiques présents dans son atmosphère.

IV ► Optique géométrique

1 Les lentilles

Il existe des milieux transparents capables de détourner spécifiquement le chemin rectiligne de la lumière : les lentilles.

À retenir. Lentilles

Une lentille mince est une milieu homogène, transparent, délimité par deux dioptres et possédant un axe de symétrie. Il en existe deux types : convergentes et divergentes.

Les lentilles convergentes sont convexes (à bord mince et à centre épais) et les lentilles divergentes sont concaves (à bord épais et à centre mince).

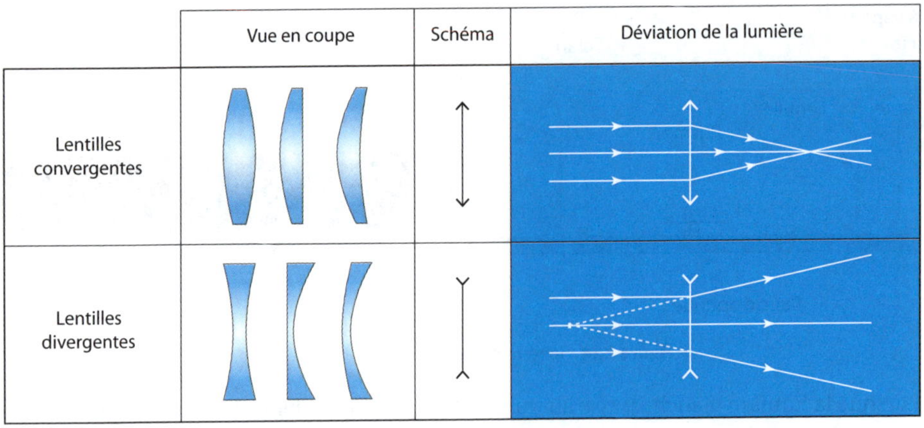

► **Figure 2.16.** Les deux grands types de lentilles.

On se concentre sur le mode de fonctionnement des lentilles convergentes.

Une lentille convergente est définie par un centre optique O, au travers duquel la lumière n'est pas déviée, et deux foyers : le foyer focal objet F et le foyer focal image F' de part et d'autre de O.

On appelle **foyer image** F', l'image d'un point à l'infini avant la lentille.

On appelle **foyer objet** F le point de l'axe optique dont l'image, par la lentille, se situe à l'infini. Les deux foyers sont tels que $FO = OF'$.

L'axe optique Δ, perpendiculaire à la lentille et passant par O, indique le sens de propagation de la lumière. Soit un objet AB se trouvant au-devant d'une lentille convergente, pour trouver la position de son image $A'B'$ formée par la lentille, il faut savoir tracer trois rayons lumineux différents :

- le **rayon qui arrive**, parallèle à l'axe optique, qui ressort de la lentille en passant par F' ;
- le **rayon passant par** O,qui n'est pas dévié ;
- le **rayon passant par** F, qui ressort de la lentille et qui est parallèle à l'axe optique.

À retenir. Distance focale et vergence

On définit la distance focale d'une lentille par $f' = \overline{OF'} = -\overline{FO}$. La vergence est alors :

$$C = \frac{1}{f'}.$$

C étant en dioptries δ si f' est en mètres.

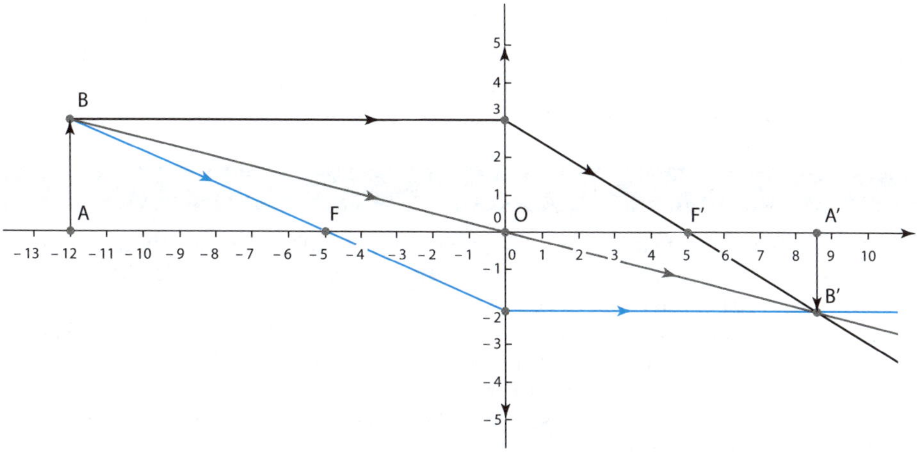

► **Figure 2.17.** Schéma de construction.

Toute lentille est caractérisée par sa distance focale f'. En optique, on utilise la notion de valeur algébrique : $\overline{OF'}$ se lit « valeur algébrique de OF' ». On la compte positive si elle est dans le sens de l'axe optique et négative si elle est dans le sens opposé.

À retenir. Formule de conjugaison

Soit un objet AB avec A sur l'axe optique et son image $A'B'$ au travers d'une lentille convergente :

$$\frac{1}{\overline{OA'}} - \frac{1}{\overline{OA}} = \frac{1}{\overline{OF'}}.$$

Une attention toute particulière est à avoir à propos des valeurs algébriques et du sens de parcours de la lumière dans cette formule. Chaque grandeur algébrique est en mètre.

Lorsque l'image se forme après la lentille, dans le sens de l'axe optique, on dit que l'image est réelle. On peut alors la voir sur un écran positionné au bon endroit.
Lorsque l'image se forme avant la lentille, dans le sens de l'axe optique, on dit que l'image est virtuelle. On ne peut pas la voir sur un écran, on peut la voir à l'œil nu en regardant « dans » la lentille (comme pour une loupe).

On peut aussi définir, pour une lentille, le grandissement :

À retenir. Grandissement

Par définition, le grandissement d'une lentille est le rapport algébrique de la taille de l'image sur la taille de l'objet :

$$\gamma = \frac{\overline{A'B'}}{\overline{AB}} = \frac{\overline{OA'}}{\overline{OA}}.$$

Il donne une information sur la taille de l'image par rapport à celle de l'objet ainsi que de son sens : si $|\gamma| < 1$ l'image est plus petite que l'objet (rétrécie), si $|\gamma| > 1$ l'image est agrandie. Si $\gamma > 0$ l'image est dans le même sens que l'objet et si $\gamma < 0$ l'image est renversée. On compte $\overline{AB} > 0$ si AB pointe vers le haut.

Objectif prépa

Une lentille divergente fonctionne de la même manière qu'une lentille convergente à la différence que le foyer objet et le foyer image sont inversés. Ainsi, il faudra veiller au sens des valeurs algébriques : $\overline{OF} > 0$ et $\overline{OF'} < 0$.
En plus des lentilles, on peut avoir à étudier les miroirs. Notamment le miroir plan qui est un système optique fait d'une face plane parfaitement réfléchissante. Tout rayon lumineux qui rencontre le miroir plan est réfléchi suivant les lois de Descartes : les rayons incidents et réfléchis sont dans le même plan et l'angle de réflexion est l'opposé de l'angle d'incidence.

2 Œil et vision

L'œil est un système biologique complexe fait de nombreux éléments différents. Du point de vue de l'optique géométrique, il y a trois parties importantes dans l'œil.

- la **pupille**, encadrée par l'iris, qui limite l'entrée de lumière ;
- le **cristallin** dans lequel les rayons lumineux sont déviés ;
- la **rétine**, au fond de l'œil, tapissée de cônes et de bâtonnets pour recevoir la lumière.

Le physicien est capable de modéliser ces éléments par des objets physiques et fabrique ainsi ce que l'on appelle le modèle réduit de l'œil.

Remarque

L'œil humain possède une distance focale f' qui correspond à la distance entre le cristallin et la rétine. Ainsi, un œil voit « bien », c'est-à-dire sans forcer quand l'objet observé est à l'infini (distance très grande par rapport à la distance focale de l'œil). Cependant, si l'objet est plus proche, les muscles autour de l'œil peuvent déformer le cristallin pour adapter la distance focale à la situation de vue. Cela s'appelle l'accommodation.

À retenir.

Le modèle réduit de l'œil est constitué de trois éléments :

- un **diaphragme réglable** pour laisser passer plus ou moins de lumière ;
- une **lentille mince convergente** de distance focale f' ;
- un **écran** pour recevoir l'image.

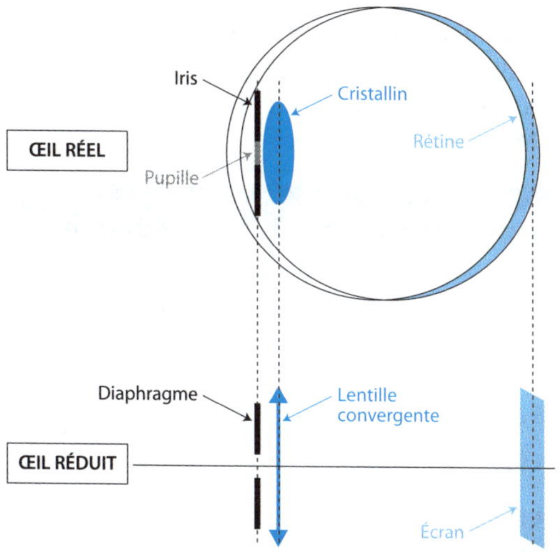

► **Figure 2.18.** Modèle réduit de l'œil.

L'œil humain est doué d'une vision colorée grâce aux cônes le long de sa rétine (les bâtonnets captent, eux, le niveau de luminosité). Il y a plusieurs manières de créer des couleurs à partir d'autres : la **synthèse additive** et la **synthèse soustractive**.

À retenir. Synthèse additive

La synthèse additive consiste en la superposition de lumières colorées permettant la création d'autres couleurs.

On peut obtenir toutes les couleurs connues par synthèse additive de trois couleurs seulement. Ces trois couleurs sont les couleurs primaires : rouge, vert et bleu. Lorsque les trois couleurs primaires sont parfaitement superposées, on obtient de la lumière blanche.

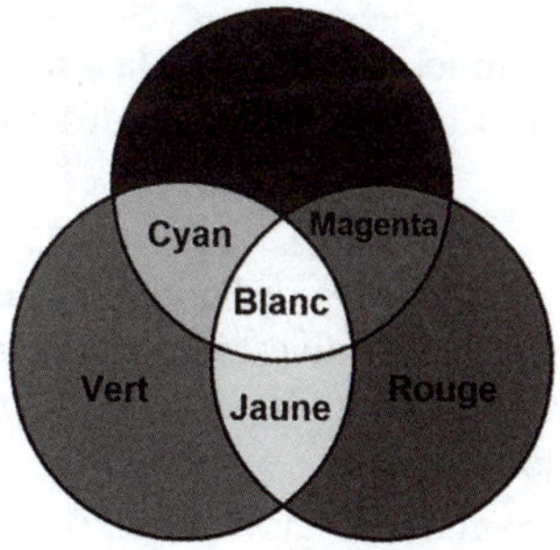

Synthèse additive

Retrouvez l'image originale en couleurs ici : lienmini.fr/40829-A

Remarque

L'œil et le cerveau fonctionnent en synthèse additive.

En optique, il existe des filtres colorés qui ne laissent passer que la couleur dont il sont faits (on parle de filtre monochromatique). Or, la lumière blanche est constituée de l'ensemble des couleurs du spectre visible.

À retenir. Synthèse soustractive

La synthèse soustractive correspond à l'absorption (la soustraction) de certaines couleurs de la lumière par un objet, donnant naissance à d'autres couleurs.

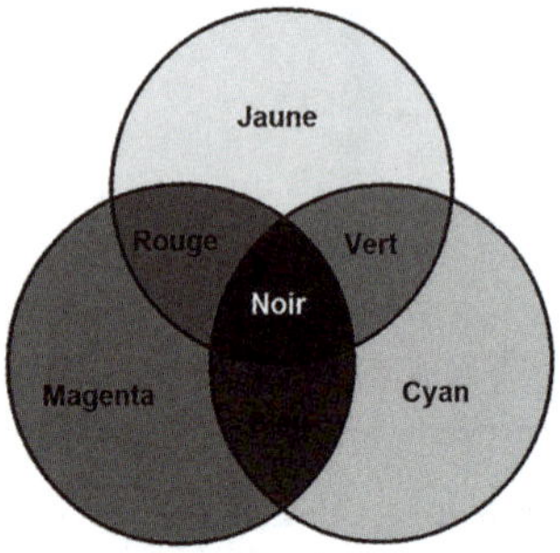

Synthèse soustractive

Retrouvez l'image originale en couleurs ici : lienmini.fr/40829-B

Remarque

Lorsque l'on mélange des matières colorées (encres, peintures, ...) la nouvelle couleur est obtenue par synthèse soustractive.

À retenir.

Deux couleurs sont dites complémentaires si leur synthèse additive donne du blanc. Sur le cercle chromatique, les couleurs complémentaires sont diamétralement opposées.

Par exemple, si on ajoute une lumière bleue et une lumière jaune, on obtient de la lumière blanche. Il est alors intéressant de se demander comment fonctionne le processus de vision des couleurs.

Si un objet est « rouge » qu'est-ce que cela veut dire ? Cela suppose d'abord que l'objet est rouge, vu par l'œil humain, sous une lumière blanche. Ce sous-entendu est important car, éclairé par une lumière d'une autre couleur, l'objet ne serait plus du tout perçu rouge par l'œil humain. Trois phénomènes peuvent alors entrer en concurrence :

- la **transmission** : l'objet n'interagit pas avec la lumière colorée et la laisse passer ;
- la **diffusion** : l'objet interagit avec la lumière et en renvoie une partie dans toutes les directions de l'espace ;
- l'**absorption** : l'objet interagit avec la lumière et en garde une partie en lui.

Généralement les trois phénomènes interviennent en même temps dans des proportions variées. La couleur d'un objet correspond à la couleur complémentaire de celle qu'il absorbe. Ainsi, si on voit un objet rouge sous une lumière blanche, c'est qu'il absorbe le bleu et le vert et ne diffuse plus que le rouge vers les yeux.

3 Modèle optique d'une lunette astronomique

L'observation astronomique se fait à très longue distance par rapport à la distance focale d'un œil humain. On considère donc tout objet astrophysique largement à l'infini. De plus, l'œil humain voit nettement, sans accommoder, lorsque l'image observée est à l'infini. Ainsi, le but principal d'une lunette astronomique est de former, à l'infini, l'image d'un objet à l'infini. Pour se faire, il faut que le système soit afocal.

À retenir. Constitution d'une lunette astronomique

Une lunette astronomique peut se construire de plusieurs manières. Nous retiendrons ici la manière suivante :

- une lentille convergente L_1 nommée objectif, du côté de l'objet. Cette lentille formera une image intermédiaire A_1B_1 de l'objet à l'infini AB ;
- une lentille convergente L_2 nommée oculaire, du côté de l'œil. L'image intermédiaire formée par L_1 va devenir l'objet pour L_2.

L'image finale obtenue sera renvoyée à l'infini pour permettre à l'œil de voir sans accommoder. Pour se faire, il faut obligatoirement que le foyer image de L_1 se trouve sur le foyer objet de L_2.

Pour un système afocal de deux lentilles convergentes, on aura $\overline{O_1O_2} = f_1' + f_2'$.

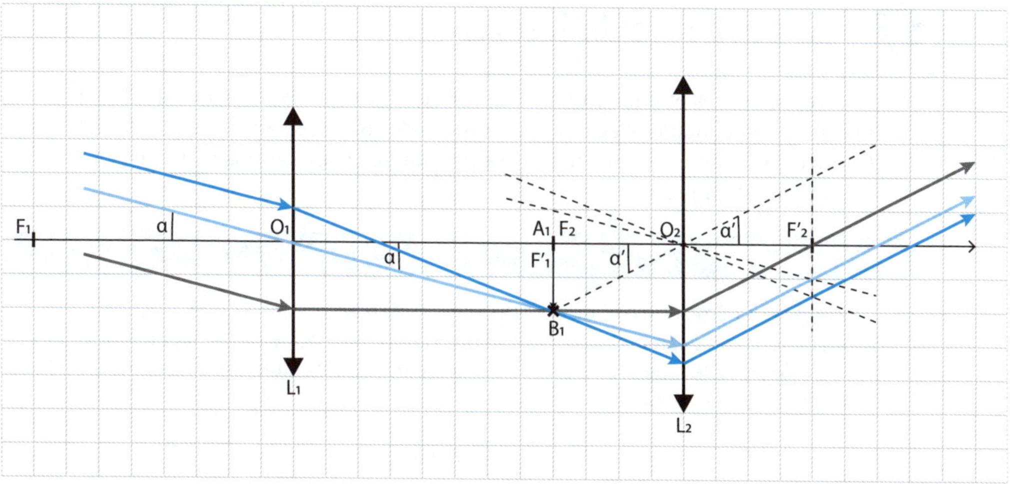

► **Figure 2.19.** Principe d'une lunette astronomique.

Le schéma de la page précédente nous permet de tracer les rayons lumineux qui traversent la lunette astronomique. On y voit apparaître deux angles importants :

- α le diamètre apparent de l'objet observé ;
- α' le diamètre apparent de l'image finale à l'infini.

À retenir. Grossissement

Le grossissement G est une grandeur sans unité

$$G = \frac{\alpha'}{\alpha}.$$

Dans le cadre de l'approximation des petits angles :

$$G = \frac{\alpha'}{\alpha} = \frac{\tan\alpha'}{\tan\alpha} = \frac{\frac{\overline{A_1B_1}}{f_2'}}{\frac{\overline{A_1B_1}}{f_1'}} = \frac{f_1'}{f_2'}.$$

Pour une lunette astronomique achetée dans le commerce, plusieurs informations sont fournies :

- la **distance focale de l'objectif**, f_1', qui est fixe et ne peut pas être modifiée ;
- la **distance focale des différents oculaires fournis**, qui peuvent donc être changés.

Selon l'oculaire que l'on installe soi-même avant l'observation, on peut bénéficier d'un grossissement plus ou moins important. En effet, selon que l'on veuille observer la Lune ou les cratères de celle-ci, le grossissement nécessaire n'est pas le même.

V ▸ Mécanique quantique

1 La particule de lumière

Plusieurs expériences et phénomènes autour de la lumière sont connus dès le XIXe siècle mais ne s'expliquaient pas avec la physique de l'époque (les spectres de raie, l'effet photoélectrique et la théorie du corps noir). Ces phénomènes ont permis le développement de la mécanique quantique.

À retenir.

La lumière se comporte d'abord comme une onde électromagnétique, c'est-à-dire la propagation d'un champ électrique et d'un champ magnétique interdépendants. Elle est définie par une longueur d'onde λ et une période T (ou une fréquence notée ν). La référence est toujours prise dans le vide :

$$c = \frac{\lambda}{T} = \lambda \times \nu.$$

Avec c la célérité de l'onde dans le vide (en $\mathrm{m.s^{-1}}$).

La lumière s'étend sur une gamme de longueur d'onde allant bien au-delà des fameuses bornes du visible : 400 et 800 nm pour les couleurs de l'arc-en-ciel allant du violet au rouge.

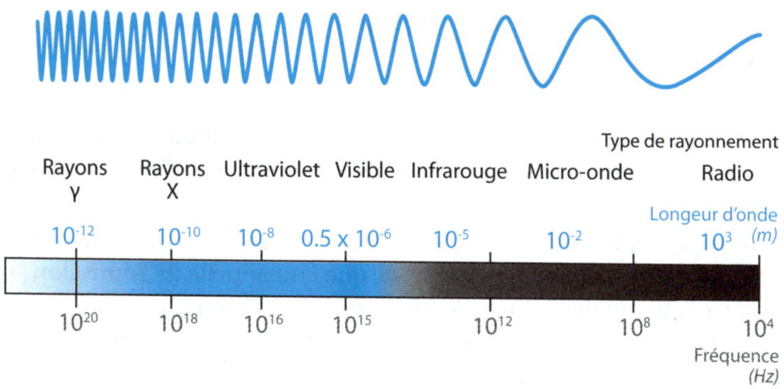

► **Figure 2.20.** Spectre électromagnétique.

C'est en 1900 que le physicien Max Planck introduit dans ses calculs sur le rayonnement du corps noir la notion fondamentale de quantité finie d'énergie échangée : le **quantum d'énergie**. En 1905, Einstein affirme ensuite que la lumière elle-même est quantifiée et peut transporter une certaine quantité d'énergie finie. Il propose alors l'existence d'une particule de lumière : **le photon**.

À retenir.

La lumière est faite de particules appelées « photon » qui transportent chacun une certaine quantité d'énergie très précise : $E = h.\nu = \dfrac{h \times c}{\lambda}$.
E le quantum d'énergie en joules (J) ; h la constante de Planck : $h = 6{,}63 \times 10^{-34}$ J.s et ν la fréquence du rayonnement en hertz.

Remarque

Le photon est la seule particule de l'univers possédant une masse nulle : $m_p = 0$ kg. Il se déplace à la vitesse $c = 3{,}0 \times 10^{8}$ m.s^{-1}.

Ainsi, lorsque la lumière interagit avec la matière, elle va échanger avec des quantum d'énergies. Pour la lumière visible, cette énergie est de l'ordre de 10^{-19} J. On utilise alors préférentiellement l'électron-volt : $1 \text{ ev} = 1{,}60 \times 10^{-19}$ J.

2 Interaction lumière-matière

Niels Bohr introduit, en 1913, la notion de niveau d'énergie des atomes : tout atome possède un niveau d'énergie **fondamental** (niveau de plus basse énergie) et des niveaux d'énergies plus élevés, appelés **niveaux excités**. L'idée est surprenante et très différente de ce que nous connaissons à l'échelle humaine : en se nourrissant, un humain peut gagner un peu d'énergie, ou un peu plus, ou beaucoup plus, etc., un atome ne peut gagner que certaines quantités précises d'énergie (si on tente de lui en donner un petit peu plus ou un petit peu moins, il ne la recevra pas). Nous avons là les fondements de la mécanique quantique.

À retenir.

L'absorption d'énergie par la matière est quantifiée : une particule placée dans un état d'énergie donné doit absorber une quantité très précise d'énergie pour passer à un niveau excité.

L'absorption d'énergie par la matière peut se faire par l'intermédiaire d'un photon de fréquence spécifique, par le passage d'un courant électrique ou par la collision avec d'autres particules.

- Une fois l'énergie absorbée, la particule peut revenir à son niveau fondamental en émettant de façon spontanée un photon. C'est ce que l'on appelle de l'**émission spontanée**.
- On peut forcer la particule à revenir à son état stable : lorsqu'un photon d'énergie $\Delta E = E_2 - E_1 = h.\nu$ rencontre une particule dans un niveau d'énergie E_2 excité, cette particule va émettre un photon identique, d'énergie $\Delta E = h.\nu$ et revenir à son état stable E_1. On parle alors d'**émission stimulée**.

Contrairement au processus spontané qui émet un photon dans n'importe quelle direction, le processus d'émission stimulée émet un photon dans la même direction que le photon incident.

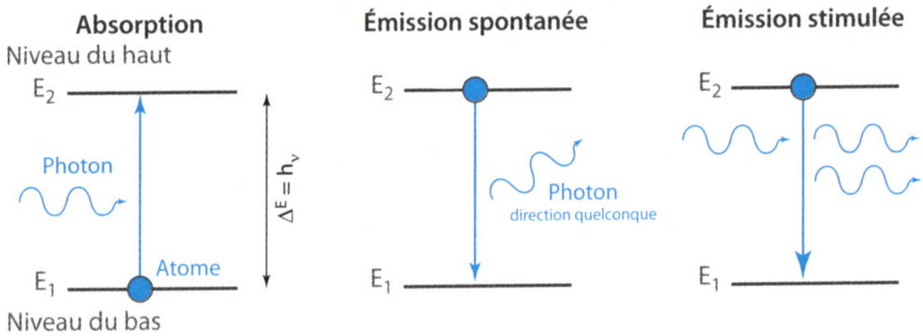

► **Figure 2.21.** Absorption et émissions en mécanique quantique.

Cela permet de justifier l'existence des spectres de raies : pour chaque transition possible entre deux niveaux énergétiques, il y aura une raie lumineuse dans le spectre de raies d'émission (ou de raie lumineuse absente dans les spectres de raies d'absorption).

3 L'effet photoélectrique

Albert Einstein obtient en 1921 le prix Nobel de physique pour ses travaux sur l'effet photoélectrique, menés en 1905. Lorsque l'on éclaire un métal avec de la lumière, on peut naturellement arracher des électrons à ce métal. Cela dépend essentiellement de deux conditions :

- la fréquence ν du rayonnement incident ;
- la valeur de l'éclairement du rayonnement noté ϵ en $W.m^{-2}$.

À retenir. Fréquence de seuil

L'effet photoélectrique ne se produit que si la fréquence ν du rayonnement électromagnétique incident est supérieur à ce que l'on appelle la fréquence de seuil ν_S.

L'existence d'une fréquence-seuil, sans lien avec l'éclairement, remet en question le caractère ondulatoire de la lumière. C'est le modèle corpusculaire de la lumière (le photon en tant que particule de lumière) qui explique l'effet photoélectrique.

À retenir. Origine de l'effet photoélectrique

Lorsqu'un photon de fréquence assez élevée frappe un atome de métal, il va lui transférer assez d'énergie pour provoquer l'arrachement d'un électron.

Une fois l'électron arraché, l'atome de métal devient un ion positif qui va attirer l'électron vers lui pour se recombiner en atome.

À retenir. Travail d'extraction

On définit le travail d'extraction W_{ext} comme l'énergie qu'il faut fournir à un électron, par la force du choc, pour l'arracher définitivement de son atome métallique d'origine.

$$W_{\text{ext}} = h\,\nu_S.$$

Ce travail d'extraction (en joules) dépend du matériau considéré.

Ainsi, lorsqu'un rayonnement de fréquence ν éclaire un matériau de fréquence de seuil $\nu_S < \nu$, alors l'énergie du photon E_{photon} sera supérieure au travail d'extraction du matériau. Un surplus d'énergie est donc fourni à l'électron arraché, sous forme d'énergie cinétique.

À retenir. Bilan énergétique de l'électron arraché

Par principe de conservation de l'énergie, sous l'effet d'un rayonnement de fréquence ν sur un matériau de fréquence $\nu_S < \nu$, on peut écrire :

$$E_C = E_{\text{photon}} - W_{\text{ext}} \quad <=> \quad \frac{1}{2} m_e\, v_e^2 = h\,\nu - h\,\nu_S.$$

Avec E_C l'énergie cinétique de l'électron arraché (en joules), m_e et v_e la masse et la vitesse de l'électron (en kg et en m/s).

On peut alors se servir de ce phénomène pour créer un courant électrique et transformer de l'énergie lumineuse en énergie électrique. Il faut utiliser, pour cela, une cellule photoélectrique.

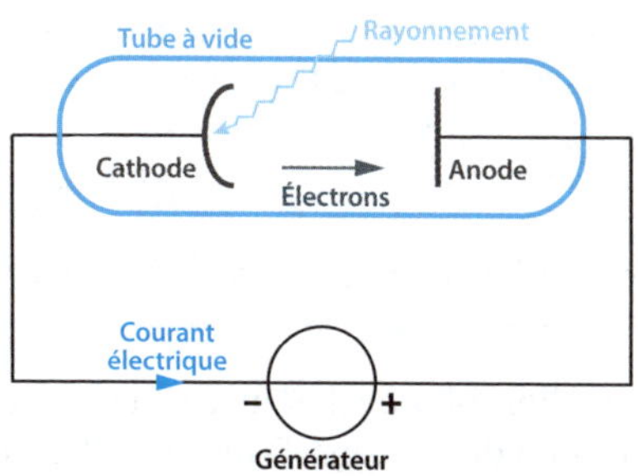

► **Figure 2.22.** Effet photoélectrique.

Elle est composée d'un tube à vide, où une cathode et une anode sont reliées à un générateur. En l'absence de lumière, il se crée un champ électrique de l'anode vers la cathode mais le vide est isolant et aucun courant ne circule dans le circuit. Si on éclaire la cellule photoélectrique par une lumière de fréquence $\nu > \nu_S$ alors des électrons vont être arrachés de la cathode et collectés à l'anode. Il apparaît un courant électrique qui augmentera avec le nombre de photons reçus. Cette technologie est utilisée comme capteur de lumière (dispositifs de détection) ou pour mesurer l'intensité lumineuse d'une source (luxmètre, spectrophotomètres, ...).

En remplaçant le tube à vide par un semi-conducteur en jonction PN, il a été possible de créer des cellules photovoltaïques et des diodes électroluminescentes (DEL). Dans ces deux cas, les niveaux d'énergies des matériaux sont des bandes d'énergie :

- si le matériau est à son énergie minimale, les électrons sont dans la **bande de valence**;
- si le matériau est éclairé et reçoit assez d'énergie, les électrons vont passer dans la **bande de conduction**

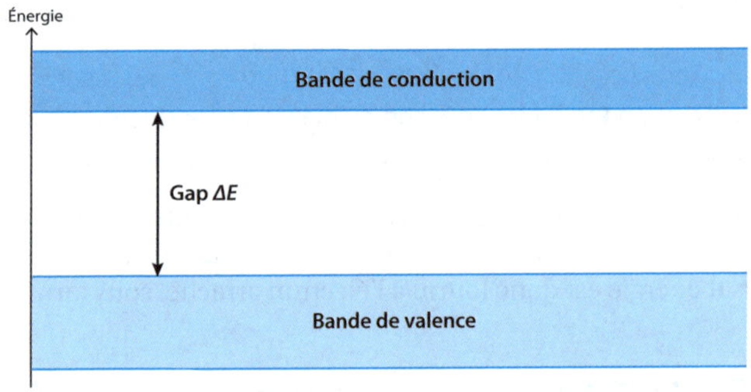

▸ **Figure 2.23.** Niveaux énergétiques d'un semi-conducteur.

Pour créer un courant électrique dans ces matériaux semi-conducteurs, il faut que le rayonnement possède une énergie au moins égale à ce que l'on appelle **le gap** ΔE. Si c'est le cas, du courant apparaîtra dans le matériau et il se comportera comme un conducteur. Si ce n'est pas le cas, le matériau se comportera comme un isolant. C'est ce qui explique son appellation de « semi-conducteur ».

À retenir. Rendement d'une cellule photovoltaïque

On définit le rendement η d'une cellule photovoltaïque comme le rapport entre la puissance électrique créée et la puissance lumineuse reçue :

$$\eta = \frac{P_{\text{elec}}}{P_{\text{lum}}} = \frac{P_{\text{elec}}}{\epsilon . S}.$$

Avec ϵ l'éclairement en W.m^{-2} et S la surface de la cellule en m^2.

Dans une cellule photovoltaïque, le matériau semi-conducteur crée un courant électrique par absorption de photons. Dans une DEL c'est l'opération inverse : le passage d'un courant électrique provoque l'émission de lumière par la diode.

EXERCICES D'APPLICATION

I ▸ Les ondes

●○○ 15 min.

EXERCICE 1

Lors d'un orage, la foudre tombe à $D = 5$ km d'un promeneur. L'éclair et le tonnerre sont émis simultanément dans l'air, au moment où la foudre tombe.

1) Calculer le temps t_1 au bout duquel le promeneur verra l'éclair.
2) Calculer le temps t_2 au bout duquel le promeneur entendra le tonnerre.
3) Justifier la technique qui consiste à compter les secondes entre l'éclair et le tonnerre et à les diviser par trois pour obtenir la distance en kilomètres à la laquelle la foudre est tombée.

●●○ 15 min.

EXERCICE 2

Pour déterminer sa position dans un canyon dont il connaît la largeur ($L = 300\,\text{m}$), un explorateur mesure la durée Δt entre deux échos qu'il entend après avoir émis un signal sonore bref et puissant alors qu'il se situe à une distance d inconnue d'une des deux parois. Il mesure $\Delta t = 0{,}59\,\text{s}$.

1) Comment apporter l'énergie nécessaire à la création du signal sonore ?
2) Expliquer pourquoi l'explorateur entend deux échos.
3) Déterminer la distance d entre l'explorateur et la paroi la plus proche.

●●○ 20 min.

EXERCICE 3

Un orchestre de plein air, constitué de 32 violonistes, joue devant un public de passionnés. Chaque violoniste joue avec le même niveau d'intensité sonore $L_v = 70$ dB. Un motard passe non loin du concert en émettant un son de 90 dB.

1) Quel est le niveau d'intensité sonore du concert ?
2) Entre deux spectateurs respectivement à 2 et 4 mètres de distance des violonistes, évaluer la différence d'intensité sonore perçue.
3) Combien de violonistes devraient jouer pour égaler le niveau d'intensité sonore de la moto ?

Données : $I_0 = 1{,}0 \times 10^{-12}\,\text{W.m}^{-2}$.

II ▸ Diffraction et interférences

●○○ 25 min.

EXERCICE 4

Lorsqu'on envoie la lumière d'un laser de longueur d'onde $\lambda = 632{,}8\,\text{nm}$ sur deux fentes verticales identiques d'ouverture a et distantes entre elles d'une distance d, on obtient l'image suivante (Figure 2.24) sur l'écran, situé à la distance $D = 2{,}0\,\text{m}$ des fentes.

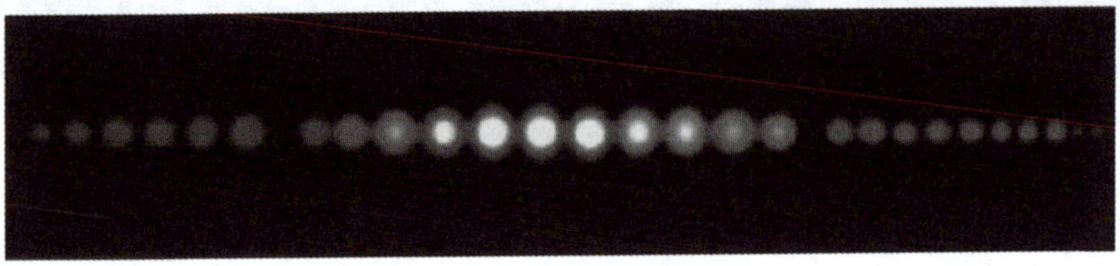

► **Figure 2.24.** Figure obtenue sur l'écran.

1) Deux phénomènes caractéristiques des ondes se produisent ici. Quels sont-ils?
2) Analyser la figure en précisant la contribution de chaque phénomène.
3) On mesure un écart angulaire $\theta = 1{,}63 \times 10^{-3}$ rad. Quel phénomène est caractérisé par l'écart angulaire? Calculer alors l'ouverture des fentes a.
4) On mesure une distance de 9,5 cm entre 11 franges sombres, la distance i entre deux franges sombres est donnée par la relation : $i = \frac{\lambda \times D}{d}$. Que peut-on dire quant aux deux ondes lumineuses au niveau des franges brillantes? sombres?
5) Déterminer l'écart d entre les deux fentes.
6) Prévoir l'évolution de la figure observée si on modifie les paramètres suivants, les autres paramètres expérimentaux restant inchangés : on écarte les deux fentes; on diminue l'ouverture des fentes; on remplace le laser rouge par un laser vert.

Données : Domaine de longueur d'onde du rouge : 620-780 nm; du vert : 500-578 nm.

●○○ 15 min.

EXERCICE 5

On reproduit l'expérience historique de validation de l'effet Doppler de 1848 : des musiciens jouent une note calibrée de fréquence $f = 440$ Hz à bord d'un train. Un micro enregistre le son sur un quai lorsque le train s'approche puis s'éloigne du quai à la vitesse constante $u = 110\,\text{km.h}^{-1}$.

1) Expliquer en quoi les conditions de cette expérience permettent de vérifier l'existence de l'effet Doppler. Pour la suite, : $f_r = f_e \cdot \frac{v}{v-u}$ avec v : vitesse de l'onde.
2) Déterminer la valeur de la fréquence du son perçu lorsque le train se rapproche du quai.
3) Le son perçu est-il alors plus aigu ou plus grave?

III ► La lumière

●●○ 20 min.

EXERCICE 6

Soit un aquarium dont la paroi est constituée d'une lame de verre à faces parallèles d'épaisseur $e = 10\,\text{mm}$ parfaitement verticales (voir Figure 83 page suivante). On considère un rayon lumineux incident qui arrive de l'air d'indice $n_1 = 1{,}00$, qui passe dans le verre d'indice $n_2 = 1{,}50$ puis ressort dans l'eau d'indice $n_3 = 1{,}33$.

1) Sachant que i_1 (l'angle d'incidence entre la normale au premier dioptre et le rayon incident dans l'air) vaut 46°, calculer i_2 (l'angle de réfraction dans le verre) et i_3 l'angle de réfraction dans l'eau.
2) Existe-t-il un phénomène de réflexion totale pour les rayons qui entrent dans l'aquarium?

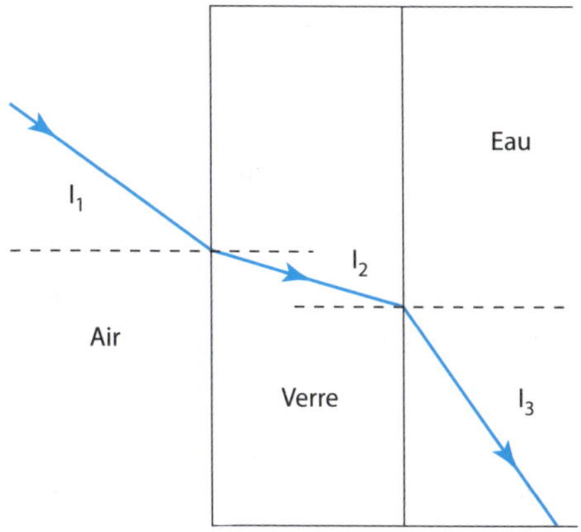

► **Figure 2.25.** Schéma face d'entrée d'un aquarium.

●○○ 15 min.

EXERCICE 7

En positionnant sur le trajet de la lumière blanche, un élément chimique, les physiciens allemands Kirchhoff et Bunsen observent un spectre semblable à celui de la lumière blanche mais avec plusieurs raies noires. Pour un élément chimique donné, les raies noires d'absorption ont la même longueur d'onde que les raies d'émission colorées qui le caractérisent. Ce sont ces spectres qui permettent de déterminer la composition chimique de l'atmosphère d'une étoile.

1) Indiquer le matériel nécessaire et sa disposition pour observer un spectre de raie d'absorption.
2) Schématiser le spectre d'absorption que l'on obtiendrait en réalisant ce montage avec une lampe à vapeur d'hydrogène.
3) Un satellite au-delà de l'atmosphère terrestre enregistre le spectre d'une étoile et obtient le résultat suivant :

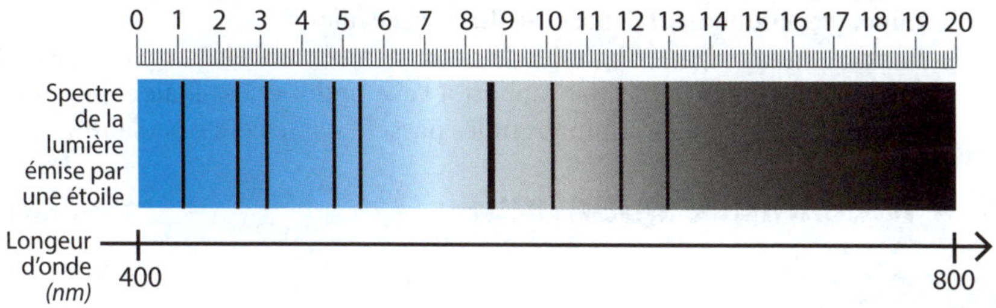

► **Figure 2.26.** Spectre lumineux de l'étoile étudiée.

Attribuer à chaque raie noire, une longueur d'onde. Le fer est-il présent dans l'étoile étudiée ? L'hydrogène ?

Données : les longueurs d'ondes, en nm, émises par différents éléments chimiques.
Fe : 423 ; 453 ; 465 ; 492 ; 508. Mg : 383 ; 518. H : 397 ; 410 ; 434 ; 486 ; 656.

EXERCICES D'APPLICATION

IV ▸ Optique géométrique

●●○ 20 min.

EXERCICE 8

On place un objet lumineux AB de 4 cm de hauteur à 35 cm d'une lentille L_1 convergente de vergence $C_1 = 20\ \delta$. L'objet AB est perpendiculaire à l'axe optique, A est situé sur cet axe.

1) Représenter schématiquement la lentille, ses foyers, l'axe optique, l'objet AB.
2) Déterminer graphiquement la position de l'image $A'B'$ par rapport à la lentille, ainsi que sa taille et sa nature.
3) Retrouver ces résultats en utilisant les formules de conjugaison et de grandissement.
4) Que doit-on faire pour observer cette image ?
5) Si on change la lentille par une lentille L_2 de vergence $C = 30\ \delta$, où se situerait l'objet AB permettant d'obtenir une image au même endroit qu'avec la première lentille ?

●●○ 25 min.

EXERCICE 9

Le cercle oculaire est l'endroit de l'espace où il est préférable de placer son œil pour observer un objet à l'infini à travers un système optique. Ce cercle oculaire correspond à l'image de l'objectif par l'oculaire. On travaille alors sur une lunette astronomique afocale constituée d'un objectif de distance focale $f_1' = 80,0$ cm et de diamètre $d = 16,0$ cm et d'un oculaire de distance focale $f_2' = 10,0$ cm. On note O_1 le centre optique de l'objectif et O_2 celui de l'oculaire.

1) Déterminer la position de O_1' l'image de O_1 par l'oculaire.
2) On appelle « dégagement oculaire » la distance entre l'oculaire et le cercle oculaire. Quelle est la valeur du dégagement oculaire dans cette lunette astronomiqueé ? Est-elle acceptable ?
3) Le bord supérieur de l'objectif sera repéré par un point H. L'image de H par l'oculaire sera notée H'. Déterminer la distance $O_1'H'$. En déduire le diamètre du cercle oculaire. Conclure en le comparant à la taille d'une certaine partie de l'œil humain.
4) Réaliser un schéma de la lunette astronomique et les rayons permettant de déterminer graphiquement la position du cercle oculaire.
5) Sur ce schéma, ajouter le trajet de deux rayons parallèles arrivant de l'infini avec un angle d'inclinaison α par rapport à l'axe optique. Est-il alors juste de dire que l'ensemble des rayons lumineux utiles passent par le cercle oculaire ?

V ▸ Mécanique quantique

●○○ 15 min.

EXERCICE 10

La Figure 2.27 représente un diagramme très simplifié contenant les niveaux d'énergie et quatre transitions particulières de l'atome de lithium, troisième élément de la classification périodique. Les longueurs d'ondes correspondantes sont $\lambda_1 = 671$ nm ; $\lambda_2 = 812$ nm ; $\lambda_3 = 323$ nm et enfin $\lambda_4 = 610$ nm.

1) Établir la relation suivante entre l'énergie E d'un photon et sa longueur d'onde : $E = \frac{1240}{\lambda}$ avec E en eV et λ en nm.
2) Déterminer alors l'énergie de chacun des photons correspondant aux transitions du graphique en eV.
3) L'énergie du niveau le plus stable est $E_A = -5,39$ eV. Ce niveau correspond à celui occupé par l'électron externe se situant sur la couche L de l'atome lorsqu'il est stable. Déterminer alors l'énergie correspondante à chacun des autres niveaux.

4) Pour quelle valeur de la longueur d'onde des radiations incidentes, les atomes de lithium subiront une ionisation à partir de son état fondamental.
5) Une fois l'électron ionisé, il s'écarte de l'atome de lithium à une vitesse de $250\,m.s^{-1}$. Déterminer la longueur d'onde associé à cette particule sachant que $\lambda \times m \times v = h$.
6) Dans quel cas l'électron pourrait-il alors être considéré comme une onde?

Données : $h = 6{,}63 \times 10^{-34}$ J.s; charge $e = 1{,}60 \times 10^{-19}$ C; masse électron $m_e = 9{,}11 \times 10^{-31}$ kg.

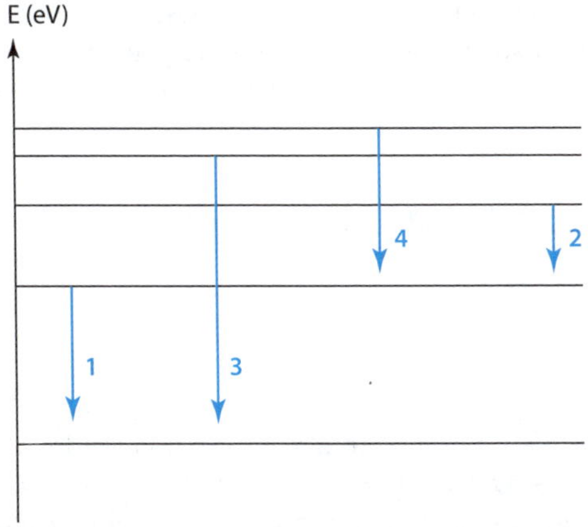

▸ **Figure 2.27.** Schéma simplifié des niveaux d'énergie du lithium.

●●○ 20 min.

EXERCICE 11

Il existe différents modèles de panneaux solaires. Une entreprise propose à un professeur de physique-chimie, deux types de panneaux pour la toiture de sa maison : un panneau solaire au silicium amorphe ou un panneau solaire au silicium polycristallin. Afin de faire son choix, le professeur procède à quelques mesures sur le panneau au silicium polycristallin et consulte ensuite la documentation technique donnée par l'entreprise.

U (en V)	15,0	14,8	14,4	13,8	12,4	10,5	4,2	1,0
I (en mA)	0,15	0,71	1,7	3,2	5,6	5,9	6,0	6,0

Mesures de l'intensité i en fonction de différentes tensions U.

Données techniques :

- Éclairement : $\epsilon = 22\,W.m^{-2}$.
- Dimension des panneaux (longueur × largeur × hauteur) :
  - silicium amorphe : 300 mm × 150 mm × 4,0 mm
  - silicium polymorphe : 200 mm × 350 mm × 20 mm

1) Tracer la caractéristique courant-tension $I = f(U)$ pour le panneau polycristallin.
2) Calculer la puissance électrique P_f fournie par le panneau pour chaque colonne du tableau et tracer le graphique donnant P_f en fonction de U.
3) En déduire la puissance électrique maximale que le panneau peut fournir.
4) Déterminer alors le rendement maximal de ce panneau.
5) Les mesures réalisées sur le panneau au silicium amorphe donnent une puissance électrique maximale fournie $P'_{max} = 50{,}0\,mW$. Déterminer le rendement maximal de ce panneau.
6) Quel panneau le professeur de physique-chimie va-t-il choisir?

CORRIGÉS DÉTAILLÉS

Corrigés de l'auto-évaluation, p. 56

1-b : les milieux peuvent plus ou moins résister au passage de l'onde ; **2-a** : voir cours ; **3-c** : le timbre distingue deux instruments jouant la même note ; **4-b** : voir cours ; **5-d** : si l'onde est lumineuse, il faut aussi que ce soit cohérent ! ; **6-c** : voir cours ; **7-a** : voir cours ; **8-a** : voir cours ; **9-b** : voir cours.

Corrigés des exercices d'application, p. 81

I ▶ Les ondes

EXERCICE 1

1) L'éclair correspond au flash de lumière émis par la foudre. Il faut utiliser la vitesse de la lumière : $v = \frac{D}{t_1}$ avec $v = C = 3{,}00 \times 10^8\,\text{m.s}^{-1}$. Ainsi, $t_1 = \frac{D}{C} = 1{,}67 \times 10^{-5}\,\text{s}$.
2) Le tonnerre correspond au son émis par la foudre. Il faut utiliser la vitesse du son dans l'air $v = 340\,\text{m.s}^{-1}$.
Ainsi $t_2 = \frac{D}{v} = 14{,}7\,\text{s}$.
3) Le promeneur est a une distance $D = 5\,\text{km}$ de la foudre, or la différence de temps entre la perception lumineuse et la perception sonore est $\Delta t = t_2 - t_1 = 14{,}7 \approx 15\,\text{s}$. On voit donc que le temps qui s'écoule entre le flash et le bruit de la foudre est égal au triple de la distance en km.

EXERCICE 2

1) L'explorateur doit créer une perturbation qui va pouvoir compresser et dilater les différentes couches d'air autour de lui. Il faut donc donner de l'énergie mécanique à l'air en criant très fort de manière brève ou en faisant s'entrechoquer deux objets solides.
2) Le signal sonore va se propager dans toutes les directions et venir se répercuter sur les parois du canyon puis revenir vers lui. Comme il est plus proche d'un des deux versants du canyon, il va y avoir le retour du son venant de la paroi la plus proche, puis un deuxième écho correspondant au retour du son sur la paroi la plus lointaine.
3) Le premier écho parcourt une distance $2d$ (aller et retour) en un temps t_1 à la vitesse v_{son} puis le deuxième écho parcourt une distance $2(L-d)$ en un temps t_2 à la vitesse v_{son}. Ainsi :

$$\Delta t = t_2 - t_1 = \frac{2(L-d)}{v_{son}} - \frac{2d}{v_{son}} \iff d = \frac{2L - v_{son}\Delta t}{4} = 100\,\text{m}.$$

EXERCICE 3

1) Ce sont les intensités sonores qui s'ajoutent. Un violoniste joue à $I_v = I_0 \times 10^{\frac{L}{10}}$. Donc $I_v = 1{,}0 \times 10^{-5}\,\text{W.m}^{-2}$.
Ainsi, les 32 violonistes vont produire $L = 10\log\left(\frac{32 \times I_v}{I_0}\right) = 85$ dB.

2) La puissance sonore est inversement proportionnelle à la surface sur laquelle le son est émis. Ainsi, pour un cercle de 2 m de rayon ou 4 m de rayon, la différence en surface sera proportionnelle au carré de ces distances. Le spectateur à 4 m de distance entendra $2^2 = 4$ fois moins qu'un spectateur à 2 m (et non pas 2 fois moins si c'était linéaire).
3) Il faut déterminer l'intensité sonore de la moto puis la comparer à celle d'un violoniste :
$I_{\text{moto}} = I_0 \times 10^{\frac{Lm}{10}} = I_0 \times 10^{\frac{90}{10}} = 1{,}0 \times 10^{-3}\,\text{W.m}^{-2}$.
Ainsi, le nombre de violonistes nécessaires sera de $N = \frac{I_{\text{moto}}}{I_v} = \frac{1{,}0.10^{-3}}{1{,}0.10^{-5}} = 100$ violonistes.

II ▸ Diffraction et interférences

EXERCICE 4

1) Il y a en même temps de la diffraction (passage de la lumière par une fente fine) et des interférences (lumière issue d'une même source qui passe par deux fentes).
2) La diffraction se retrouve dans la grande tâche centrale et les deux tâches plus petites sur les côtés. Les interférences interviennent dans la succession de franges brillantes et sombres à l'intérieur des tâches de diffraction.
3) L'écart angulaire caractérise la diffraction : par définition $\theta = \frac{\lambda}{a}$ donc $a = \frac{\lambda}{\theta} = \frac{632{,}8 \times 10^{-9}}{1{,}63 \times 10^{-3}} = 388\,\mu\text{m}$.
4) Pour une frange brillante, les deux ondes sont en phase. Pour une frange sombre, les deux ondes sont en opposition de phase.
5) Pour 11 franges sombres consécutives, on compte 10 interfranges : $10 \times i = 9{,}5$ cm. En utilisant la formule de l'interfrange, on peut donc déterminer d : $d = \frac{\lambda \times D}{i} = \frac{632{,}8 \times 10^{-9} \times 2{,}0}{9{,}5 \times 10^{-3}}$. $d = 1{,}3 \times 10^{-4}$ m.
6) Si on écarte les deux fentes : d augmente, et donc i diminue, ainsi les franges sombres et brillantes seraient plus rapprochées, mais la figure de diffraction ne change pas. Si on diminue l'ouverture des fentes : a diminue et donc θ augmente, ainsi la figure de diffraction serait plus étalée, la tâche centrale prendrait plus de place par contre les franges garderont le même espace entre elles. Si on remplace le laser rouge par un laser vert alors λ diminue : ainsi la figure de diffraction sera moins étalée (θ diminue) et l'interfrange i diminuera aussi.

EXERCICE 5

1) L'expérience présente un émetteur en mouvement à la vitesse u par rapport à un récepteur fixe et émet une onde de célérité v. Si la fréquence perçue est différente de celle émise, l'effet Doppler sera vérifié.
2) La vitesse du train est $u = 110\,\text{km.h}^{-1} = 30{,}6\,\text{m.s}^{-1}$, ainsi, $f_r = f_e . \frac{v}{v-u}$ puisque le train se rapproche et $v = 340\,\text{m.s}^{-1}$ donc $f_r = 483$ Hz.
3) Le son joué à 440 Hz est perçu à 483 Hz donc à une fréquence plus élevée : le son est plus aigu lorsque le train se rapproche.

CORRIGÉS DÉTAILLÉS

III ► La lumière

EXERCICE 6

1) On utilise la loi de Descartes sur le premier dioptre (air-verre) : $n_1.\sin(i_1) = n_2.\sin(i_2)$ ce qui entraîne $\sin(i_2) = \frac{n_1}{n_2}.\sin(i_1)$ et $i_2 = \arcsin\left(\frac{n_1}{n_2}.\sin(i_1)\right) = 29°$.
On procède au même raisonnement sur le deuxième dioptre (verre-eau) :
$i_3 = \arcsin\left(\frac{n_2}{n_3}.\sin(i_2)\right) = 33°$
2) Il ne peut y avoir réflexion totale sur un dioptre entre deux milieux 1 et 2 que si, et seulement si, $n_1 > n_2$. Le premier dioptre (air-verre) est tel que $n_{\text{air}} < n_{\text{verre}}$ donc la réflexion totale ne peut pas avoir lieu sur les rayons incidents de départ. Au dioptre suivant verre-eau : $n_{\text{verre}} > n_{\text{eau}}$, la réflexion totale peut donc avoir lieu. Ainsi, il existe un angle limite $i_L = \arcsin\left(\frac{n_3}{n_2}\right) = 62,46°$. Dans le cas présent, $i_2 < i_L$ donc le phénomène de réflexion ne se produit pas.

EXERCICE 7

1) Un spectre de raie d'absorption s'obtient expérimentalement à l'aide de trois éléments bien distincts et dans le bon ordre suivant :
   - une source de lumière blanche (généralement une source thermique) ;
   - une ampoule contenant l'élément chimique étudié sous forme de gaz à faible pression ;
   - un prisme pour décomposer la lumière issue de ce gaz traversé par la lumière blanche.

   On obtient alors, sur un écran, le spectre de raie d'absorption de l'élément chimique.
2) Le spectre de raie d'absorption de l'hydrogène serait constitué de tout le spectre lumineux de la lumière blanche (arc-en-ciel) privé des raies d'émission de l'hydrogène. Voir le schéma suivant où figure le spectre d'émission de l'hydrogène et en dessous, son spectre d'absorption.

Retrouvez l'image originale en couleurs ici : lienmini.fr/40829-C

3) L'étoile étant un corps chaud, elle émet un spectre continu. La lumière blanche rencontre ensuite les gaz qui constituent l'atmosphère de l'étoile. On obtient bien, vu depuis les satellites terrestres, un spectre d'absorption. Il faut alors pouvoir s'assurer de la présence d'une échelle de mesure sur le schéma. Pour cela, on se sert de la règle gradué. Développons un calcul ensemble pour la longueur d'onde de la raie sombre la plus à gauche :

$$\lambda_1 = 400 + \frac{1,1 \times 400}{20} = 422\,\text{nm}.$$

Effectivement, la règle graduée sur le schéma indique que de 400 à 800 nm, il y a 20 cm. On repère ensuite que la première raie la plus à gauche sur le spectre se trouve à 1,1 cm. On utilise la proportionnalité pour répondre à la question.

Raie	Distance (cm)	Longueur d'onde (nm)
1	1,1	422
2	2,5	450
3	3,15	463
4	4,8	496
5	5,4	508
6	8.6	572
7	10,15	603
8	11,8	636
9	12,9	658

On peut affirmer que parmis les éléments constituants l'étoile étudiée, il y a du fer mais pas d'hydrogène (aux incertitudes de mesures près).

IV ▸ Optique géométrique

EXERCICE 8

1) La lentille L_1 a pour distance focale $f_1' = \frac{1}{C_1} = 0{,}05\,\text{m}$.

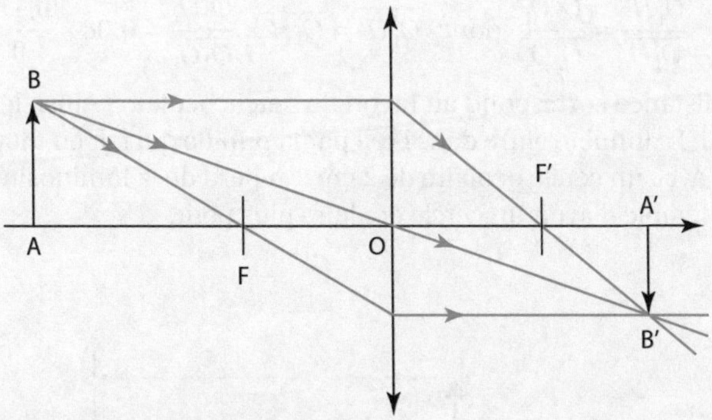

▸ **Figure 2.28.** Schéma de la situation problème sans soucis d'échelle.

2) En respectant l'échelle précisément, on trouve graphiquement une image $A'B'$ à une distance $\overline{OF'} \approx 5{,}8\,\text{cm}$. L'image est rétrécie (≈ 7 mm) et renversée.
3) Avec la formule de conjugaison on retrouve $\overline{OA'}$:

$$\overline{OA'} = \frac{\overline{OA}.\overline{OF'}}{\overline{OA}+\overline{OF'}} <=> \overline{OA'} = \frac{-0,35 \times 0,05}{-0,35+0,05} = 5{,}83\,\text{cm}.$$

Pour la taille et le sens de l'image, on utilise la formule du grandissement et une relation dans les triangles ABO et OA'B' : $\gamma = \frac{\overline{A'B'}}{\overline{AB}} = \frac{\overline{OA'}}{\overline{OA}} = -0,17$.
L'image est donc renversée et rétrécie. Taille : $\overline{A'B'} = \gamma \times \overline{AB} = 0{,}68\,\text{cm}$. On retrouve bien les résultats graphiques.

CORRIGÉS DÉTAILLÉS

4) Pour observer cette image, il faut placer un écran à 5,8 cm après la lentille.
5) On change de lentille : $f_2' = \frac{1}{30} = 0{,}033\,\text{m}$ mais on garde la position $\overline{OA'} = 5{,}83\,\text{cm}$.
   On cherche $\overline{OA}$ avec la formule de conjugaison :
   $\overline{OA} = \frac{\overline{OF'}.\overline{OA'}}{\overline{OF'} - \overline{OA'}} = -7,78$ cm.

EXERCICE 9

1) Dans la situation étudiée, la lentille est l'oculaire, de distance focale f_2' et l'objet est le point O_1 :

$$\frac{1}{\overline{O_2O_1'}} - \frac{1}{\overline{O_2O_1}} = \frac{1}{f_2'} \quad <=> \quad \overline{O_2O_1'} = \frac{\overline{O_2O_1}.f_2'}{\overline{O_2O_1} + f_2'} = \frac{-0,90 \times 0,10}{-0,90 + 0,10} = 11{,}25\,\text{cm}.$$

   L'image O_1' sera donc à 11,25 cm de la deuxième lentille de la lunette astronomique.
2) Le dégagement oculaire est égal à la distance $\overline{O_2O_1'}$. Il faudra donc placer son œil à 11,25 cm après l'oculaire pour voir dans les meilleures conditions possibles. Cette distance est raisonnable lorsque l'on tient une lunette astronomique dans ses mains (ni trop longue ni trop courte).
3) Il faut utiliser le grandissement de la lentille L_2. Rappel :

$$\alpha = \frac{\overline{A'B'}}{\overline{AB}} = \frac{\overline{OA'}}{\overline{OA}}.$$

   Ainsi, adaptée à la situation sur l'oculaire :

$$\alpha = \frac{\overline{O_1'H'}}{\overline{O_1H}} = \frac{\overline{O_2O_1'}}{\overline{O_2O_1}} \quad \text{donc} \quad \overline{O_1'H'} = \overline{O_1H} \times \frac{\overline{O_2O_1'}}{\overline{O_2O_1}} = 0,08 \times \frac{0,1125}{-0,90} = -1{,}00\,\text{cm}.$$

   Cette distance correspond au rayon du cercle oculaire. Ainsi, le diamètre vaut $D = 2{,}00\,\text{cm}$. La lumière entre dans l'œil par la pupille qui fait en moyenne 5 mm de diamètre. Avec un cercle oculaire de 2 cm, on perd de la luminosité pour rien. Il aurait été préférable d'avoir un cercle oculaire plus petit.

4)

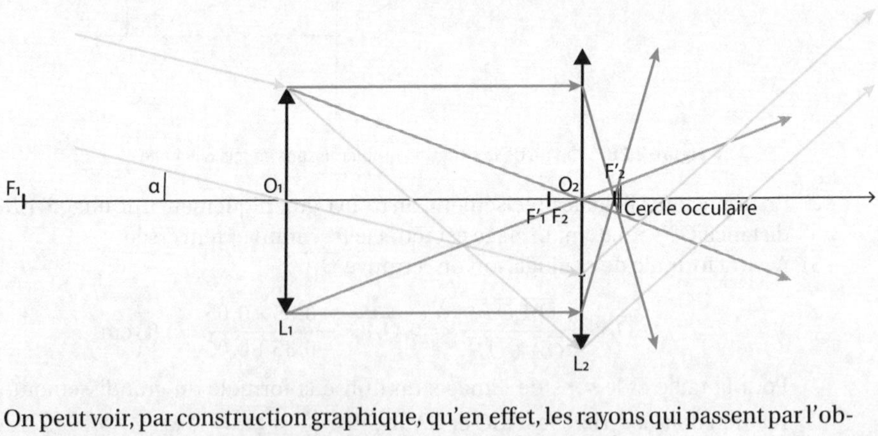

5) On peut voir, par construction graphique, qu'en effet, les rayons qui passent par l'objectif traversent forcément le cercle oculaire (voir figure ci-dessus).

V ▸ Mécanique quantique

EXERCICE 10

1) Par définition l'énergie d'un photon

$$E = h\times\nu = h\times\frac{C}{\lambda} = \frac{6{,}63\times10^{-34}\times3{,}00\times10^{8}}{\lambda} = \frac{\frac{6{,}63\times10^{-34}\times3{,}00\times10^{8}}{1{,}60\times10^{-19}}}{\lambda\times10^{-9}}\frac{\text{eV}}{\text{nm}} = \frac{12{,}4\times10^{2}}{\lambda}\frac{\text{eV}}{\text{nm}}.$$

On retrouve bien la relation demandée en convertissant les joules en électron volt et les mètres en nanomètres.

2) Lors d'une transition d'un niveau excité vers un niveau de plus basse énergie, il va y avoir émission spontanée d'un photon dont l'énergie $E = E_n - E_m$. Le photon aura alors la longueur d'onde correspondante à cette quantité d'énergie. On utilise la relation trouvée à la question précédente :

$$E_1 = \frac{1240}{671} = 1{,}85\text{ eV}\ ;\ E_2 = \frac{1240}{812} = 1{,}53\text{ eV}\ ;\ E_3 = \frac{1240}{323} = 3{,}84\text{ eV}\ ;\ E = \frac{1240}{610} = 2{,}03\text{ eV}.$$

3) Le niveau énergétique le plus stable est à $E_A = -5{,}39$ eV.
Le niveau, qui est directement supérieur, vaut :

$$E_B = E_A + E_1 = -5{,}39 + 1{,}85 = -3{,}54\text{ eV}.$$

Le niveau supérieur est $E_C = E_B + E_2 = -3{,}54 + 1{,}53 = -2{,}01$ eV.
Le niveau suivant est $E_D = E_A + E_3 = -5{,}39 + 3{,}84 = -1{,}55$ eV.
Le niveau énergétique le plus élevé du diagramme est $E_E = E_B + E_4 = -3{,}54 + 2{,}03 = -1{,}51$ eV.

4) Pour ioniser l'atome il faut lui arracher son électron externe. Cela n'est possible que si l'on transmet à l'atome suffisamment d'énergie pour annuler l'énergie de l'électron. Il est dans son état fondamental à un niveau énergétique de −5,39 eV. Il faut donc une énergie incidente de 5,39 eV.
Or, $E = h\frac{C}{\lambda} \Rightarrow \lambda = h\frac{C}{E} = 2{,}30\times10^{-7}\text{ m} = 230\text{ nm}$.

5) Il faut utiliser la formule donnée dans l'énoncé dite formule de « de Broglie » : $\lambda\times m\times v = h$ donc

$$\lambda = \frac{h}{m\times v} = 2{,}91\times10^{-6}\text{ m}.$$

6) L'électron, qui est une particule, possède une longueur d'onde de « de Broglie » d'environ 3 μm, il subira donc le phénomène de diffraction et se comportera comme une onde s'il rencontre un obstacle d'une taille inférieure ou égale à 3 μm. Pour avoir un ordre d'idée, un cheveu humain a pour épaisseur une centaine de micromètres et la distance interatomique dans un cristal, de l'ordre du nanomètre. L'électron est donc soit un corps soit une onde, selon son environnement.

EXERCICE 11

1) On utilise un tableur pour obtenir le graphique suivant :

CORRIGÉS DÉTAILLÉS

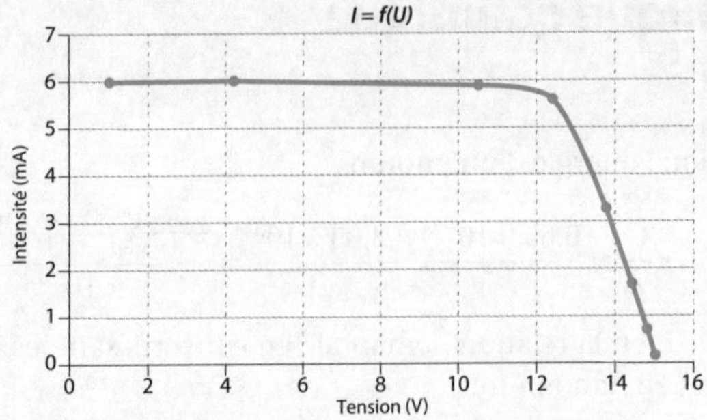

► **Figure 2.29.** Caractéristique courant-tension.

2) On utilise la formule $P = U \times I$ pour remplir le tableau :

U (en V)	15,0	14,8	14,4	13,8	12,4	10,5	4,2	1,0
I (en mA)	0,15	0,71	1,7	3,2	5,6	5,9	6,0	6,0
P (en mW)	2,25	10,5	24,5	44,2	69,4	62,0	25,2	6,0

On obtient alors la courbe suivante :

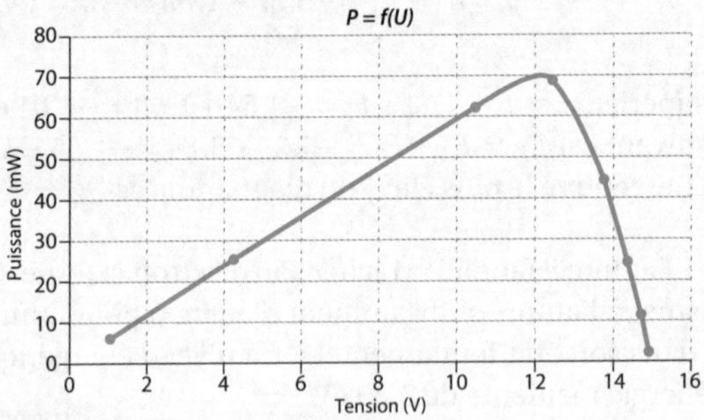

► **Figure 2.30.** Puissance en fonction de la tension.

3) La courbe obtenue est une courbe « en cloche », elle montre que le maximum est atteint pour une puissance $P_{\max} = 69{,}4\,\text{mW} \approx 70\,\text{mW}$ pour palier aux incertitudes de mesures.
4) Le rendement se calcule avec :

$$\eta = \frac{P_{\max}}{\epsilon \times S}.$$

S est la surface d'ensoleillement du panneau électrique. Ainsi, pour le panneau en silicium polycristallin : $S = 0,300 \times 0,150 = 0,045\,\text{m}^2$ et donc $\eta = 0,071 = 7,1\,\%$.
5) Pour le panneau en silicium amorphe la surface vaut $S = 0,200 \times 0,350 = 0,070\,\text{m}^2$ et donc $\eta = 0.032 = 3,2\,\%$.
6) Le professeur choisira sans aucun doute le panneau en silicium polycristallin qui présente un rendement deux fois plus grand que le panneau en silicium amorphe. On remarquera, tout de même, les rendements extrêmement faibles de ce genre de systèmes pour le moment.

CHAPITRE 3

Thermodynamique

Plan du chapitre

À l'origine, la thermodynamique s'est développée pour maîtriser « la puissance motrice du feu » en vue d'optimiser le fonctionnement des machines à vapeur, ce qui a débouché sur la première révolution industrielle. L'objet de la thermodynamique est l'étude des systèmes constitués d'un très grand nombre de particules et des échanges d'énergies possibles entre eux. Aujourd'hui, la thermodynamique est très utilisée en physique appliquée et en physique fondamentale : elle permet de répondre à des questions à la fois techniques et conceptuelles.

Objectifs et compétences

Ce que j'ai vu au lycée	Ce que je vais apprendre en prépa
• Connaître et utiliser l'équation d'état du gaz parfait. • Énoncer le premier principe de la thermodynamique. • Décrire correctement les trois modes de transfert thermique. • Manipuler la notion de résistance thermique. • Utiliser la loi de Newton.	• Utiliser le premier principe de la thermodynamique dans toutes les conditions possibles. • Comprendre la notion d'entropie. • Connaître et utiliser le deuxième principe de la thermodynamique. • Manipuler les différents paramètres d'état (enthalpie, enthalpie libre, etc.).

AUTO-ÉVALUATION

Évaluez-vous en répondant à la série de questions ci-dessous. Plusieurs bonnes réponses sont possibles.

QCM INTERACTIFS

lienmini.fr/40829-3

1. **Un système thermodynamique est constitué :**
   □ **a.** d'un nombre constant de particules;
   □ **b.** de très grandes particules;
   □ **c.** d'un très grand nombre de particules microscopiques;
   □ **d.** d'un très grand nombre de particules macroscopiques.

2. **Un gaz est considéré comme parfait si :**
   □ **a.** les particules qui le constituent sont parfaites;
   □ **b.** les particules sont ponctuelles et n'intéragissent pas entre elles;
   □ **c.** les chocs entre particules sont les seules interactions existantes;
   □ **d.** la température du système est très basse.

3. **La capacité thermique d'un corps est :**
   □ **a.** une constante positive;
   □ **b.** une grandeur physique en $J.K^{-1}$;
   □ **c.** une constante universelle;
   □ **d.** définie seulement pour les solides et les liquides.

4. **Le métal d'une casserole posée sur le feu d'une gazinière :**
   □ **a.** est chauffé par convection;
   □ **b.** est chauffé uniquement par rayonnement;
   □ **c.** est chauffé par rayonnement;
   □ **d.** est chauffé par conduction.

5. **Le premier principe de la thermodynamique :**
   □ **a.** est un principe de conservation;
   □ **b.** ne s'applique que sur les systèmes gazeux;
   □ **c.** s'applique pour un système à l'équilibre;
   □ **d.** est un principe d'évolution du système étudié.

6. **La résistance thermique d'un corps :**
   □ **a.** dépend uniquement de la composition du matériau étudié;
   □ **b.** est une constante;
   □ **c.** est une grandeur physique en Ohm (Ω);
   □ **d.** dépend de la constitution du matériau et de son épaisseur.

7. **Un corps noir :**
   □ **a.** retient toute l'énergie qu'on lui transmet;
   □ **b.** renvoie toute l'énergie qu'on lui transmet;
   □ **c.** obéit à la loi de Stefan-Boltzmann;
   □ **d.** est uniquement solide.

8. **La loi phénoménologique de Newton s'applique :**
   □ **a.** uniquement sur les solides;
   □ **b.** sur deux solides en contact;
   □ **c.** entre deux fluides en contact;
   □ **d.** sur un solide en contact avec un fluide.

► **Corrigés p. 104**

SYNTHÈSE DE COURS

I ▸ Modèle du gaz parfait

1 Système thermodynamique

Comme en mécanique, la définition du système utilisé pour raisonner est primordial en thermodynamique. À notre échelle, tout système physique est constitué d'un très grand nombre de particules (atomes, ions, molécules). Il est alors impossible de décrire le comportement de chaque particule à l'échelle microscopique (il faudrait des milliards et des milliards de valeurs).

À retenir. Système thermodynamique

Un système thermodynamique est constitué d'un ensemble d'entités en très grand nombre à l'échelle humaine, caractérisé par des grandeurs macroscopiques.

Ces grandeurs macroscopiques auront pour valeur, la valeur moyenne de l'ensemble des entités microscopiques qui constituent le système étudié. Ces grandeurs caractéristiques sont notamment :

- **La température T** : elle s'exprime en Kelvin et se mesure avec un thermomètre.
  La température est un nombre positif, la plus petite valeur possible de la température est $T = 0$ K, c'est le zéro absolu. On utilise, en France, le degré Celsius dans la vie de tous les jours : t (°C) = T (K) + 273,15. La température n'est pas une grandeur mécanique : parler de la température d'une particule n'a pas de sens. C'est une grandeur proprement thermodynamique.
- **La pression P** : l'unité de pression du système international est le pascal. Il existe d'autres unités comme le bar (1 bar = 10^5 Pa) ou encore l'atmosphère normale (1 atm = 1013 hPa). La pression se mesure avec un manomètre.
- **La masse volumique** ρ : exprimée en kg/m^3.

Les particules d'un gaz, à température et pression usuelle, ont un comportement chaotique difficilement prévisible. On construit alors un modèle physique afin de pouvoir mieux suivre les évolutions des systèmes gazeux : c'est le modèle du gaz parfait.

À retenir. Modèle du gaz parfait

- On considère que le gaz étudié est constitué d'un très grand nombre de particules identiques, à l'équilibre et au repos macroscopiquement.
- On considère toutes les particules de gaz comme ponctuelles.
- On considère qu'il n'y a pas d'interaction entre elles.

Ces conditions sont favorisées par une faible densité (petites particules) et une forte température (grande vitesse et donc choc entre particules, très bref).

2 Équation d'état du gaz parfait

Il a déjà été question des propriétés des gaz dans le chapitre 1.IV de mécanique des fluides (loi de Boyle-Mariotte, notamment). Si le gaz étudié respecte les conditions d'un gaz parfait (presque toujours vrai à T et P usuelle), on peut alors écrire une formule mathématique qui relie différents paramètres physiques : c'est ce que l'on appelle une équation d'état.

À retenir. Équation d'état du gaz parfait

$$P \times V = n \times R \times T.$$

Avec P la pression en Pa; V le volume du gaz en m^3; n la quantité de matière du gaz considéré en moles; R la constante des gaz parfaits ($R = 8{,}314$ U.S.I.) et T la température du gaz en kelvins.

Il faudra alors faire attention au système étudié : généralement la quantité de matière sera une constante, la pression et/ou la température peuvent varier comme rester constantes.

II ▸ Thermodynamique

1 Énergie interne

Si l'on veut faire un bilan énergétique complet, il faut d'abord définir le système étudié. Cela peut être un objet ou un ensemble d'objets.

À retenir. Énergie interne

L'énergie interne U d'un système est l'énergie que ce système peut stocker sans qu'il y ait modification du mouvement de son centre d'inertie, ni de l'altitude à laquelle il se trouve.

Exemple

Une casserole remplie d'eau sur le feu. C'est un système macroscopique et le feu donne de l'énergie au système sans déplacer la casserole.

L'énergie interne d'un système est difficile à quantifier : elle est égale à la somme de toutes les énergies microscopiques des entités qui le constituent :

- l'**énergie cinétique de chaque particule** est liée à l'agitation thermique désordonnée de ces entités et elle augmente avec la température;
- l'**énergie potentielle d'interaction** qui dépend de la distance entre les entités. Plus les entités s'éloignent les unes des autres, plus cette énergie potentielle diminue.

Un matériau peut stocker de l'énergie sous forme d'énergie interne U puis restituer cette énergie au milieu extérieur. On définit alors la notion de capacité thermique C.

À retenir. Capacité thermique

La capacité thermique C d'un corps correspond à l'énergie nécessaire pour augmenter sa température de 1 degré Celsius. En l'absence de changement d'état, on peut écrire :

$$\Delta U = C \times \Delta T.$$

Avec $\Delta U = U_f - U_i$, la variation d'énergie interne du système en joules (J), ΔT la variation de température du corps en °C et donc C la capacité thermique en J.°C^{-1}.

On peut aussi utiliser le kelvin pour les températures. On trouve également la notion de capacité thermique massique c telle que : $C = m \times c$. Il faut alors être très attentif aux unités utilisées.

Pour réaliser un bilan énergétique complet, on peut donc considérer d'abord toutes les formes d'énergie du système : cinétique, potentielle et interne. On note alors l'énergie totale du système $E_t = E_c + E_p + U$.

Le système sera dit **isolé** s'il n'effectue aucun transfert d'énergie avec d'autres systèmes. L'énergie totale d'un système isolé se conserve.

2 Transferts énergétiques

Dans l'absolu, on ne peut pas mesurer l'énergie totale d'un système, on peut cependant mesurer ses variations d'énergie s'il subit des transferts énergétiques avec le milieu extérieur. Ces échanges énergétiques peuvent se faire par transferts thermiques et/ou par échange de travail avec le milieu extérieur.

Un transfert thermique peut se faire de différentes manières.

- **Par convection** : l'énergie est transportée par des mouvements de matière, au sein d'un gaz ou d'un liquide (radiateur qui chauffe l'air d'une pièce toute entière).
- **Par conduction** : l'énergie est transportée de proche en proche, généralement dans un solide, sans transport de matière (une casserole vide déposée sur un feu va devenir entièrement chaude).
- **Par rayonnement** : ce transfert ne nécessite aucun milieu matériel pour se faire. L'énergie est transportée par des ondes électromagnétiques (le Soleil qui nous réchauffe).

Dans tous les cas un transfert thermique spontané, noté Q, ne se fait que dans un sens : on le compte positif quand le système gagne de l'énergie et négatif quand le système en perd. Un café que l'on laisse refroidir ne redeviendra pas subitement chaud : il a donné de son énergie au milieu extérieur par transfert thermique irréversible.

Il existe un deuxième moyen d'échanger de l'énergie avec le milieu extérieur : l'échange de travail W. Pour se faire, il faut qu'il y ait un déplacement macroscopique du système. On le compte positivement quand le système reçoit le travail et négativement quand le système cède du travail au milieu extérieur. La source principale de travail en thermodynamique est le travail des forces de pression (voir chapitre 1 de mécanique).

À retenir. Premier principe de la thermodynamique

La variation de l'énergie totale d'un système au cours d'une évolution est égale à la somme des travaux W et des transferts thermiques Q échangés avec le milieu extérieur :

$$\Delta E_t = W + Q \iff \Delta E_c + \Delta E_p + \Delta U = W + Q.$$

Dans le cas d'un système immobile, il n'y a ni vitesse, ni variation d'altitude, donc $\Delta E_c = \Delta E_p = 0$ ainsi, le premier principe s'écrit plus simplement : $\Delta U = W + Q$.

Propriété 3.1.

Si le système étudié est incompressible, en plus d'être au repos, il ne subit pas de déformation sous l'effet de la pression : $W = 0$. Le premier principe s'écrit alors :

$$\Delta U = Q \iff C\Delta T = Q.$$

Il devient alors possible de calculer la valeur du transfert thermique Q. Dans d'autres situations, Q se trouve par élimination : on détermine ΔU, on détermine W puis avec le premier principe, on calcule Q.

3 Transfert thermique par conduction

Un transfert thermique peut se faire plus ou moins rapidement. Cela fait intervenir la notion de flux thermique :

À retenir. Flux thermique

Le flux thermique Φ traduit la vitesse du transfert thermique, il correspond donc à une puissance en watts (W) : $\Phi = \dfrac{Q}{\Delta t}$. Avec Q l'énergie thermique en joules et Δt la durée du transfert thermique en secondes.

Un matériau est considéré comme un isolant s'il assure un faible flux thermique et permet donc de limiter les transferts thermiques vers le milieu extérieur. On parle alors de résistance thermique.

À retenir. Résistance thermique

Le flux thermique traversant une paroi par conduction est : $\Phi = \dfrac{\Delta T}{R}$. Avec ΔT la différence de température entre les deux faces de la paroi formée par le matériau étudié (en K ou °C) et R la résistance thermique du matériau en $K.W^{-1}$ (ou $°C.W^{-1}$).

Une résistance thermique dépend de la constitution du matériau ainsi que de son épaisseur. Un bon isolant thermique a une résistance thermique importante. Si plusieurs matériaux sont superposés, les résistances thermiques s'ajoutent. Le transfert thermique se fait naturellement de la zone la plus chaude vers la zone la plus froide.

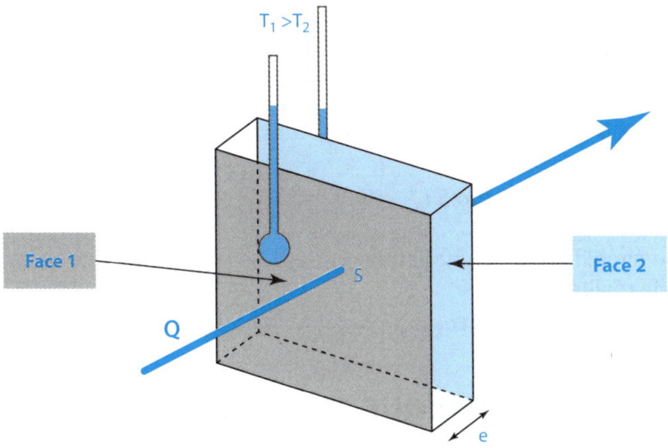

► **Figure 3.1.** Transferts thermiques au travers d'un matériau.

4 Transfert thermique par rayonnement

Un des grands moyens de transmettre de l'énergie est par le rayonnement : échange de photons par émission et absorption entre deux corps. Un corps qui absorbe toute l'énergie qu'il reçoit par rayonnement est appelé « corps noir ».

À retenir. Loi de Stefan-Boltzmann

La puissance thermique rayonnée par un corps noir, de surface S, dont la température de surface est T_S vaut :

$$P_{\text{th}} = \sigma \times S \times T_S^4.$$

Avec $\sigma = 5{,}67 \times 10^{-8}\,\text{W}/(\text{m}^2\text{K}^4)$ la constante de Stefan-Boltzmann, S la surface du corps en m^2 et T en kelvins.

Le soleil est le plus grand fournisseur d'énergie par rayonnement :

$$P_{\text{th}} = \sigma \times S \times T_S^4 = P_{\text{th}} = \sigma \times 4\pi R^2 \times 5778 = 3{,}85 \times 10^{26}\,\text{W pour le Soleil.}$$

Si on prend en compte la distance à parcourir entre le Soleil et la Terre et les tailles respectives de chacun, la puissance solaire incidente surfacique moyenne vaut $p_S = 340\,\text{W.m}^{-2}$.

On peut traiter du phénomène d'effet de serre sur Terre : l'atmosphère autour de la Terre réfléchit une fraction A de l'énergie solaire reçue et en absorbe le reste $(1-A)$. Ainsi, la puissance globale reçue par le système Atmosphère-Terre vaut $(1-A)p_S.S$ où A est l'albédo terrestre. Il vaut en moyenne $A = 0,34$.

Or, la Terre se comporte comme un corps noir : elle émet de l'énergie par rayonnement en respectant la loi de Stefan-Boltzmann. De fait, l'atmosphère va, une fois encore, réfléchir une partie a de cette énergie et libère dans l'univers la fraction $(1-a)$. Ici, a est un coefficient d'absorption moyen. La présence de gaz à effet de serre augmente ce coefficient. Ainsi, la puissance thermique perdue par la Terre vaut $(1-a)\sigma S T_S^4$.

À retenir. Bilan thermique Atmosphère-Terre

À l'équilibre thermique, il y a égalité entre la puissance thermique reçue et la puissance thermique perdue par rayonemment :

$$(1-A)Sp_S=(1-a)\sigma S T_S^4 \;\; => \;\; T_S=\sqrt[4]{\frac{(1-A)p_S}{(1-a)\sigma}}=291\,\text{K}=18\,°\text{C}.$$

Ce modèle simplifié donne une température de surface moyenne de la Terre très proche de la réalité.

5 Transfert thermique conducto-convectif

Lorsqu'un système condensé est en contact avec un fluide dont la température reste constante (ce que l'on appelle un **thermostat**), il se produit un échange conducto-convectif qui obéit à la loi de Newton.

À retenir. Loi phénoménologique de Newton

Le flux thermique conducto-convectif transféré au travers d'une surface S entre un thermostat et un système condensé vaut : $\phi = h \times S \times (T_{\text{thermostat}} - T)$. Avec T la température du système et $T_{\text{thermostat}}$ la température constante du fluide en contact, en kelvins (K). S la surface d'échange en m^2 et h le coefficient de transfert conducto-convectif en $\text{W.K}^{-1}.\text{m}^{-2}$. Le flux ϕ est en watts (W) (puissance thermique).

On peut enfin relier l'ensemble de nos résultats pour faire un lien entre la loi de Newton et la puissance thermique pour un système incompressible. Pour rappel $\phi = \frac{Q}{\Delta t}$ et $\Delta U = C\Delta T = Q$. Ainsi, si on procède à un bilan énergétique sur un instant bref entre le moment t et le moment $t+\Delta t$: $\Delta U = C\Delta T = C(T(t+\Delta t) - T(t)) = Q$.

Si on passe ensuite à la puissance thermique avec la loi de Newton :

$$h \times S \times (T_{\text{thermostat}} - T) = \phi = \frac{Q}{\Delta t} = \frac{C(T(t+\Delta t) - T(t))}{\Delta t}.$$

En faisant tendre la durée Δt vers 0 on peut alors écrire, avec la définition mathématique de la dérivée :

$$\frac{T(t+\Delta t) - T(t)}{\Delta t} = \frac{\mathrm{d}T}{\mathrm{d}t}.$$

On obtient alors une équation différentielle linéaire du premier ordre avec second membre constant :

$$\frac{\mathrm{d}T}{\mathrm{d}t} + \frac{hS}{C}T = \frac{hS}{C}T_{\text{thermostat}}.$$

La solution de cette équation, en tenant compte des conditions initiales ($T(0) = T_0$), est :

$$T(t) = T_{\text{thermostat}} + (T_0 - T_{\text{thermostat}})\exp\left(-\frac{t}{\tau}\right) \quad \text{avec :} \;\; \tau = \frac{C}{hS}.$$

On remarquera alors que, pour un temps très long, le système condensé sera à l'équilibre thermique avec le thermostat : il finira à la même température. Effectivement, en hiver, si vous ne créez aucun apport énergétique à l'intérieur de votre maison, les fenêtres finiront par avoir la même température que l'air extérieur.

EXERCICES D'APPLICATION

I ▸ Modèle du gaz parfait

●●○ 15 min.

EXERCICE 1

Lors des sorties dans l'espace, les spationautes passent de la pièce à vivre au sas par une trappe aménagée dans la cloison qui se referme ensuite hermétiquement. L'air dans le sas est à la pression atmosphérique terrestre $P_0 = 1,0$ bar et à la température $T_0 = 280\,\text{K}$. Les spationautes mettent ensuite leur scaphandre étanche et autonome, assurant leur respiration grâce à deux bouteilles d'air comprimé. Une fois cela fait, on ouvre une vanne qui laisse s'échapper une partie de l'air du sas vers l'extérieur (la dépressurisation) jusqu'à arriver à $P_1 = 10$ Pa seulement, à la température $T_1 = T_0$.
On ouvre alors la porte en étant relié à un câble appelé « fil d'Ariane ». Pour revenir, on entre dans le sas, on referme la porte et la vanne puis on ouvre la trappe reliant à la pièce à vivre. La pression P_2 et la température $T_2 = 300\,\text{K}$ dans le sas sont alors les mêmes que dans la pièce à vivre.

1) Déterminer la quantité de matière n_0 d'air dans le sas après l'entrée des spationautes.
2) Déterminer la quantité de matière n_1 d'air résiduelle dans le sas après ouverture de la vanne ainsi que le nombre de molécules résiduelles d'air N_1.
3) Calculer la valeur de la pression P_2. Cette situation peut-elle être dangereuse ?

Données : l'air est assimilé à un gaz parfait de masse molaire $M = 29,0\,\text{g.mol}^{-1}$. L'air dans la pièce à vivre est à $P_p = 1,0$ bar et à $T_p = 300\,\text{K}$. Le volume de cette pièce vaut $V_p = 16\,\text{m}^3$ et celui du sas $V_S = 20\,\text{m}^3$. $R = 8,314$ U.S.I.

II ▸ Thermodynamique

●○○ 15 min.

EXERCICE 2

On veut faire chauffer l'eau de son thé à l'aide d'un four micro-ondes. Le volume d'eau dans la tasse de thé est de $V = 250\,\text{mL}$. Ce sont les micro-ondes qui mettent en mouvement les molécules d'eau et leur apportent ainsi de l'énergie. Le four micro-ondes est reglé sur une puissance $P = 850\,\text{W}$ et on laisse le four fonctionner jusqu'à ce que l'eau passe de sa température initiale $T_i = 10\,°\text{C}$ à la température $T_f = 90\,°\text{C}$. Le four micro-ondes étant récent, on le considère comme parfaitement isolé thermiquement.

1) Déterminer la valeur de la variation d'énergie interne de l'eau dans la tasse de thé.
2) Déterminer la durée qui a permis à l'eau d'atteindre cette température.

Données : capacité thermique massique de l'eau $c_{\text{eau}} = 4180\,\text{J.kg}^{-1}.\text{K}^{-1}$.
Masse volumique de l'eau $\rho = 1000\,\text{kg/m}^3$.

●●○ 25 min.

EXERCICE 3

La résistance thermique d'une paroi plane a pour expression $R = \frac{e}{\lambda S}$ où e est l'épaisseur du matériau (m), S la surface de la paroi (m^2) et λ la conductivité thermique caractérisant le matériau (W.m^{-1}.K^{-1}). Habituellement, une paroi est constituée de plusieurs couches de matériaux d'épaisseurs et de conductivités différentes. Dans ce cas, les résistances thermiques s'ajoutent. L'étude porte sur une maison, sans étage et de surface habitable 68 m^2, dont l'isolation du sol, des murs extérieurs et des combles (espaces sous la toiture) est prévue selon les données de la Figure 3.2 suivante :

	Surface (m^2)	Matériaux	Épaisseur (cm)	Conductivité thermique λ (W.m^{-1}K^{-1})	Résistance thermique (S.I.)
Sol	70	mortier chaux	25	0,17	0,021
Vitres	15	triple vitrage verre/air	3,6	0,023	0,10
Combles (espaces sous la toiture)	79	gypse/cellulose	1,3	0,35	0,053
		granulé de chanvre	20	0,048	
	85	enduit plâtre	1,5	0,50	
		briques plâtrières	5,0	0,80	
Murs extérieurs		panneaux liège expansé	6,0	0,040	
		brique creuse standard	20	0,60	
		enduit sabe/chaux	2,5	1,05	

▸ **Figure 3.2.** Information de l'habitation.

On indique qu'une maison est passive lorsque ses besoins en chauffage sont inférieurs à 15 kWh par m^2 habitable et par an contre 250 à 300 kWh par m^2 habitable et par an en moyenne pour les besoins en chauffage d'un bâtiment classique. 1 kWh correspond à 3,6 MJ.

1) Déterminer, par analyse dimensionnelle, l'unité de la résistance thermique.
2) Pour une surface donnée à isoler, expliquer qualitativement dans quel sens doivent évoluer les caractéristiques d'une paroi pour augmenter l'isolation d'une habitation.
3) Calculer la résistance thermique des murs extérieurs R_m, en précisant l'unité.
4) Pour obtenir une résistance thermique identique à celle des combles, quelle devrait être la valeur de l'épaisseur d'une couche de laine de verre de conductivité thermique $\lambda_{lv} = 0{,}038\,\text{W.m}^{-1}.\text{K}^{-1}$? On suppose ensuite que l'on utilise uniquement ce matériau.
5) Dans la région où est prévue la construction de la maison, la température extérieure moyenne du sol en hiver est d'environ 10°C et celle de l'air extérieur, 4°C. Un poêle à bois maintient la température intérieure de la maison constante à $T_i = 19\,°\text{C}$. Pendant une journée, les valeurs des transferts thermiques sont alors : pour les murs extérieurs : $Q_m = 56$ MJ ; pour les vitres : Q_v (valeur à déterminer) ; pour le sol : $Q_S = 37$ MJ ; pour les combles : $Q_C = 24$ MJ.
   Préciser le sens dans lequel s'effectuent les transferts thermiques. Calculer alors Q_v ; en déduire la valeur de la chaleur fournie par un poêle à bois pendant une journée.
6) Dans ces conditions, si, par an, la période de chauffage dure 100 jours, peut-on considérer la maison comme passive ?

●●● 25 min.

EXERCICE 4

Lorsque l'on ajoute un sucre dans du café chaud, on risque de diminuer sa température puisque le sucre est à température ambiante. On prend $m_{\text{sucre}} = 5{,}0\,\text{g}$ à $T = 20\,°\text{C}$ et on veut à la fin, un café sucré à 50 °C (on considère $T_i = T_f = 50\,°\text{C}$ pour le café aux questions 1) et 2)).

1) De quelle hauteur h doit-on faire tomber le sucre pour arriver à un tel résultat ?
2) Quelle vitesse v doit-on donner au sucre pour arriver à ce résultat ?
3) Quelle température initiale doit avoir le café pour arriver à ce résultat ?

Données : énergie interne massique du sucre : $U_m = U_{m0} + C_m.T$ avec $C_m = 500\,\text{J.kg}^{-1}.\text{K}^{-1}$ et énergie interne du café sans sucre : $U_c = U_0 + C.T$ avec $C = 100\,\text{J.K}^{-1}$ et $g = 10\,\text{m.s}^{-2}$.

Conseils méthodologiques

Il faut se demander quel type d'énergie intervient dans chaque question.

●●● 25 min.

EXERCICE 5

Une météorite traverse l'Univers en direction de la Terre. Lorsqu'elle passe aux abords du Soleil, sa température de surface atteint $T_m = 200°\text{C}$. On considère cette météorite comme parfaitement sphérique, de rayon $R = 4\,\text{m}$.

1) Calculer la valeur de la puissance thermique rayonnée par la météorite en la considérant comme un corps noir.
2) Lorsque la météorite entre dans l'atmosphère terrestre, elle subit un transfert conducto-convectif avec l'air des premières couches de l'atmosphère à la température moyenne $T_a = 8°\text{C}$. Déterminer alors la valeur de la puissance thermique cédée par la météorite $P_{cc} = hS(T_{\text{thermostat}} - T)$ avec $h = 12\,\text{W.m}^{-2}.\text{K}^{-1}$.
3) Commenter le résultat obtenu.

EXERCICES D'APPLICATION

CORRIGÉS DÉTAILLÉS

Corrigés de l'auto-évaluation, p. 94

1-c : c'est l'objet d'étude de la thermodynamique ; **2-b** : voir cours ; **3-b** : voir définition du cours ; **4-d** : on peut aussi répondre c car le feu émet du rayonnement ; **5-a** : la variation d'énergie globale entre deux états A et B est égale à l'énergie apportée ou perdue par le système mais on ne peut pas en savoir plus avec le premier principe de la thermodynamique ; **6-d** : voir définition du cours ; **7-c** : un corps noir absorbe toute l'énergie transmise par rayonnement ; **8-d** : voir cours.

Corrigés des exercices d'application, p. 101

I ▶ Modèle du gaz parfait

EXERCICE 1

1) On considère l'air comme un gaz parfait. On peut donc utiliser la formule du gaz parfait dans la situation initiale, avant que la vanne ne soit ouverte dans le sas :

$$P_0 \times V_S = n_0 \times R \times T_0 \;=>\; n_0 = \frac{P_0 V_S}{R T_0} = \frac{1{,}0 \times 10^5 \times 20}{8{,}314 \times 280} = 859\,\text{mol.}$$

2) On réalise le même calcul mais en notant bien, cette fois, quelles sont les grandeurs qui interviennent :

$$P_1 \times V_S = n_1 \times R \times T_1 \;=>\; n_1 = \frac{P_1 V_S}{R T_1} = \frac{10 \times 20}{8{,}314 \times 280} = 8{,}59 \times 10^{-2}\,\text{mol.}$$

On peut alors en déduire le nombre de particules en utilisant la constante d'Avogadro : $N_1 = n_1 \times \mathcal{N}_A = 8{,}59 \times 10^{-2} \times 6{,}02 \times 10^{23} = 5{,}18 \times 10^{22}$ molécules.

3) Le calcul se fait en deux étapes. D'abord, on détermine la quantité de matière de gaz présente dans la pièce à vivre puis on prend en compte le changement de volume. En effet, le sas étant vide une fois la porte ouverte, l'air dans la pièce à vivre va ensuite se répartir entre la pièce à vivre et le sas, une fois celui-ci ouvert.

$$P_p \times V_p = n_p \times R \times T_p \;=>\; n_p = \frac{P_p V_p}{R T_p} = \frac{1{,}0 \times 10^5 \times 16}{8{,}314 \times 300} = 641{,}5\,\text{mol.}$$

Cette quantité de matière se voit ensuite répartie dans un volume total $V_t = V_S + V_p$.

$$P_2 = \frac{n_p R T_2}{V_S + V_p} = \frac{641{,}5 \times 8{,}314 \times 300}{20 + 16} = 4{,}4 \times 10^4\,\text{Pa.}$$

Cette pression est faible ($\approx \frac{P_0}{2}$), cela peut poser un problème d'asphyxie pour les spationautes présents !

II ▸ Thermodynamique

EXERCICE 2

1) Par définition, $\Delta U = C\Delta T = c \times m \times \Delta T$. Donc, ici, la variation d'énergie interne vaut $\Delta U = 4180 \times (1000 \times 250 \times 10^{-6}) \times (90-10) = 83{,}6\,\text{kJ}$.
2) On utilise le premier principe de la thermodynamique en analysant d'abord le système étudié. On considère l'ensemble (four micro-ondes + tasse de thé + eau). L'énergie fournie par le micro-ondes n'affecte que les molécules d'eau et pas la tasse. Ainsi $\Delta U_{\text{système}} = \Delta U_{\text{four}} + \Delta U_{\text{tasse}} + \Delta U_{\text{eau}} = 0 + 0 + \Delta U_{\text{eau}}$.
Enfin, le four est parfaitement isolé thermiquement, ainsi, il ne perd pas d'énergie vers le milieu extérieur : $Q = 0$. De plus, le four ne se déplace pas dans l'espace, il n'a ni vitesse, ni mouvement donc $\Delta E_c = \Delta E_p = 0$. Ainsi, le premier principe s'écrit
$$\Delta E_c + \Delta E_p + \Delta U = W + Q \iff \Delta U_{\text{eau}} = W.$$
Avec, ici : $W = W_e$ le travail électrique fourni par le micro-ondes. Par définition, l'énergie fournie par un appareil électrique de puissance P pendant Δt vaut $W_e = P \times \Delta t$. On peut alors écrire :
$$\Delta U = P \times \Delta t \implies \Delta t = \frac{\Delta U}{P} = \frac{C\Delta T}{P} = 98\,\text{s}.$$
Il faut 1 minute et 38 secondes pour chauffer le thé comme demandé.

EXERCICE 3

1) En utilisant la formule donnée dans l'énoncé et les unités indiquées : R est en K.W^{-1}.
2) Pour une bonne isolation thermique, il faut une résistance thermique élevée. Ainsi, pour une surface S constante à isoler, il faut augmenter l'épaisseur e de la paroi et choisir un matériau de faible conduction thermique λ.
3) Le mur extérieur est constitué de 5 parois, il faut donc additionner les résistances thermiques de chaque paroi :
$$R_m = \frac{1{,}5.10^{-2}}{0{,}50 \times 85} + \frac{5{,}0.10^{-2}}{0{,}80 \times 85} + \frac{6{,}0.10^{-2}}{0{,}040 \times 85} + \frac{20.10^{-2}}{0{,}60 \times 85} + \frac{2{,}5.10^{-2}}{1{,}05 \times 85} = 0{,}023\,\text{K.W}^{-1}.$$
4) Les combles présentent une résistance thermique $R_C = 0{,}053\,\text{K.W}^{-1}$. On veut remplacer les matériaux existants par de la laine de verre avec $\lambda_{lv} = 0{,}038\,\text{W.m}^{-1}.\text{K}^{-1}$. Donc $e = R_m \times S \times \lambda_{lv} = 0{,}053 \times 79 \times 0{,}038 = 16\,\text{cm}$.
5) Le transfert thermique va naturellement s'effectuer de l'intérieur de la maison (chaud) vers le sol et l'extérieur (froid). On calcule le flux thermique pour les vitres de deux manières différentes :
$$\Phi = \frac{Q_v}{\Delta t} \quad \text{et : } \Phi = \frac{T_i - T_e}{R_v} \quad \text{donc : } Q_v = \frac{(T_i - T_e)\Delta t}{R_v} = \frac{(19-4) \times 24 \times 3600}{0{,}10} = 13\,\text{MJ}.$$
La température à l'intérieur est maintenue constante par le poêle à bois cela implique $\Delta U = 0$, son énergie interne reste constante. Or, ici, il n'y a que des pertes énergétiques et l'apport du poêle à bois Q_p donc : $\Delta U = Q_p - (Q_m + Q_v + Q_S + Q_C) = 0$ donc $Q_p = Q_m + Q_v + Q_S + Q_C = 130\,\text{MJ}$.

CORRIGÉS DÉTAILLÉS

6) Pour 100 jours, le poêle à bois doit fournir, pour chauffer les 68 m^2 de la maison :

$$\frac{Q_p \times \Delta t}{S} = \frac{\frac{130.10^6}{3,6.10^6} \times 100}{68} = 53\,\text{kWh.m}^{-2} \text{ par an.}$$

La maison n'est pas passive, sa consommation étant supérieur à 15 kWh par m^2 et par an.

EXERCICE 4

On considère le système sucre + café comme étant isolé et la dissolution du sucre dans le café comme étant athermique. Donc, à chaque fois, la variation globale d'énergie du système est nulle.

1) Ici, il y a de l'énergie interne et potentielle de pesanteur : $\Delta U + \Delta E_{pp} = 0$ avec $\Delta U = \Delta U_{\text{sucre}} + \Delta U_{\text{café}}$ et $\Delta U_{\text{café}} = 0$ car la variation de température est considérée comme nulle. Ainsi, on peut écrire $\Delta U_{\text{sucre}} = mgh$, c'est-à-dire $mC_m\left(T_f - T_i\right) = mgh$ <=> $h = \frac{C_m\left(T_f - T_i\right)}{g} = \frac{500\times(50-20)}{10} = 1500\,\text{m}$.
2) Ici, le sucre a de la vitesse et donc de l'énergie interne et cinétique : $\Delta U + \Delta E_c = 0$ et $\Delta E_c = 0 - \frac{1}{2}mv^2$. Donc $mC_m\left(T_f - T_i\right) = \frac{1}{2}mv^2$ ce qui donne $v = \sqrt{2C_m\left(T_f - T_i\right)} = 170\,\text{m.s}^{-1} = 620\,\text{km.h}^{-1}$.
3) Ici, seule l'énergie interne intervient : $\Delta U = 0 = \Delta U_{\text{sucre}} + \Delta U_{\text{café}} = mC_m\left(T_f - T_i\right) + C\left(T_f - T_{ic}\right)$. On peut donc trouver la température initiale que doit avoir le café $T_{ic} = T_f + \frac{mC_m}{C}\left(T_f - T_i\right)$. Cela donne $T_{ic} = 50,75\ °\text{C}$.

On remarque donc que, pour avoir un café à 50 °C après ajout du sucre, il faut soit faire tomber le sucre de 1500 m de haut, soit lancer le sucre à 620 km/h, soit réchauffer le café de 0,75 °C de plus. Les transferts thermiques correspondent à de très grands travaux mécaniques.

EXERCICE 5

1) Si l'on considère la météorite comme un corps noir, elle va rayonner toute la puissance qu'elle a absorbé en obéissant à la loi de Stefan-Boltzmann :

$$P_{\text{th}} = \sigma \times S \times T_S^4 = 5{,}67 \times 10^{-8} \times (4\pi R^2) \times (200 + 273)^4 = 571\,\text{kW}.$$

On rappelle, évidemment, que la surface d'une sphère vaut $S = 4\pi R^2$ avec R en mètres.

2) Dans un transfert conducto-convectif, il faut qu'un solide soit en contact avec un fluide pouvant être qualifié de thermostat (température qui ne varie pas). Ici, c'est le cas, le solide étant la météorite et le fluide étant l'air qui est présent en grande quantité et qui va donc garder une température constante malgré les échanges énergétiques avec la météorite. Ainsi, dans la formule de Newton $T_{\text{thermostat}} = T_a$ et $T = Tm$. Ainsi :

$$P_{\text{cc}} = hS(T_{\text{thermostat}} - T) = h \times (4\pi R^2) \times (T_a - T_m) = 12 \times 201 \times (8 - 200) = -463\,\text{kW}.$$

3) On trouve évidemment une puissance négative car la météorite perd de l'énergie qu'elle cède à l'air.

CHAPITRE 4
Électricité

Plan du chapitre

Les signaux électriques sont très présents dans la vie quotidienne.

L'électricité est un domaine riche tant sur le plan conceptuel qu'expérimental avec des champs d'application vastes : transports, environnement, météorologie, santé, technologie du quotidien, bioélectricité, etc. Dans tous les systèmes qui nous entourent, de nombreux capteurs sont mis en œuvre pour mesurer des grandeurs physiques et chimiques. Sans l'électricité, notre monde ne serait pas celui que l'on connaît.

Objectifs et compétences

Ce que j'ai vu au lycée	Ce que je vais apprendre en prépa
• Connaître et utiliser la loi des nœuds et la loi des mailles. • Connaître et utiliser la loi d'Ohm. • Maîtriser les notions de puissance et d'énergie en électricité. • Comprendre le fonctionnement d'un condensateur. • Traiter l'étude de la charge et de la décharge d'un condensateur dans un circuit RC série.	• Un nouveau dipôle électrique important : la bobine. • Mener un bilan énergétique complet dans un circuit. • Établir des équations. différentielles du deuxième ordre et les résoudre. • Travailler avec des signaux sinusoïdaux. • Découvrir la notion d'impédance complexe.

AUTO-ÉVALUATION

Évaluez-vous en répondant à la série de questions ci-dessous. Plusieurs bonnes réponses sont possibles.

QCM INTERACTIFS

lienmini.fr/40829-4

1. **Le courant électrique est :**
   □ **a.** un mouvement d'atomes dans des fils conducteurs ;
   □ **b.** un débit de charges électriques ;
   □ **c.** un mouvement d'électrons de la borne positive du générateur vers la borne négative ;
   □ **d.** une grandeur constante positive.

2. **La flèche de tension aux bornes d'un dipôle récepteur :**
   □ **a.** est forcément opposée au sens du courant ;
   □ **b.** respecte obligatoirement la convention récepteur ;
   □ **c.** peut respecter la convention générateur ;
   □ **d.** pointe la borne d'entrée du récepteur.

3. **La puissance électrique est :**
   □ **a.** une constante positive ;
   □ **b.** une grandeur physique en joules ;
   □ **c.** une grandeur algébrique ;
   □ **d.** toujours dissipée par effet Joule.

4. **La loi des nœuds :**
   □ **a.** s'applique à un seul nœuds par circuit ;
   □ **b.** s'applique seulement pour les courants positifs ;
   □ **c.** traduit un principe de conservation de la charge ;
   □ **d.** ne fonctionne pas en régime variable.

5. **Le point de fonctionnement d'un circuit :**
   □ **a.** est le point de croisement de deux caractéristiques ;
   □ **b.** est l'intersection de l'axe des abscisses avec la caractéristique d'un générateur ;
   □ **c.** est l'intersection de l'axe des abscisses avec la tangente à l'origine de la tension du générateur ;
   □ **d.** n'existe que pour les dipôles récepteurs.

6. **Un condensateur :**
   □ **a.** se comporte comme un dipôle générateur ;
   □ **b.** empêche le courant de circuler dans les circuits ;
   □ **c.** accumule des charges sur une seule de ses armatures ;
   □ **d.** accumule des charges sur ses armatures.

7. **Lors de la charge d'un condensateur dans un circuit RC série :**
   □ **a.** la tension aux bornes de la résistance reste constante ;
   □ **b.** la tension aux bornes du condensateur augmente linéairement dans le temps ;
   □ **c.** U_R et U_C sont égaux ;
   □ **d.** le courant décroît exponentiellement.

► **Corrigés p. 125**

SYNTHÈSE DE COURS

I ▸ Lois des circuits électriques

1 La conduction électrique

Les milieux matériels sont classés en deux catégories :

- les isolants;
- les conducteurs.

Les conducteurs possèdent des entités chargées qui peuvent être mises en mouvement sur de grandes distances.

À retenir.

Les porteurs de charges dans les circuits électriques sont les électrons. Chaque électron porte une charge élémentaire : $e = 1{,}6 \times 10^{-19}$C.

Sous l'action d'un champ électrique, les particules chargées que sont les électrons sont mis en mouvement et créent alors un courant électrique : c'est un mouvement d'ensemble des porteurs de charge dans un milieu conducteur.

À retenir. Intensité du courant électrique

Lorsqu'une charge électrique Q traverse un conducteur en un temps Δt, il apparaît une intensité I telle que :

$$I = \frac{Q}{\Delta t}.$$

Avec Q en coulombs (C), Δt en secondes (s) pour obtenir un courant I en ampères (A).

Quand le courant est variable et que la charge électrique évolue dans le dipôle sur un temps très bref, l'intensité est définie par la dérivée par rapport au temps de la charge :

$$i = \frac{\mathrm{d}q}{\mathrm{d}t}.$$

C'est ce que l'on appelle un débit de charges électriques.

L'intensité du courant électrique se mesure essentiellement avec un ampèremètre branché en serie dans le circuit. C'est un appareil polarisé : il faut le brancher de sorte que le courant électrique rentre par la borne A et ressorte par la borne COM :

▸ **Figure 4.1.** Schéma d'un ampèremètre.

Le courant est une grandeur algébrique : il peut être positif ou négatif. On impose un sens conventionnel au courant : de la borne positive du générateur vers la borne négative. Cette convention est historique, elle a été inventée alors que les scientifiques ne connaissaient pas encore l'existence de l'électron. En réalité, on sait que ce qui se déplace dans un circuit, ce sont les électrons, de la borne négative vers la borne positive. La convention est cependant restée en place.

2 Tension et dipôle électrique

Les circuits électriques sont composés de **dipôles** : composants électriques possédant deux bornes (générateur, résistance, lampe, interrupteur, ...). Certains sont polarisés avec une entrée et une sortie (générateur, voltmètre, ampèremètre) et d'autres ne sont pas polarisés ce qui permet de les brancher sans prêter attention au sens du branchement (résistance, condensateur, lampe, ...).

Lorsqu'un dipôle est traversé par un courant électrique, il va apparaître à ses bornes une tension électrique.

À retenir.

La tension électrique est une grandeur physique algébrique qui se mesure en volts (V). Elle est égale à une différence de potentiel entre deux pôles :

$$U_{AB} = V_A - V_B.$$

Avec V_A et V_B les potentiels électriques en A et B en volts.

La tension se représente sur les schémas électriques par une flèche. La direction de cette flèche dépend de la convention d'orientation choisie :

- **Convention générateur** : convention appliquée aux dipôles qui fournissent de l'énergie électrique au circuit. On oriente alors la flèche de la tension dans le même sens que le sens du courant.
- **Convention récepteur** : convention appliquée aux dipôles qui reçoivent de l'énergie (et qui, généralement la convertissent). On oriente la flèche de la tension dans le sens opposé au sens du courant.

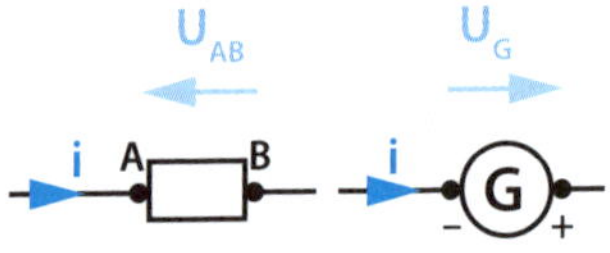

► **Figure 4.2.** Les différentes conventions.

La tension se mesure avec un voltmètre branché en dérivation sur le dipôle ou l'ensemble de dipôles considéré. Pour les récepteurs, si on souhaite mesurer U_{AB} il faut brancher la borne V sur le point A et la borne COM sur le point B.

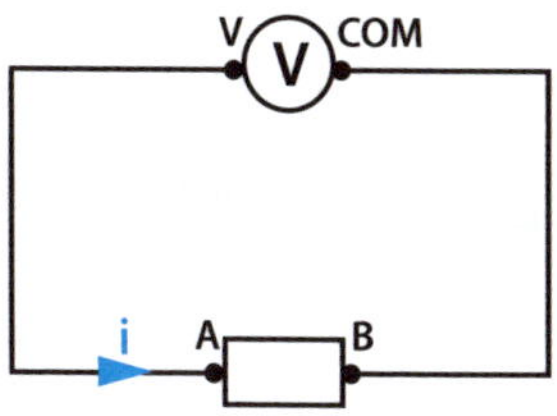

► **Figure 4.3.** Mesure d'une tension avec un voltmètre.

À retenir. Loi d'Ohm

Une résistance R est un dipôle qui s'oppose au passage du courant. On en trouve dans tous les circuits électriques. Une résistance (appelée parfois « conducteur ohmique ») obéit à la loi d'Ohm :

$$U_R = R \times I.$$

Avec R la valeur de la résistance en ohms (Ω) si U est la tension en volts (V) et I l'intensité en ampères (A).

3 Puissance électrique

À retenir. La puissance électrique

Soit un dipôle parcouru par un courant I avec une tension U à ses bornes. La puissance électrique du dipôle est :

$$P = U \times I.$$

Avec P la puissance en watts (W), U en volts (V) et I en ampères (A). C'est une grandeur algébrique.

La convention à retenir pour la puissance est celle dite du « banquier » :

- Lorsque la puissance est positive pour un dipôle cela signifie qu'il reçoit de la puissance électrique. C'est généralement le cas pour un récepteur.
- Lorsque la puissance est négative pour un dipôle cela signifie qu'il fournit de la puissance au reste du circuit électrique. Il perd donc de la puissance. C'est généralement le cas des générateurs.

À retenir. L'énergie électrique

L'énergie électrique échangée pendant une durée Δt à la puissance P est :

$$E = \Delta t \times P.$$

Avec E l'énergie en joules (J) pour Δt en secondes (s) et P en watts (W).

Enfin, lorsque le dipôle étudié est une résistance, la puissance reçue est entièrement convertie en énergie thermique Q : c'est ce que l'on appelle l'effet Joule.

À retenir. Effet Joule

Une résistance R traversée par un courant I reçoit une puissance P telle que :

$$P = R \times I^2.$$

Par effet Joule, cette puissance est entièrement convertie en énergie thermique, qui vient réchauffer le milieu extérieur.

L'effet Joule peut être utile ou, au contraire, gênant : dans un circuit électrique il est rare d'avoir besoin de réchauffer les composants du circuit, cela peut même détériorer le circuit si la température monte trop haut.
Par contre, l'effet Joule permet l'existence des chauffages électriques : en passant dans la résistance, le courant fait chauffer le métal qui réchauffe ensuite l'air ambiant.

Conseils méthodologiques

Pour les puissances et les énergies, on utilise les lettres en capitale d'imprimerie : P et E mais dans de nombreux sujets de concours, notamment, on trouvera plus souvent les lettres cursives $\mathscr{P}$ et $\mathscr{E}$.

4 Lois dans les circuits

Quels que soient les circuits électriques à étudier, il faut d'abord maîtriser le vocabulaire :

- **Nœuds** : point du circuit où se rejoignent au moins trois fils.
- **Branche** : portion de circuit entre deux nœuds consécutifs.
- **Maille** : ensemble de branches formant un contour fermé.

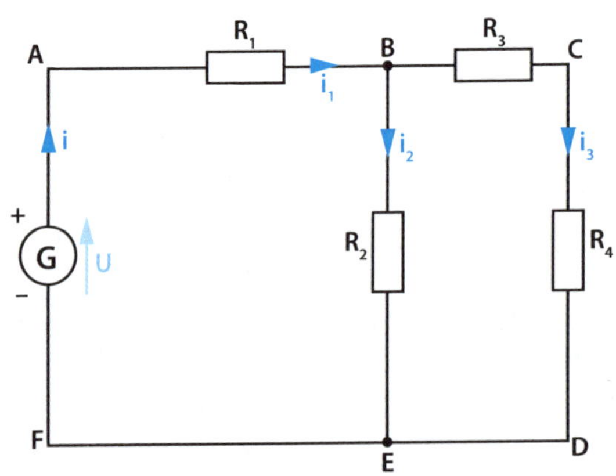

▸ **Figure 4.4.** Circuit à plusieurs mailles.

Il y a dans ce schéma :

- deux nœuds : B et E;
- trois branches : BE, BAFE, BCDE;
- trois mailles : ABEFA, BCDEB, ACDFA.

À retenir. Loi des nœuds

La somme des intensités des courants électriques qui arrivent à un nœud est égale à la somme des intensités des courants électriques qui en partent.

Il faut donc particulièrement veiller au sens de circulation des courants dans chaque branche d'un circuit électrique.

À retenir. Loi des mailles

Au sein d'une maille, arbitrairement orientée, la somme des tensions est nulle.

Pour une maille, on choisit un sens de parcours tout à fait arbitrairement : le sens horaire (dans le sens des aiguilles d'une montre) ou le sens anti-horaire (appelé aussi sens trigonométrique). Toutes les tensions dont la flèche est dans le même sens que le sens de parcours sont comptées positivement. Les tensions dont la flèche est opposée au sens de parcours du courant sont comptées négativement. La somme algébrique de ces tensions fait zéro.

5 Caractéristique des dipôles

On rencontre dans les circuits électriques de nombreux dipôles associés entre eux.

- Deux dipôles sont associés **en série** s'ils sont parcourus par le même courant électrique.
- Deux dipôles sont associés **en dérivation** si leurs deux pôles sont reliés deux-à-deux. Ils ont alors la même tension!

À retenir. Caractéristique courant-tension

La caractéristique courant-tension d'un dipôle est la représentation graphique de l'évolution du courant I en fonction de la tension U.

On peut aussi étudier la caractéristique tension-courant $U = f(I)$. Pour une résistance, grâce à la loi d'Ohm, on sait que sa caractéristique tension-courant est une droite de coefficient directeur égal à R.

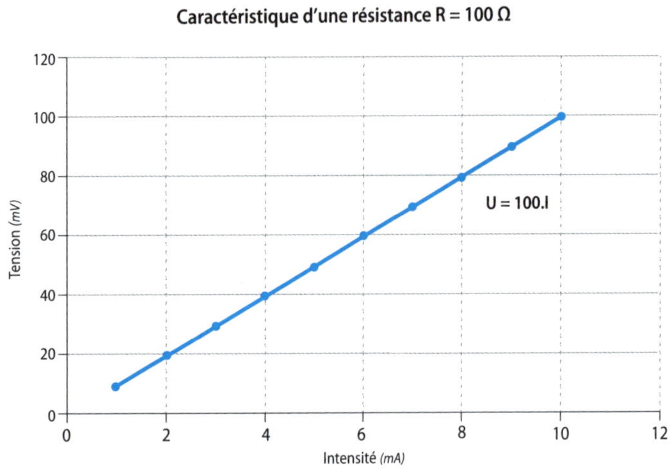

► **Figure 4.5.** Caractéristique tension-courant d'une résistance.

Les générateurs sont omniprésents dans les circuits électriques. Il faut toujours une source d'énergie pour que le courant puisse circuler. On modélise les générateurs par des modèles :

- le **modèle idéal** : le générateur est parfait et la tension à ses bornes est constante ;
- le **modèle réel** : on prend en compte l'existence d'une résistance interne qui abaisse la tension aux bornes du générateur en fonction de l'intensité débitée dans le circuit.

À retenir. Générateur idéal

La tension aux bornes d'un générateur idéal (ou parfait) est constante quelle que soit l'intensité qui circule dans la branche. Cette tension est appelée force électromotrice (f.e.m) généralement notée E.

Cela consiste à faire comme si le générateur ne présentait pas de résistance. La caractéristique d'un générateur idéal est une droite $U = E$ quel que soit I. Or, technologiquement, un générateur est fait de plusieurs fils et autres dipôles qui possèdent forcément une résistance (même très faible).

À retenir. Générateur réel

Un générateur réel se modélise par l'association en série d'un générateur idéal de f.e.m E et d'une résistance interne r de faible valeur. Sa tension s'écrit alors :

$$U_G = E - r \times I.$$

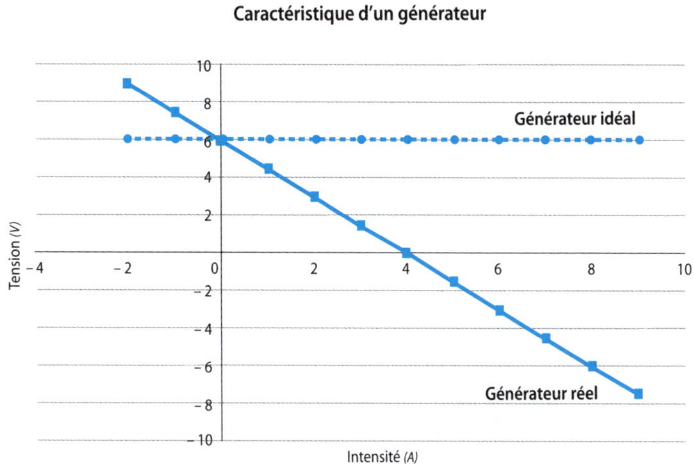

▸ **Figure 4.6.** Modèle idéal et réel d'un générateur de tension.

À retenir. Point de fonctionnement *P*

Le point de fonctionnement d'un circuit est le point d'intersection des caractéristiques du générateur et du dipôle récepteur branché à ses bornes. Il est donc constitué de deux coordonnées : $P : (I_f ; U_f)$.

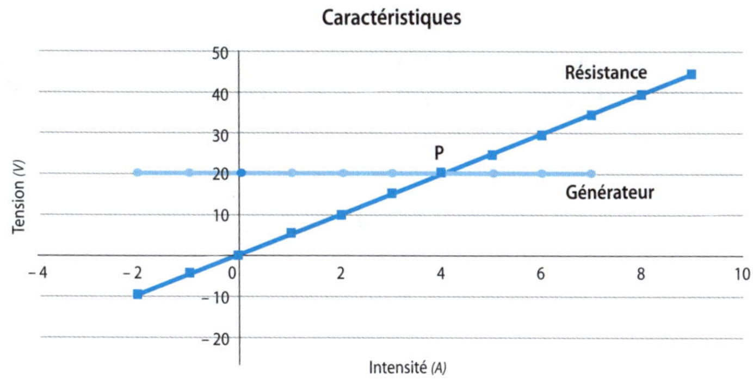

▸ **Figure 4.7.** Point de fonctionnement.

Tous les dipôles récepteurs, dans un circuit électrique, convertissent l'énergie fournie par le générateur. En effet, l'énergie ne peut être ni créée ni détruite. Cependant, à chaque conversion d'une forme d'énergie vers une autre, il y a des pertes. Ainsi, une partie seulement de l'énergie fournie est réellement utilisée. On peut alors définir le rendement d'un convertisseur.

À retenir. Rendement d'un convertisseur

Soient $P_{\text{reçue}}$ la puissance totale reçue par le convertisseur et P_{utile} la puissance réellement utilisée par le convertisseur. On définit le rendement η par :

$$\eta = \frac{P_{\text{utile}}}{P_{\text{reçue}}}.$$

η est une grandeur sans unité, comprise entre 0 et 1.

Cela peut être aussi égal à un rapport d'énergie plutôt que de puissance.

II ▸ Le circuit RC série

1 Le condensateur

Le condensateur est un dipôle électrique très présent dans les circuits que l'on trouve tout autour de nous. Nous allons voir de quoi il est constitué et comment il fonctionne.

À retenir.

Un condensateur est un récepteur constitué de deux plaques conductrices séparées par un matériau isolant. Il est caractérisé par sa capacité C qui s'exprime en farads F.

Les deux plaques sont appelées **armatures** et accumulent des charges électriques égales en norme et opposées en signe : $q_A = -q_B$. On parle de comportement capacitif.

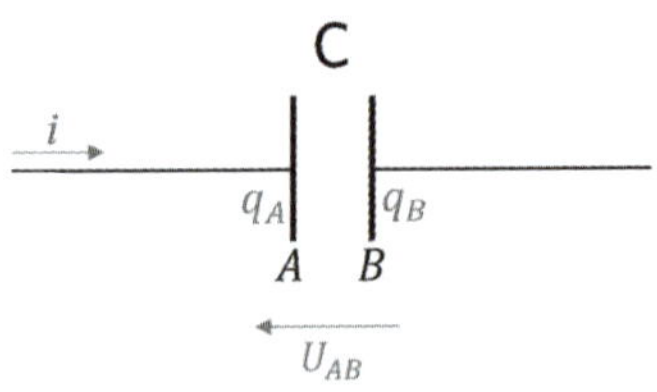

▸ **Figure 4.8.** Schéma d'un condensateur.

Une relation mathématique relie directement la quantité de charge électrique q (en coulombs C) et la tension U_C (en volts V) aux bornes du condensateur :

$$q = C \times U_C.$$

En général, les condensateurs que l'on utilise en laboratoire de physique (TP) vont de 1 nF (nanofarad) jusqu'à 1 mF (millifarad). La géométrie du condensateur influence sa capacité : pour un condensateur plan (armatures planes et parallèles) C est proportionnelle à la surface S des plaques et inversement proportionnelle à la distance d entre les plaques.

À retenir. Lien courant-tension d'un condensateur

Ainsi, en régime variable pour un condensateur de capacité C on peut écrire :

$$i = \frac{\mathrm{d}q}{\mathrm{d}t} = C\frac{\mathrm{d}u_C}{\mathrm{d}t}.$$

Avec i le courant qui traverse le condensateur en ampères (A) et u_C la tension à ses bornes en volts (V).

On peut utiliser le comportement capacitif des condensateurs dans certains types de capteurs, notamment les capteurs de position dans les écrans tactiles. Un écran tactile est un ensemble de points reliés à des condensateurs de valeur connue précisement. Lorsque le doigt se pose sur l'écran, la pression exercée modifie la géométrie du condensateur qui change alors de valeur de capacité. Cela permet de repérer sur l'écran, la position du doigt. On peut aussi utiliser un condensateur comme capteur de remplissage : le matériau qui sépare les deux armatures a aussi son importance sur la valeur de C. Si un liquide vient, par exemple, remplacer l'air entre les deux armatures, le condensateur verra sa capacité changer. On pourra alors repérer le niveau de remplissage.

2 Charge du circuit RC série

On s'intéresse à un circuit RC série en charge, c'est-à-dire un circuit constitué d'un générateur de tension continue E, en série avec une résistance R, un condensateur de capacité C et un interrupteur K ouvert. À $t = 0$, on ferme l'interrupteur.

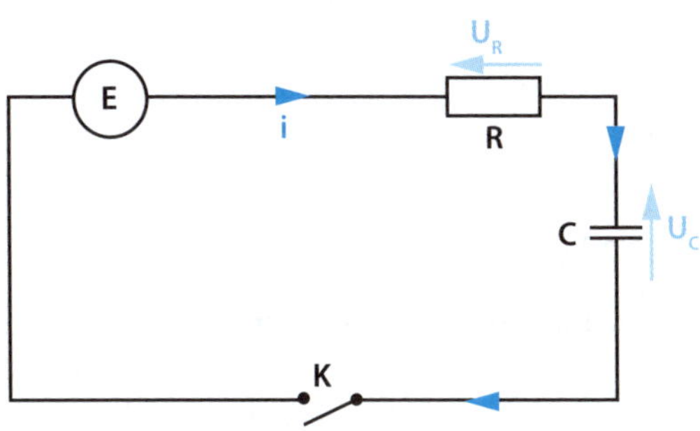

► **Figure 4.9.** Charge d'un circuit RC série.

Par application de la loi des mailles on peut écrire : $E = U_R + U_C$ or $U_R = R \times i$ et $i = C\frac{\mathrm{d}u_C}{\mathrm{d}t}$. On remplace, dans la loi des mailles, pour obtenir l'équation différentielle suivante :

$$RC\frac{\mathrm{d}u_C}{\mathrm{d}t} + u_C = E \text{ ou alors } \frac{\mathrm{d}u_C}{\mathrm{d}t} + \frac{1}{RC}u_C = \frac{E}{RC}.$$

Cette équation est une équation différentielle linéaire du premier ordre avec second membre constant. On la résout en trois étapes :

- **La solution générale** : la solution générale de l'équation homogène est de la forme $u_{Ch}(t) = A.\exp\left(-\frac{t}{RC}\right)$ avec A une constante d'intégration à déterminer avec les conditions initiales dans la dernière étape de résolution.
- **La solution particulière** : la solution particulière est telle que le terme dérivé est nul. Il vient alors $\frac{1}{RC}U_{Cp} = \frac{E}{RC}$ et donc $U_{Cp} = E$.
- **Les conditions initiales** : la solution générale de l'équation différentielle est $u_C(t) = u_{Ch}(t) + U_{Cp}$ de plus, la tension aux bornes d'un condensateur est une fonction continue du temps. Or, le condensateur est déchargé au début de l'expérience donc $U_C(0) = 0$ V. Par identification, on peut écrire à $t = 0 : 0 = A\exp\left(-\frac{0}{RC}\right) + E$. On en conclut que $A = -E$.

On obtient alors la solution de l'équation différentielle de la charge d'un condensateur en circuit RC série :

$$u_C(t) = E\left(1 - \exp\left(-\frac{t}{RC}\right)\right).$$

Remarque

Si l'on veut faire preuve de rigueur dans les notations :

- en **régime continu** les grandeurs sont en majuscules U_C, I et E ;
- en **régime variable** les grandeurs sont en minuscules $u_C(t)$, $i(t)$ et $e(t)$.
  Pour ne pas trop alourdir les notations, il est possible de ne pas préciser le (t) qui est là uniquement pour rappeler que les grandeurs dépendent du temps.

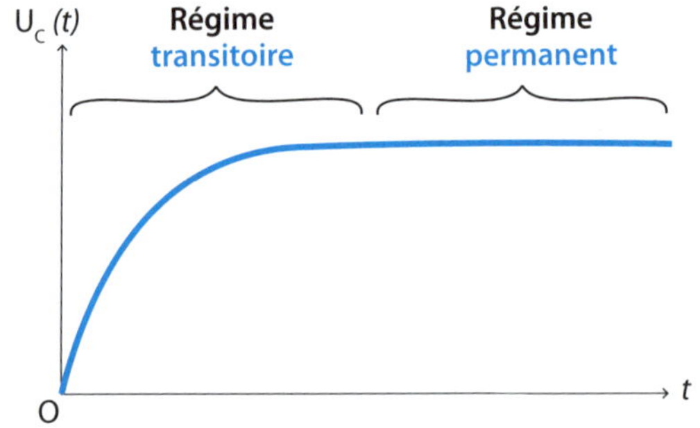

► **Figure 4.10.** Régimes de fonctionnement.

On peut déterminer aussi la fonction $i(t)$ puisque, par définition, $i = C\frac{\mathrm{d}u_C}{\mathrm{d}t}$.

$$i(t) = C\frac{\mathrm{d}}{\mathrm{d}t}\left(E\left(1 - \exp\left(-\frac{t}{RC}\right)\right)\right) = \frac{E}{R}\exp\left(-\frac{t}{RC}\right).$$

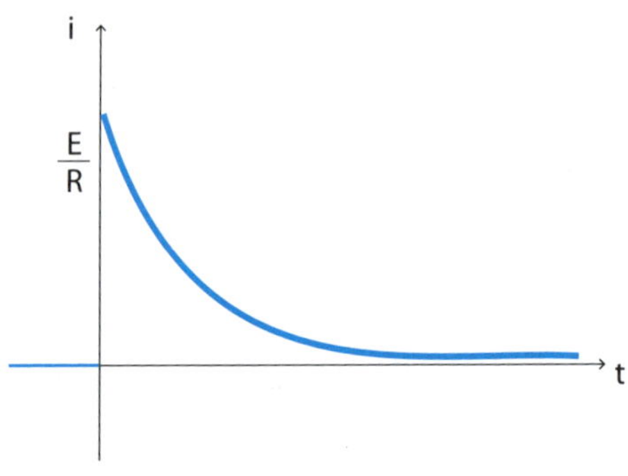

► **Figure 4.11.** Rupture de courant lors de la charge du condensateur.

Tout comme la tension du condensateur tend vers une valeur constante au bout d'un certain temps, on remarque que l'intensité tend vers zéro, également au bout d'un certain temps.

À retenir. Constante de temps

On définit la constante de temps du circuit RC comme le temps nécessaire au circuit pour atteindre 63 % de sa valeur maximale. On note cette constante τ.

$$\tau = R \times C.$$

Avec τ en secondes (s) pour R en ohms (Ω) et C en farads (F). On retient qu'au bout de 5 τ le regime permanent est atteint.

Pour $t = 5\tau$ on peut calculer la valeur de i :

$$i(5\tau) = \frac{E}{R}\exp\left(-\frac{5RC}{RC}\right) = 0,01\frac{E}{R}.$$

En effet, $\exp -5 = 0,0067 \approx 0,01$. On voit donc qu'au bout de 5 τ l'intensité ne vaut plus que 1 % de sa valeur maximale : le régime transitoire est terminé.

On peut déterminer expérimentalement cette constante de temps en traçant la tangente à l'origine sur $u_c(t)$ ou $i(t)$.

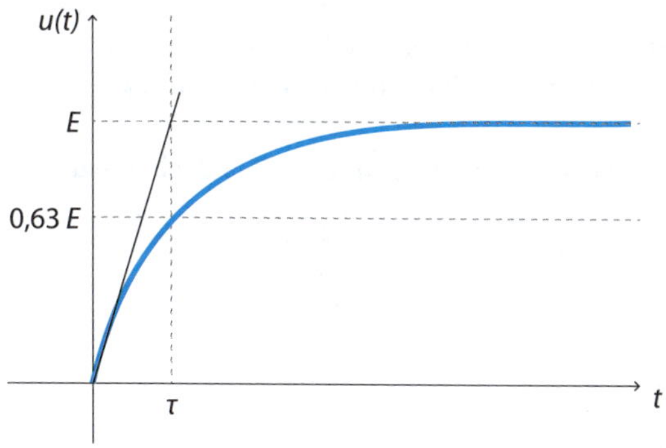

$$u(t) = E\left(1 - e^{-\frac{t}{\tau}}\right)$$

Détermination de τ
- Pour $t = \tau$, $u(t) = 0,63\,E$;
- La tangente en $t = 0$ à la courbe coupe l'asymptote $u = E$ en $t = \tau$.

► **Figure 4.12.** Détermination de la constante de temps.

3 Décharge du circuit RC série

On étudie maintenant la décharge d'un condensateur préalablement chargé par un générateur de tension continue E. Le circuit est constitué d'un condensateur de capacité C et d'une résistance R en série avec un interrupteur.
À $t = 0$, on ferme l'interrupteur K.

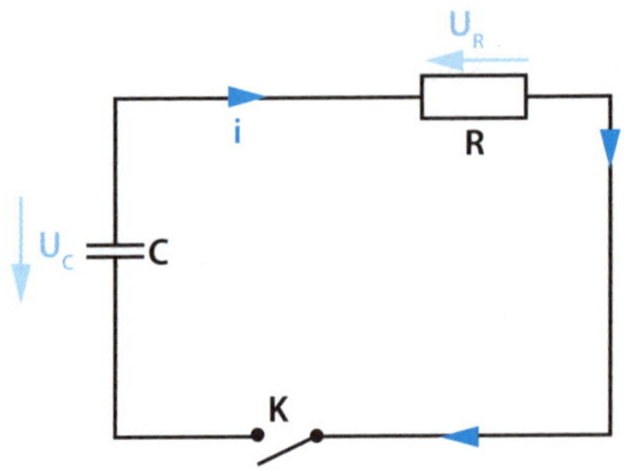

▸ **Figure 4.13.** Décharge d'un circuit RC en régime libre.

On applique la loi des mailles. On peut écrire : $0 = U_R + U_C$ or $U_R = R \times i$ et $i = C\frac{\mathrm{d}u_C}{\mathrm{d}t}$. On remplace, dans la loi des mailles, pour obtenir l'équation différentielle suivante :

$$RC\frac{\mathrm{d}u_C}{\mathrm{d}t} + u_C = 0 \text{ ou alors } \frac{\mathrm{d}u_C}{\mathrm{d}t} + \frac{1}{RC}u_C = 0.$$

Cette équation est une équation différentielle linéaire du premier ordre sans second membre. On la résout en deux étapes :

- la **solution générale** : pour l'équation homogène, elle est de la forme $u_{Ch}(t) = A.\exp\left(-\frac{t}{RC}\right)$ avec A une constante d'intégration à déterminer avec les conditions initiales.
- Les **conditions initiales** : la tension aux bornes d'un condensateur est une fonction continue du temps. Or, le condensateur est chargé au début de l'expérience par un générateur de tension E donc $U_C(0) = E$ V. Par identification, on peut écrire à $t = 0$: $E = A\exp\left(-\frac{0}{RC}\right)$. On en conclut que $A = E$.

On obtient alors la solution de l'équation différentielle de la décharge d'un condensateur en circuit RC série :

$$u_C(t) = E\exp\left(-\frac{t}{RC}\right).$$

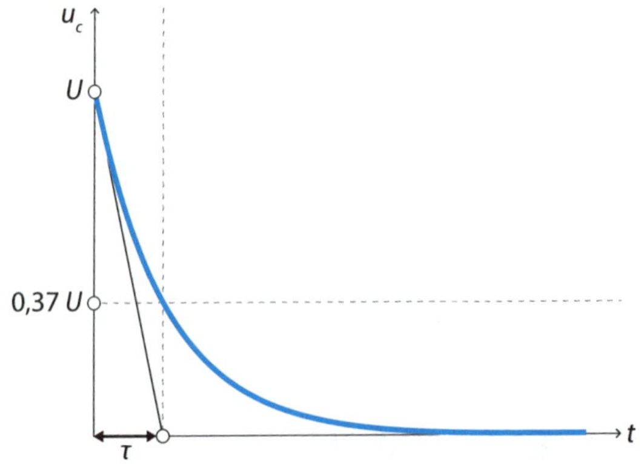

▸ **Figure 4.14.** Détermination de la constante de temps.

Ici, la constante de temps est la même : $\tau = RC$ et elle représente la même chose. Si $t = \tau$ alors $u_C(\tau) = E\exp\left(-\frac{RC}{RC}\right) = 0,37 \times E$.
En effet, $\exp(-1) = 0,368$ et donc au bout d'un temps τ la valeur de u_C ne vaut plus que 37 % de sa valeur initiale (elle a perdu 63 % de sa valeur initiale).

EXERCICES D'APPLICATION

I ► Lois des circuits électriques

●○○ 15 min.

EXERCICE 1

On considère le circuit suivant avec un générateur de tension $U_G = 15{,}0$ V qui alimente deux branches en dérivation. Chaque branche est composée d'une diode électroluminescente associée à une résistance. La diode verte avec $R_1 = 1000\,\Omega$ et la diode rouge avec $R_2 = 600\,\Omega$. Après quelques mesures réalisées correctement, on obtient les résultats suivants : $I_G = 30{,}0\,\text{mA}$, $I_r = 18{,}0\,\text{mA}$, $U_2 = 10{,}8\,\text{V}$.

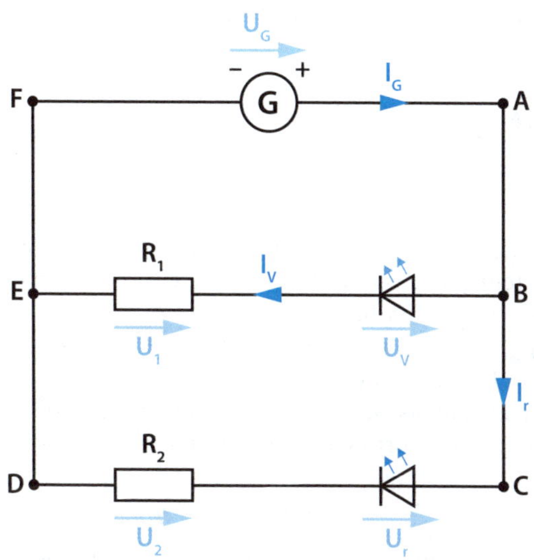

1) Déterminer la valeur de l'intensité I_V circulant dans la diode verte.
2) Déterminer la valeur de la tension aux bornes de la diode verte.
3) Déterminer la valeur de la tension aux bornes de la diode rouge.

●●○ 20 min.

EXERCICE 2

On étudie une bouilloire électrique dont l'alimentation électrique reliée à la prise indique : « puissance consommée $P_{\text{conso}} = 2{,}0 \times 10^3$ W ».
On fait bouillir 500 mL d'eau à l'intérieur, initialement à 22°C.

1) Déterminer la quantité d'énergie nécessaire pour faire bouillir l'eau.
2) En considérant que toute la puissance électrique utilisée par la bouilloire est consacrée à chauffer l'eau, combien de temps dure le temps de chauffe ?
3) Le circuit de chauffe de la bouilloire est simplement une résistance métallique de valeur $R = 30\ \Omega$. Quelle intensité parcourt alors la résistance ?

4) Le boîtier d'alimentation électrique de la bouilloire peut être vu comme un générateur de tension constante $E = 230$ V associé à une résistance interne $r = 2,0\,\Omega$. Déterminer alors le point de fonctionnement de ce système « Alimentation-bouilloire ».

Données : masse volumique de l'eau : $\rho = 1,0 \times 10^3$ g.L^{-1}, énergie pour créer une variation ΔT de température : $mc\Delta T$ avec $c = 4,18$ kJ.kg^{-1}.K^{-1}.

●●○ 15 min.

EXERCICE 3

Une guirlande électrique composée de 6 ampoules identiques est fournie avec son alimentation, considérée comme une source idéale de tension $E = 36$ V. Chaque ampoule fonctionne avec une tension de $U_L = 4,5$ V et possède une résistance interne $r = 2,0\,\Omega$.

1) Déterminer l'intensité qui circule dans cette guirlande lorsqu'elle est branchée.
2) Calculer la puissance fournie par le générateur de tension idéal.
3) Calculer la puissance reçue par chaque dipôle et comparer leur somme au résultat de la question précédente.
4) Le circuit étant seulement destiné à faire fonctionner les lampes, calculer son rendement.

II ▸ Le circuit RC série

●●● 25 min.

EXERCICE 4

On se place dans un circuit RC série possédant un interrupteur K ouvert depuis longtemps et un générateur de tension constante $E = 9,0$ V. À $t = 0$, on ferme l'interrupteur K. La capacité du condensateur est $C = 100$ nF.

1) Quelle information importante donne la phrase suivante de l'énoncé « interrupteur K ouvert depuis longtemps » ?
2) Utiliser les lois des circuits pour établir l'équation différentielle du premier ordre en charge électrique q aux bornes du condensateur :
$$\frac{dq}{dt} + \frac{1}{RC}q = \frac{E}{R}.$$
3) Demontrer que la forme $q(t) = A + B\exp\left(-\frac{t}{RC}\right)$ est bien solution de l'équation différentielle à condition que $A = E.C$. Déterminer alors B.
4) Exprimer alors l'intensité du courant $i(t)$ en fonction de E, R, C et t.
5) Donner l'expression de la valeur initiale i_0 de $i(t)$ à $t = 0$.
6) Quelle valeur prendra l'intensité du courant après un temps très long ? Expliquer cela physiquement.

●●○ 15 min.

EXERCICE 5

Dans les appareils photos numériques, le fonctionnement du flash nécessite l'utilisation d'un condensateur pour délivrer un courant de grande intensité à la lampe. La notice d'un appareil indique que le condensateur a une capacité $C = 100\ \mu F \pm 10\%$. On souhaite vérifier cette information en utilisant un circuit RC série avec un générateur de tension constante $E = 10$ V et une résistance $R = 0,5$ MΩ. On obtient les mesures suivantes :

U_C (V)	0	2,4	4,2	5,6	6,3	7,2	7,9	8,65	9	9,3	9,7	9,96
t (s)	0	15	30	45	55	70	85	110	130	150	200	300

1) Déterminer la valeur du temps caractéristique τ par la méthode de votre choix.
2) En déduire la valeur de la capacité C du condensateur utilisé. L'indication de la notice est-elle correcte ?
3) Dans l'appareil photo, le condensateur est relié en série avec la lampe flash que l'on peut modéliser par une résistance r. Sachant que le condensateur doit être totalement chargé pour déclencher le flash, déterminer la valeur que doit avoir r pour permettre de déclencher le flash en un temps $\Delta t = 2\,\text{ms}$.

●○○ 15 min.

EXERCICE 6

On étudie le circuit suivant où l'interrupteur est resté très longtemps en position 1.

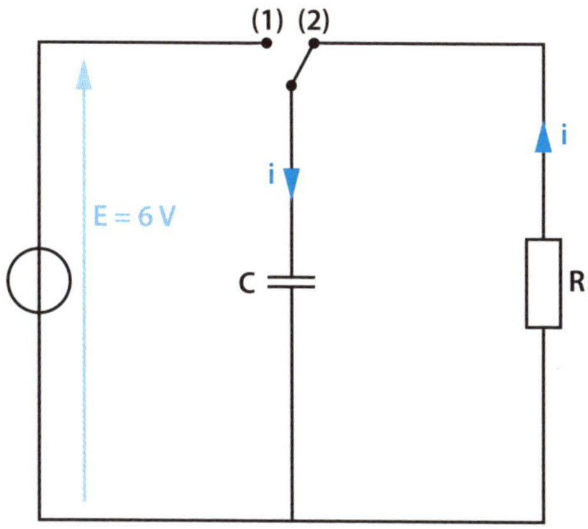

À la date $t = 0$ on bascule l'interrupteur en position 2. La résistance vaut $R = 6{,}0\,\text{k}\Omega$ et plusieurs points de mesures sont effectués par un élève très soucieux de bien faire. Il obtient alors la courbe suivante.

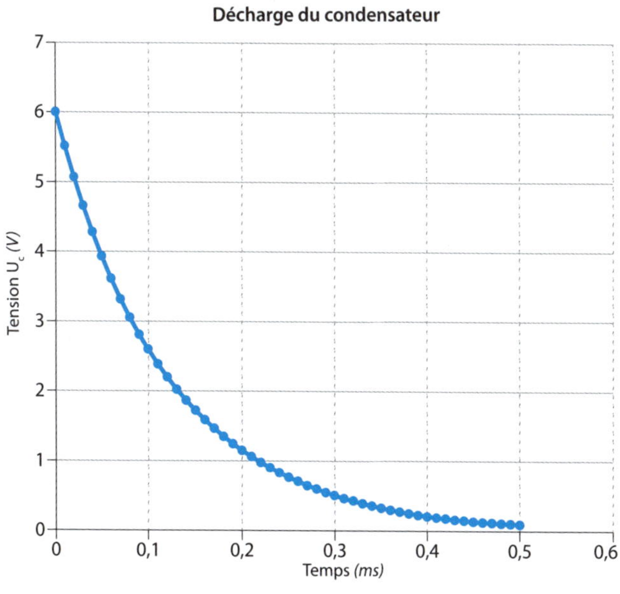

EXERCICES D'APPLICATION

1) Compléter le schéma électrique en plaçant les flèches de tension sur les différents récepteurs du circuit.
2) Établir l'équation différentielle vérifiée par la tension U_C aux bornes du condensateur.
3) Montrer que la solution de l'équation différentielle est de la forme $U_c(t) = E\exp\left(-\frac{t}{RC}\right)$.
4) Montrer que $\tau = RC$ est homogène à un temps.
5) Pour $t = \tau$ la tension aux bornes du condensateur est égale à 37 %, 63 % ou 99 % ? Justifier.
6) Déterminer graphiquement la valeur de la constante de temps τ.
7) En déduire la valeur de la capacité C du condensateur. Est-ce une valeur physiquement acceptable ?

CORRIGÉS DÉTAILLÉS

Corrigés de l'auto-évaluation, p. 108

1-b : les électrons vont du pôle négatif vers le pôle positif ; **2-c** : les conventions s'appliquent, au choix, sans aucune obligation ; **3-c** : si c'est positif, le dipôle la gagne, si c'est négatif, il la perd ; **4-c** : voir cours ; **5-a** : voir cours ; **6-d** : il accumule des charges opposées ; **7-d** : voir la résolution de l'équation différentielle.

Corrigés des exercices d'application, p. 121

I ▶ Lois des circuits électriques

EXERCICE 1

1) On utilise la loi des nœuds au nœud B. Les courants qui arrivent sur le nœuds sont comptés positifs et ceux qui en repartent, négatifs : $I_G - I_V - I_r = 0$ donc $I_V = I_G - I_r$. On trouve $I_V = 12,0$ mA.
2) Chaque résistance obéit à la loi d'Ohm, ainsi :

$$U_1 = R_1 \times I_V = 1000 \times 0,012 = 12 \text{ V.}$$

Ensuite, on utilise la propriété des circuits électriques : les branches qui sont en parallèle ont la même tension. Ainsi, on peut écrire $U_G = U_1 + U_V$ (ou utiliser la loi des mailles dans la maille ABEFA). On trouve le même résultat, peu importe la méthode : $U_V = 15 - 12 = 3,0$ V.
3) On procède comme pour les questions précédentes : grâce au courant qui circule dans la branche, on peut déterminer U_2 avec la loi d'Ohm et ensuite par une loi des mailles, on déterminer U_r :

$$U_2 = R_2 \times I_r = 600 \times 0,018 = 10,8 \text{ V} \quad \text{et :} \quad U_r = U_G - U_2 = 4,2 \text{ V.}$$

EXERCICE 2

1) Cette question fait appel à de la thermodynamique. Il faut apporter à l'eau une énergie $\Delta U = mc\Delta T$. Puisque l'on veut faire bouillir l'eau, il faut l'amener à 100°C. Ainsi :

$$\Delta U = mc\Delta T = \rho \times V \times c \times \Delta T = 1,0 \times 0,500 \times 4,18.10^3 \times (100 - 24) = 159 \text{ kJ.}$$

2) Par définition, $P = \frac{E}{\Delta t}$, donc pour une puissance consommée de 2000 W, il faudra une durée :

$$\Delta t = \frac{E}{P} = \frac{\Delta U}{P} = \frac{159 \times 10^3}{2,0 \times 10^3} = 79,5 \text{ s.}$$

3) Le dipôle récepteur permettant de chauffer l'eau est une résistance. Il subit donc l'effet Joule avec $P_J = U \times I = R \times I^2$ puisqu'aux bornes d'une résistance $U = R \times I$.

L'intensité qui parcourt la résistance vaut donc :

$$I = \sqrt{\frac{P}{R}} = 8{,}2\text{A}.$$

Ce qui est un courant très fort. Raison pour laquelle la bouilloire peut chauffer rapidement cette eau.

4) Il faut tracer les caractéristiques « tension-courant » de la résistance et de l'alimentation qui se comportent comme un générateur de Thévenin. En effet, pour la résistance on utilise la loi d'Ohm : $U_R = R \times I$ et pour l'alimentation, on modélise le dipôle par un générateur associé à une résistance interne. On peut ainsi écrire $U_{\text{Alim}} = E - r \times I$.

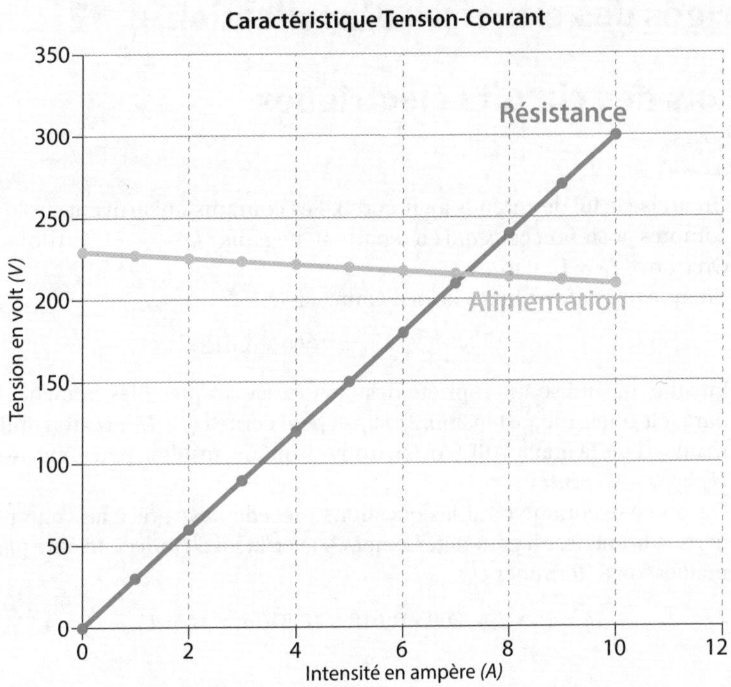

Le point de fonctionnement est le point de croisement entre ces deux droites. Mathématiquement, pour $U_{\text{Alim}} = U_R$, on a $R \times I_p = E - r \times I_p$. Ainsi, on obtient que $I_p = \frac{E}{R+r} = 7{,}2$ A. De même, pour la tension du point de fonctionnement U_p :

$$I_p = I_p \iff \frac{U_p}{R} = \frac{E - U_p}{r} \iff U_p\left(\frac{1}{R} + \frac{1}{r}\right) = \frac{E}{r} \iff U_p = E\frac{R}{R+r} = 215{,}6\text{V}.$$

On trouve ainsi, théoriquement, le point de fonctionnement que le graphique confirme : P (7,2 ; 215,6). On peut noter que l'intensité qui circule dans la bouilloire est plus forte que celle du point de fonctionnement. Cela implique que la résistance va chauffer plus fort que ce pour quoi est prévu idéalement le matériau. Cela créera une usure plus rapide que si la bouilloire fonctionnait au point de fonctionnement.

EXERCICE 3

1) Le circuit électrique peut se représenter par un générateur de tension en série avec six ampoules de 6,0 V chacune mais aussi six résistances r. La loi des mailles nous indique donc : $U_G = 6 \times U_L + 6 \times U_r$. Ainsi, on peut écrire que :

$$U_r = \frac{U_G - 6 \times U_L}{6} = 1{,}5\,\text{V et donc} : I = \frac{U_r}{r} = \frac{1{,}5}{2} = 0{,}75\,\text{A}.$$

2) Par définition, $P_G = E \times I = 27$ W. En effet, comme c'est un circuit série, l'intensité est la même partout.
3) Chaque lampe reçoit une puissance $P_L = U_L \times I = 4{,}5 \times 0{,}75 = 3{,}375$ W. Chaque résistance reçoit une puissance $P_r = U_r \times I = 1{,}5 \times 0{,}75 = 1{,}125$ W. Ainsi, la puissance totale consommée par la guirlande est $P_{\text{tot}} = 6 \times P_L + 6 \times P_r = 27$ W. L'énergie du générateur a été entièrement transférée aux ampoules et aux résistances du circuit.
4) Allumer la guirlande fait dépenser une puissance totale $P_{\text{tot}} = 27$ W. Or, le seul but réel de cette guirlande est d'allumer les six lampes qui consomment en réalité seulement $P_u = 6 \times P_L = 20{,}25$ W. Ainsi, le rendement de la guirlande vaut : $\eta = \frac{20{,}25}{27} = 75$ %.

II ▸ Le circuit RC série

EXERCICE 4

1) L'énoncé nous indique par cette phrase que le condensateur est entièrement déchargé juste avant de commencer l'expérience. En effet, l'interrupteur étant ouvert depuis longtemps, le condensateur a eu tout le temps de se vider entièrement de l'énergie qu'il avait éventuellement pu emmagasiner avant. On peut donc affirmer que $U_C(t=0) = 0$ V.
2) Loi des mailles dans le circuit RC série soumis à un échelon de tension E :

$$U_R + U_C = E \text{ or : } U_R = R \times I = R \times \frac{dq}{dt} \text{ et : } q = C \times U_C \text{ donc : } U_C = \frac{q}{C}.$$

La loi des mailles devient bien alors : $R \times \frac{dq}{dt} + \frac{q}{C} = E \iff \frac{dq}{dt} + \frac{1}{RC} q = \frac{E}{R}$.

3) Pour démontrer qu'une fonction est solution d'une équation différentielle, on injecte cette fonction dans l'équation différentielle et on vérifie bien que le membre de gauche de l'égalité est égal au membre de droite. Calculons alors les termes :

$$\frac{dq}{dt} = \frac{d}{dt}\left(A + B\exp\left(-\frac{t}{RC}\right)\right) = -\frac{B}{RC}\exp\left(-\frac{t}{RC}\right).$$

$$\frac{1}{RC}q = \frac{1}{RC}\left(A + B\exp\left(-\frac{t}{RC}\right)\right) = \frac{A}{RC} + \frac{B}{RC}\exp\left(-\frac{t}{RC}\right).$$

$$\text{Ainsi : } \frac{dq}{dt} + \frac{1}{RC}q = -\frac{B}{RC}\exp\left(-\frac{t}{RC}\right) + \frac{A}{RC} + \frac{B}{RC}\exp\left(-\frac{t}{RC}\right) = \frac{A}{RC}.$$

Le deuxième membre de l'équation différentielle est $\frac{E}{R}$. Ainsi, la fonction donnée est bien solution de l'équation différentielle si $A = E.C$. Pour déterminer B il faut utiliser les conditions initiales : à $t = 0$ on a $U_C = 0 = \frac{q}{C}$ donc $q(t=0) = 0$:

$$q(t=0) = E.C + B\exp\left(-\frac{0}{RC}\right) \iff 0 = E.C + B \iff B = -E.C.$$

La solution de l'équation différentielle est donc :

$$q(t) = E.C\left(1 - \exp\left(-\frac{t}{RC}\right)\right).$$

4) Par définition, il existe un lien direct entre intensité du courant et charge aux bornes d'un condensateur : $i = \frac{dq}{dt}$. Ainsi, on dérive l'expression précédente :

$$i = \frac{dq}{dt} = \frac{d}{dt}\left(E.C\left(1 - \exp\left(-\frac{t}{RC}\right)\right)\right) = \frac{E}{R}\exp\left(-\frac{t}{RC}\right).$$

5) Pour déterminer i_0 on remplace t par zéro dans l'expression de l'intensité trouvée à la question précédente :

$$i_0 = i(t=0) = \frac{E}{R}\exp\left(-\frac{0}{RC}\right) = \frac{E}{R}.$$

6) Pour un temps très long, t tend vers $+\infty$. On injecte cela dans l'expression de l'intensité : $i_\infty = 0$. En effet, l'exponentielle négative tend vers zéro. Au bout d'un temps suffisamment long, l'intensité devient nulle : le condensateur est totalement chargé, il ne peut plus accumuler de charge sur ses armatures, il n'y a donc plus de nouveau mouvement de charge. Et, en l'absence de mouvement de charge dans le circuit, il n'y a pas d'intensité. Tout est cohérent !

EXERCICE 5

1) Deux méthodes sont possibles :
- la **méthode graphique** : on trace $U_C(t)$ avec le tableau de valeur fourni. On trace ensuite la tangente à l'origine et on détermine τ à l'intersection de la tangente à l'origine avec la valeur maximale de U_C c'est-à-dire E.
- la **méthode calculatoire** : on sait que, pour $t = \tau$, la tension aux bornes du condensateur vaudra $U_C(\tau) = 0,63 \times E$. Or, comme $E = 10$ V, on cherche le temps nécessaire pour arriver à $U_C = 0,63.E = 6,3$ V. Et ce point fait parti des données du tableau.

La première méthode demande un tracé de courbe. Un tableur-grapheur donne le résultat suivant :

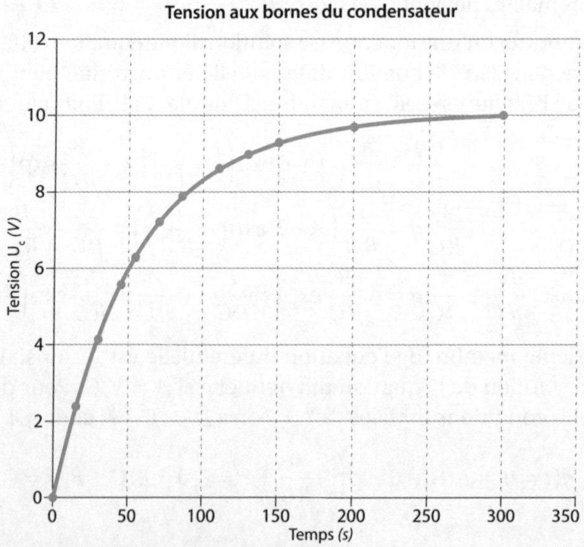

Le problème du tracé de la tangente est que ce n'est pas précis : chacun pourra tracer une tangente de pente légèrement différente. On préférera donc la méthode calculatoire. En effet :

$$U_C(t)=E\left(1-\exp\left(-\frac{t}{\tau}\right)\right) \quad => \quad U_C(\tau)=E\,(1-\exp(-1))=0,63.E=6{,}3\,\text{V}.$$

On trouve dans le tableau $U_C = 6,3$ V pour un temps $t = 55$ s. Ainsi, le temps caractéristique vaut $\tau = 55$ s.

2) Par définition, dans un circuit RC série, $\tau = RC$. Ainsi, $C = \frac{\tau}{R} = 110\ \mu F$. La notice indique $C = 100\,\mu F \pm 10\%$, c'est-à-dire $C = (100\pm 10)\,\mu F$. Ainsi, la notice est correcte.

3) On considère que le condensateur est chargé au bout de $5\tau = 5rC$ et on souhaite que ce temps soit égal à $\Delta t = 2$ ms. Ainsi, il faut que la lampe présente une résistance :

$$r=\frac{\Delta t}{5C}=\frac{0,002}{5\times 0,000110}=3{,}6\Omega.$$

EXERCICE 6

1) On applique, pour chaque récepteur, la convention récepteur : flèche de tension opposée au sens de circulation du courant.

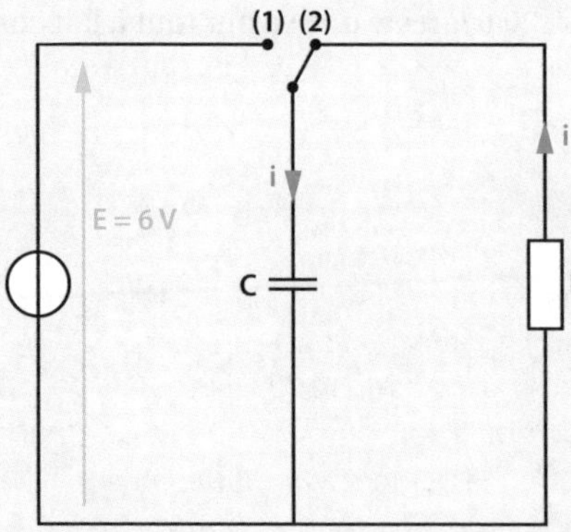

2) On applique la loi des mailles dans le circuit contenant le condensateur et la résistance (interrupteur en position 2). Il n'y pas de générateur. Ainsi : $0 = U_C + U_R$. Or :

$$U_R=R.I=R\frac{dq}{dt}=RC\frac{dU_C}{dt} \text{ donc : } RC\frac{dU_C}{dt}+U_C=0 \iff \frac{dU_C}{dt}+\frac{1}{RC}U_C=0.$$

On obtient une équation différentielle du premier ordre sans second membre.

3) Pour vérifier que la solution proposée résout bien l'équation différentielle, il faut remplacer $U_C(t)$ par l'expression proposée et vérifier que le membre de gauche est bien égal au membre de droite (ici 0).

$$U_C(t)=E\exp\left(-\frac{t}{RC}\right)$$

$$RC\frac{dU_C}{dt}=RC\frac{d}{dt}\left(E\exp\left(-\frac{t}{RC}\right)\right)=RC.\left(-\frac{1}{RC}E\exp\left(-\frac{t}{RC}\right)\right)=-E\exp\left(-\frac{t}{RC}\right)$$

$$\text{Ainsi : } RC\frac{dU_C}{dt}+U_C=-E\exp\left(-\frac{t}{RC}\right)+E\exp\left(-\frac{t}{RC}\right)=0$$

La forme de la fonction est bien solution de l'équation différentielle.

4) On doit faire une étude des unités de chaque terme. Pour cela, on met les grandeurs physiques entre crochet :

$$[R]=\frac{[U]}{[I]}=\frac{V}{A}\ ;\ [C]=\frac{[q]}{[U_C]}\ \text{or : } i=\frac{dq}{dt}\ \Rightarrow\ dq=idt\ \text{donc : } [C]=\frac{A\times s}{V}.$$

On trouve bien que $\tau = RC$ donne, en unité : $[\tau]=\frac{V}{A}\times\frac{A.s}{V}=s$.

5) Pour $t=\tau$, on remplace dans l'expression de $U_C(t)$:

$$U_C(\tau)=E\exp\left(-\frac{\tau}{\tau}\right)=E\exp(-1)=0,37.E.$$

Ainsi, on vérifie que pour $t=\tau$, U_C a atteint 37 % de sa valeur initiale au cours de sa décharge.

6) Il y a deux manières de faire : tracer la tangente à l'origine et voir le point d'intersection avec l'axe des abscisses. Cette méthode manque de précision mais reste acceptable. La deuxième méthode est de chercher le temps qui permet d'atteindre 37 % de sa valeur initiale. Ici, à $t=0$, $U_C=E=6,0$ V.
Donc, pour $t=\tau$, $U_C=0.37\times E=2,22$ V.
On cherche cette valeur sur la courbe et on trouve $\tau=120$ ms.

7) Par définition, $\tau=RC$ que ce soit pour la charge ou la décharge d'un condensateur. Donc $C=\frac{\tau}{R}=20\,\mu$F. Au laboratoire de physique, on trouve des condensateurs entre 1 nF et 1 mF. Ainsi, 20 μF reste une valeur tout à fait convenable.

PARTIE 3

CHIMIE

TOUT CE QU'IL FAUT SAVOIR POUR REUSSIR

Plan de la partie

CHAPITRE 5

Constitution de la matière

Plan du chapitre

Cette première partie revient sur les savoirs fondamentaux de la chimie, vus essentiellement en classe de seconde et de première. Ils ont leur importance car ils soutiennent tout le reste des apprentissages. Il faut s'assurer de les maîtriser avant de se lancer dans la suite des contenus. On y reprend la constitution de la matière : l'atome, de quoi est-il fait, comment peut-il se relier à d'autres atomes et enfin, comment les chimistes l'appréhendent et le « mesurent » avec un retour sur la mole et les quelques formules indispensables.

Objectifs et compétences

Ce que j'ai vu au lycée	Ce que je vais apprendre en prépa
• Modèle simplifié de l'atome. • Utiliser le symbole d'un atome, principe d'électroneutralité, numéro atomique et élément. • Couche électronique et répartition des électrons. • Ion monoatomique, règle de l'octet et du duet. • Liaison covalente et polarité, électronégativité. • Mole et quantité de matière, lien avec la masse et le volume.	• Préciser le modèle de l'atome avec la mécanique quantique. • Remplissage des couches électroniques sur tout le tableau périodique. • Étude des orbitales atomiques.

AUTO-ÉVALUATION

Évaluez-vous en répondant à la série de questions ci-dessous. Plusieurs bonnes réponses sont possibles.

QCM INTERACTIFS

lienmini.fr/40829-5

1. **Dans un atome, Z représente :**
□ **a.** le nombre de neutrons ;
□ **b.** le nombre de protons ;
□ **c.** le nombre de nucléons ;
□ **d.** le nombre de charges qui peuvent être libérées.

2. **Pour calculer la masse d'un atome on peut :**
□ **a.** négliger la masse des électrons ;
□ **b.** négliger la masse des neutrons ;
□ **c.** seulement prendre en compte les protons ;
□ **d.** seulement prendre en compte les neutrons ;

3. **L'oxygène, de numéro atomique $Z = 8$ forme :**
□ **a.** l'ion stable O^{2+} ;
□ **b.** l'anion O^{2+} ;
□ **c.** le cation O^{2-} ;
□ **d.** l'ion stable O^{2-}.

4. **L'élément fluor F est :**
□ **a.** plus électronégatif que l'hydrogène ;
□ **b.** moins électronégatif que l'hydrogène ;
□ **c.** aussi électronégatif que le chlore ;
□ **d.** sans électronégativité.

5. **L'acide chlorhydrique HCl possède une liaison covalente :**
□ **a.** apolaire ;
□ **b.** polarisée ;
□ **c.** équilibrée ;
□ **d.** acide.

6. **Une mole représente :**
□ **a.** un très petit nombre d'entités ;
□ **b.** une grandeur chimique sans unité ;
□ **c.** le nombre d'atomes contenu dans un kg de matière ;
□ **d.** un très grand nombre d'entité.

7. **Le nombre d'Avogadro :**
□ **a.** n'a pas d'unité ;
□ **b.** s'exprime en mole ;
□ **c.** s'exprime en mol^{-1} ;
□ **d.** s'exprime en nombre d'entités par mole.

8. **La masse molaire moléculaire est égale :**
□ **a.** au produit des masses molaires atomiques ;
□ **b.** à la somme des masses molaires atomiques ;
□ **c.** à un nombre en $kg.mol^{-1}$;
□ **d.** à une grandeur sans unité.

9. **Les gaz ont un volume molaire :**
□ **a.** constant ;
□ **b.** qui dépend de la nature du gaz ;
□ **c.** qui dépend uniquement de la température et de la pression ;
□ **d.** proportionnel à la quantité de matière de gaz étudiée.

▸ **Corrigés p. 146**

SYNTHÈSE DE COURS

I ▸ Atomistique

1 Constitution

L'atome a longtemps été considéré comme la particule constitutive la plus petite de notre monde. Le mot atome signifie « qui ne peut être coupé » en grec (*atomos* : insécable). De célèbres expériences ont démontré que ce n'était pas le cas. Le modèle simplifié du lycée est le suivant.

À retenir. Atome

Un atome est constitué d'un noyau chargé positivement et d'électrons chargés négativement qui gravitent autour. Le noyau est constitué par des nucléons : soit des protons chargés positivement soit des neutrons, sans charge électrique.

Électron $\begin{cases} \text{charge électrique} : q_{e-} = -1{,}6 \times 10^{-19}\,\text{C} \\ \text{masse} : m_{e-} = 9{,}1 \times 10^{-31}\,\text{kg} \end{cases}$

Proton $\begin{cases} \text{charge électrique} : q_p = 1{,}6 \times 10^{-19}\,\text{C} \\ \text{masse} : m_p = 1{,}67 \times 10^{-27}\,\text{kg} \end{cases}$

Neutron $\begin{cases} \text{charge électrique} : q_n = 0\,\text{C} \\ \text{masse} : m_n = 1{,}67 \times 10^{-27}\,\text{kg} \end{cases}$

Un atome est électriquement neutre. Il y a donc autant de protons dans le noyau que d'électrons dans le nuage électronique qui l'entoure.

2 Caractéristiques

Chaque atome est représenté par un symbole ${}^{A}_{Z}\text{X}$:

- Z : nombre de protons ou numéro atomique. Par neutralité de l'atome, cela représente aussi le nombre d'électrons ;
- A : nombre de nucléons ou nombre de masse (protons + neutrons). $A = Z + N$.

Masse d'un atome :

$$m_{{}^{A}_{Z}\text{X}} = Z \times m_p + (A - Z) \times m_n + Z \times m_{e-}.$$

Or, la masse des électrons est négligeable par rapport à celle des nucléons et $m_p = m_n$. Donc :

$$m_{{}^{A}_{Z}\text{X}} \approx A \times m_n.$$

Charge d'un atome :

$$q_{{}^{A}_{Z}\text{X}} = Z \times q_p + Z \times q_{e-} = 0.$$

On note $e = 1{,}6 \times 10^{-19}\,\text{C}$, la charge électrique élémentaire. Ainsi, $q_{e-} = -e$ et $q_p = e$.

À retenir. Isotope

Des atomes sont isotopes s'ils ont le même nombre de protons mais pas le même nombre de nucléons.

Exemple

$^{1}_{1}H$ (hydrogène) ; $^{2}_{1}H$ (deuterium) ; $^{3}_{1}H$ (tritium).
Ce qui définit un atome est son numéro atomique Z. On parle alors d'élément chimique : tous les isotopes d'un même élément (même Z) sont représentés par le même symbole mais présentent des propriétés physiques différentes.

En moyenne, un atome peut être vu comme une sphère dont le rayon est de l'ordre de grandeur du dixième de nanomètre. Le noyau est 100 000 fois plus petit, de l'ordre du femtomètre.

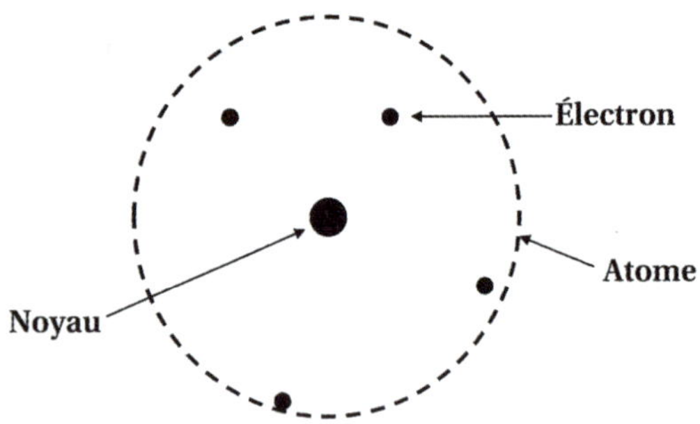

▶ **Figure 5.1.** Schéma simplifié d'un atome.

Les électrons se répartissent autour de l'atome par couches successives (comme un oignon). Chaque couche électronique est repérée par un nombre quantique principal n qui ne prend que des valeurs entières positives. À l'intérieur de chaque couche existent des sous-couches (appelées orbitales atomiques) qui correspondent à des endroits de l'espace où la probabilité de présence des électrons est la plus forte. Ces sous-couches sont repérées par un nombre quantique secondaire l tel que : $0 \leq l \leq n-1$. Selon les couches électroniques, on peut trouver une ou plusieurs sous-couches qui vont accueillir les électrons.

Nombre quantique principal n	1	2	3	4	5
Nombre quantique secondaire l	0	1	2	3	4
Symbole correspondant	s	p	d	f	g
Nombre maximal d'électrons	2	6	10	14	18

Remarque

Pour construire les configurations électroniques de chaque atome, il faut faire appel au principe d'exclusion de Pauli et aux règles de Hund et de Klechkowski qui seront vues en CPGE.

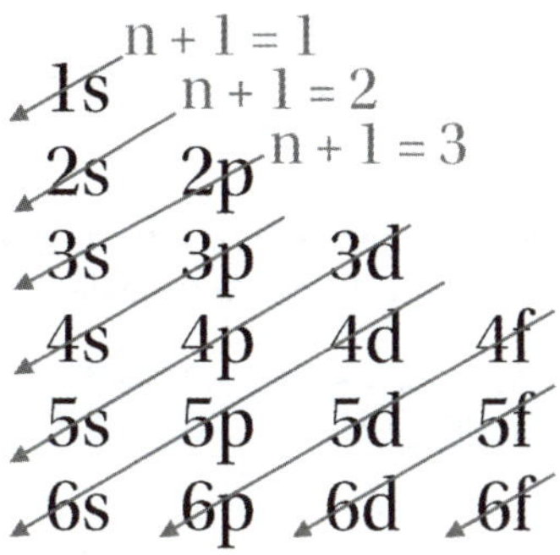

▸ **Figure 5.2.** Remplissage des couches électroniques.

Au lycée, l'étude des éléments chimiques s'arrête aux trois premières lignes du tableau périodique des éléments. La règle de remplissage des couches et sous-couches électroniques, pour obtenir la configuration électronique des atomes est la suivante :

- par ordre croissant des valeurs de $n + l$ définissant les sous-couches électroniques ;
- par ordre croissant des valeurs de n lorsque plusieurs sous-couches présentent des valeurs $n + l$ égales.

La dernière couche occupée est appelée **couche de valence** et les électrons de cette couche sont les électrons de valence.

Exemple

Configuration électronique de l'atome $^{23}_{11}Na$: 11 protons dans le noyau et donc 11 électrons à classer dans les couches et sous-couches électroniques. Structure électronique : $1s^2 2s^2 2p^6 3s^1$.

L'ensemble des éléments chimiques connus sont classés dans le fameux « Tableau périodique des éléments » (ou tableau de Mendeleïev). Ils y sont classés par numéro atomique croissant par ligne et par nombre d'électrons sur la couche de valence par colonne. On peut ainsi déterminer la position de l'élément dans le tableau périodique à partir de la donnée de la configuration électronique de l'atome à l'état fondamental ou inversement.

1	2	13	14	15	16	17	18
H $1s^1$							He $1s^2$
Li $2s^1$	Be $2s^2$	B $2s^2 2p^1$	C $2s^2 2p^2$	N $2s^2 2p^3$	O $2s^2 2p^4$	F $2s^2 2p^5$	Ne $2s^2 2p^6$
Na $3s^1$	Mg $3s^2$	Al $3s^2 3p^1$	Si $3s^2 3p^2$	P $3s^2 3p^3$	S $3s^2 3p^4$	Cl $3s^2 3p^5$	Ar $3s^2 3p^6$

▸ **Figure 5.3.** Couches électroniques des 18 premiers éléments.

Tous les éléments d'une même colonne forment une famille chimique (propriétés chimiques identiques). On trouve la famille des alcalins (1re colonne), des halogènes (avant-dernière colonne) et des gaz rares (dernière colonne).

Un atome peut perdre ou gagner un ou plusieurs électrons (3 maximum au lycée). Il devient alors un ion monoatomique qui doit respecter la règle de l'octet et du duet.

À retenir. Règle de l'octet et du duet

Lorsqu'un atome devient un ion, il gagne ou perd des électrons afin d'avoir la structure électronique du gaz rare (ou gaz noble) le plus proche.

En effet, les gaz rares sont extrêmement stables car leur couche de valence est parfaitement remplie. Ainsi, ils n'ont pas besoin de gagner ou perdre des électrons. Ils ne réagissent donc avec personne.

Exemple

L'atome d'oxygène $^{16}_{8}O$ possède 8 électrons. Sa structure électronique est : $1s^2 2s^2 2p^4$. S'il devient un ion, il peut donc :
- perdre 6 électrons pour atteindre la configuration $1s^2$ de l'hélium ;
- gagner 2 électrons pour atteindre la configuration $1s^2 2s^2 2p^6$ du néon.

Comme il n'est pas possible d'aller à plus de 3 électrons de gagnés ou perdus, c'est le gain de 2 électrons qui se produira : l'oxygène deviendra l'ion O^{2-}.

II ▸ Liaison et polarité

1 Liaison covalente

Lorsqu'un atome est seul, chacun de ses électrons lui appartient à 100 %. Mais, sous certaines conditions, deux atomes proches peuvent se « prêter » un électron chacun de sorte que chaque électron passe 50 % du temps autour de son atome d'origine et 50 % du temps autour du deuxième atome. Ce mouvement conjoint de deux électrons crée une liaison chimique qui attache les deux atomes. C'est une molécule.

À retenir. Liaison covalente

Une liaison covalente est la mise en commun de deux électrons provenant de la couche externe de deux atomes distincts. Cela forme un doublet liant.

On peut rencontrer trois types de liaisons covalentes dans les molécules. Des liaions simples (2 électrons mis en commun), des liaisons doubles (4 électrons mis en commun) ou des liaisons triples (6 électrons mis en commun). Plus le nombre de liaisons entre deux atomes est grand plus la liaison chimique est « solide ».

À retenir. Énergie de liaison

On appelle « énergie de liaison » entre deux atomes, l'énergie nécessaire pour rompre cette liaison.

En réalité, selon les atomes qui s'associent, la répartition des électrons dans le doublet n'est pas forcément équilibrée.

2 Électronégativité

Chaque élément chimique possède une capacité plus ou moins grande à attirer les électrons à lui. Cela va amener un déséquilibre dans le modèle de la liaison covalente parfaite.

À retenir. Électronégativité

L'électronégativité, notée χ, est une grandeur caractéristique qui traduit la capacité d'un élément à attirer vers lui un ou plusieurs électrons.

Il existe différentes échelles d'électronégativité. La plus utilisée est celle de Pauling : dans le tableau périodique, l'électronégativité augmente de gauche à droite, le long d'une ligne, et de bas vers le haut, le long d'une colonne.

Retrouvez le tableau de variation de l'électronégativité selon Pauling page suivante :

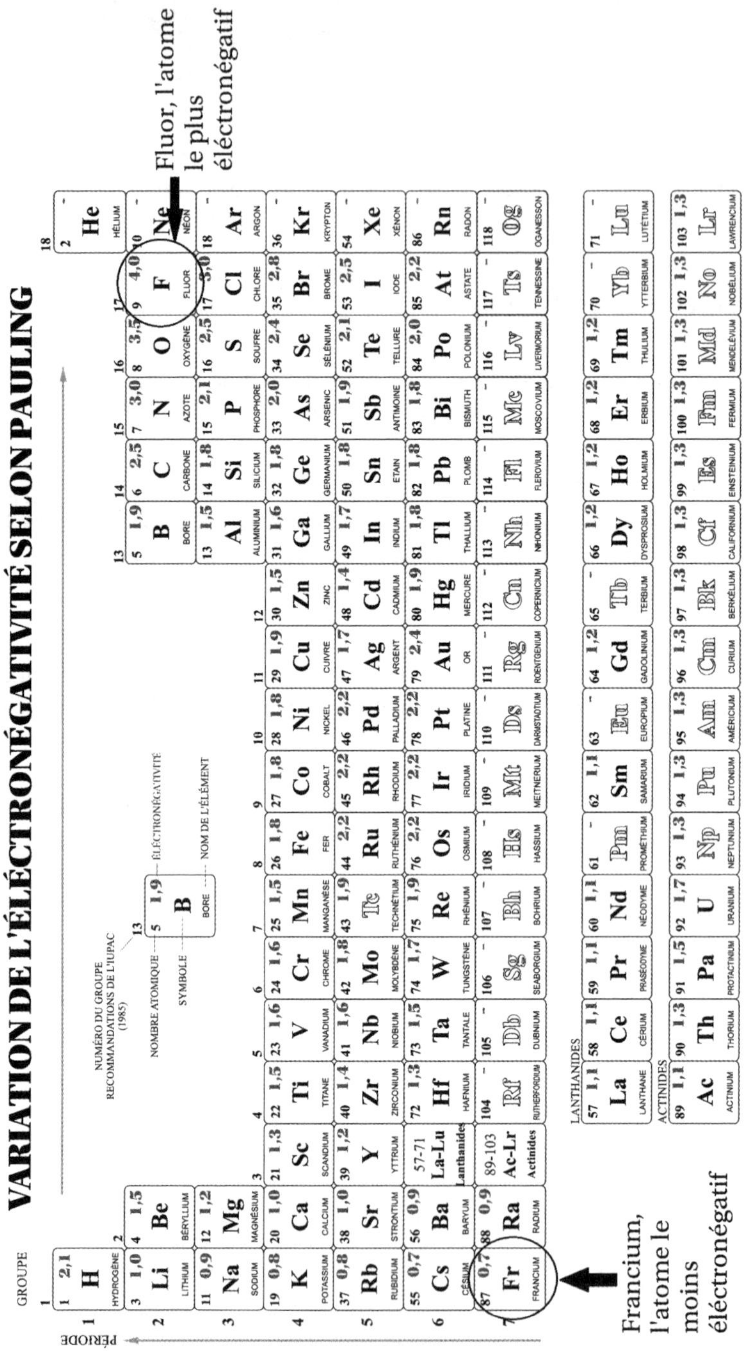

▶ **Figure 5.4.** Variation de l'électronégativité selon Pauling.

SYNTHÈSE DE COURS

3 Polarisation d'une liaison

Une liaison est apolaire si les deux atomes associés ont une électronégativité identique (ou très proche). Le partage des électrons dans la liaison est alors équitable. C'est le cas pour les édifices faits du même atome : H_2, O_2, etc.

Une liaison est polaire si l'électronégativité des atomes associés est différente. L'atome le plus électronégatif se comporte alors comme s'il avait une fraction de charge électrique négative notée δ^- et l'autre atome, une fraction de charge positive δ^+. On parle de charge partielle.

Exemple

Chlorure d'hydrogène HCl :

$$^{\delta^+}\mathrm{H}-\mathrm{Cl}^{\delta^-}.$$

4 Molécule et géométrie

Lorsque l'édifice polyatomique (molécule) comporte un nombre important d'atomes, la polarisation des liaisons a un effet notable sur la structure géométrique adoptée par l'ensemble. La nature tend à minimaliser les répulsions électroniques : la molécule adopte la forme qui permet d'éloigner le plus possible les doublets d'électrons et les charges identiques (voir chapitre 7 sur la géométrie des molécules).

À retenir. Molécule apolaire

Une molécule est **apolaire** si le barycentre des charges partielles positives et des charges partielles négatives se trouve au même endroit.

C'est le cas pour un grand nombre de molécules (CO_2, CH_4, etc.).

À retenir. Molécule polaire

Une molécule est **polaire** si le barycentre des charges partielles positives et des charges partielles négatives n'est pas au même endroit de l'espace. Il existe alors un moment dipolaire orienté du barycentre des charges partielles négatives vers le barycentre des charges partielles positives.

C'est le cas pour un très grand nombre de molécules avec l'exemple type : l'eau H_2O.

Il faut retenir que les molécules polaires se mélangent exclusivement avec les molécules polaires. Il en va de même pour les molécules apolaires : « qui se ressemble, s'assemble » !

III ▸ La mole

1 Définition

La matière à échelle humaine est constituée d'un nombre quasi infini d'atomes. La masse n'est plus une information suffisante pour décrire la matière : les atomes ayant des masses différentes, un échantillon A de masse plus faible qu'un échantillon B peut contenir pourtant plus d'atomes. Il devient alors nécessaire d'introduire une grandeur descriptive plus précise : la mole.

À retenir. La mole

La mole est la quantité de matière présente dans un échantillon contenant un nombre très précis d'entités élémentaires (et très grand pour l'échelle humaine).

On la note n et son unité est en (mol). Ce nombre d'entités correspond au nombre d'atome qu'il y a dans 12 grammes de carbone $^{12}_{6}C$. Pour être plus précis, ce nombre a été fixé par le nombre d'Avogadro.

À retenir. Nombre d'Avogadro

Le nombre d'Avogadro représente le nombre d'entités élémentaires contenues dans une mole : $\mathcal{N}_A = 6,02 \times 10^{23}$ mol^{-1}.

Ce nombre permet de passer du nombre d'entités à la quantité de matière et inversement : $N = n \times \mathcal{N}_A$.

À retenir. Masse molaire atomique

La masse molaire atomique, notée M, est la masse d'une mole d'atome. Elle s'exprime en g.mol^{-1}.

Conseils méthodologiques

Aucune masse molaire atomique n'est à connaître, elles sont toujours données dans les exercices.

À retenir. Masse molaire moléculaire

Cela correspond à la masse d'une mole de molécule. On l'obtient en additionnant, avec les bons coefficients, les masses molaires atomiques correspondantes.

Exemple

$M(H_2O) = 2 \times M(H) + 1 \times M(O)$.

Pour les liquides et les solides purs :

$$m = n \times M.$$

Avec m la masse de l'échantillon en (g), n la quantité de matière de l'échantillon en (mol) et M la masse molaire en ($g.mol^{-1}$).

Pour les gaz purs :

$$n = \frac{V}{V_m}.$$

Avec n la quantité de matière de l'échantillon en (mol), V le volume occupé par le gaz en (L) et V_m le volume molaire en ($L.mol^{-1}$). Le volume molaire dépend uniquement de la température et de la pression extérieure.

Ainsi, toutes les manières de mesurer une masse ou un volume permettent d'obtenir ensuite, la quantité de matière. On peut citer :

- la **masse volumique** : $\rho = \frac{m}{V}$ en ($g.L^{-1}$) ;
- la **densité** : $d = \frac{\rho}{\rho_{eau}}$ sans unité. $\rho_{eau} = 1000\ g.L^{-1}$;
- pour les gaz : $PV = nRT$.

EXERCICES D'APPLICATION

I ▸ Atomistique

Toutes les données numériques nécessaires sont dans le cours (m_p, m_n, m_{e^-}, q_p, q_{e^-}, etc.).

●○○ 10 min.

EXERCICE 1

On considère l'atome de Bore : ${}^{11}_{5}B$.

1) Combien possède-t-il de neutron dans son noyau?
2) Combien possède-t-il d'électron dans son nuage électronique?
3) Quelle est la masse exacte d'un atome de Bore?
4) Quelle est la masse du noyau de Bore?
5) Conclure à propos des masses.

●○○ 10 min.

EXERCICE 2

On considère l'atome de Soufre : ${}^{32}_{16}S$.

1) Calculer la charge électrique de son noyau.
2) Calculer la charge électrique de son nuage électronique.
3) Quelle est la charge totale d'un atome de Soufre?
4) Conclure.

●●○ 15 min.

EXERCICE 3

On considère un atome inconnu dont on connaît la masse et la charge du nuage électronique : $m_{{}^{A}_{Z}X} = 9{,}35 \times 10^{-26}$ kg et $q_{\text{nuage}} = -4{,}16 \times 10^{-18}$ C.

1) Déterminer le nombre d'électrons de cet atome.
2) Déterminer le nombre de neutrons de cet atome.
3) À l'aide d'un tableau périodique, déterminer l'atome étudié.

●○○ 10 min.

EXERCICE 4

On considère l'atome de Soufre et l'atome de Lithium : ${}^{32}_{16}S$ et ${}^{7}_{3}Li$.

1) Établir la structure électronique de chacun de ces deux atomes.
2) Quel ion stable peut être formé à partir du Soufre? Justifier.
3) Quel ion stable peut être formé à partir du Lithium? Justifier.

II ▸ Liaisons et polarité

●○○ 15 min.

EXERCICE 5

Indiquer si les affirmations suivantes sont vraies ou fausses en rectifiant celles qui sont fausses.

1) Plus un atome est électronégatif, plus il attire à lui le doublet d'une liaison covalente.
2) Une liaison polaire n'est pas électriquement neutre.

3) Une molécule faite à partir de deux atomes identiques est forcément apolaire.
4) Une molécule faite à partir de deux atomes différents est forcément polaire.
5) L'électronégativité dépend du nombre d'électrons sur la couche externe de l'atome.

●○○ 10 min.

EXERCICE 6

On considère plusieurs molécules diatomiques : FCl ; Br_2 ; HF ; O_2.

1) Quelles sont les liaisons forcément apolaires ici ? Justifier.
2) Pour chaque liaison polaire, faire apparaître les charges partielles correspondantes.

Données : $\chi(F) > \chi(O) > \chi(Cl) > \chi(Br) > \chi(H)$.

III ▸ La mole

●○○ 15 min.

EXERCICE 7

On considère différents échantillons de matière.

1) Déterminer la quantité de matière d'un morceau de charbon contenant $2,42 \times 10^{24}$ atomes de carbone. Même chose pour une bouteille contenant $8,36 \times 10^{21}$ molécules d'eau.
2) Déterminer le nombre d'entités élémentaires contenues dans un morceau de fer constitué de $3,50 \times 10^{-2}$ mol de fer. Même chose pour un fil de cuivre de 26 mol.

●●○ 15 min.

EXERCICE 8

Le sucre est un solide moléculaire constitué de saccharose, de formule chimique $C_{12}H_{22}O_{11}$. Une dosette de sucre en poudre a une masse $m = 5,0$ g. On rappelle les masses molaires atomiques : $M(H) = 1,0$ g.mol^{-1} ; $M(C) = 12,0$ g.mol^{-1} et $M(O) = 16,0$ g.mol^{-1}.

1) Calculer la masse molaire moléculaire du saccharose.
2) Déterminer alors la quantité de matière en saccharose d'une dosette.
3) En déduire le nombre de molécules de saccharose dans une dosette.
4) Si on compte une molécule de saccharose par seconde, combien de temps faudrait-il pour compter toutes les molécules d'une dosette ?

●●○ 15 min.

EXERCICE 9

Lors d'un effort physique, il se forme de l'acide lactique dans les muscles, de formule chimique $C_3H_6O_3$. Si un excès de cet acide se stocke dans les muscles, il va entraîner des courbatures et des crampes. On donne la masse volumique de l'acide lactique : $\rho = 1240$ kg.mol^{-3} On rappelle les masses molaires atomiques : $M(H) = 1,0$ g.mol^{-1} ; $M(C) = 12,0$ g.mol^{-1} et $M(O) = 16,0$ g.mol^{-1}.

1) Calculer la masse d'un échantillon de volume $V = 50$ mL d'acide lactique.
2) Déterminer alors la quantité de matière d'acide lactique contenue dans l'échantillon.
3) Quel volume V_1 occupe une mole d'acide lactique ?

EXERCICES D'APPLICATION

CORRIGÉS DÉTAILLÉS

Corrigés de l'auto-évaluation, p. 134

1-b : voir cours ; **2-a** : masse négligeable devant celle des nucléons ; **3-d** : respect de la règle de l'octet ; **4-a** : il est classé en haut à droite du tableau périodique des éléments, donc très électronégatif ; **5-b** : le chlore est plus électronégatif que l'hydrogène ; **6-d** : pour compter plus vite le nombre d'entité ; **7-c** : en physique, le nombre d'entité n'est pas une unité ; **8-b** : voir cours ; **9-c** : voir cours.

Corrigés des exercices d'application, p. 144

I ▶ Atomistique

EXERCICE 1

On utilise les données numériques présentes dans le cours.

1) $N = A - Z = 11 - 5 = 6$ neutrons.
2) Par électroneutralité : $Z = 5$ électrons.
3) $m_{^{11}_{5}\mathrm{B}} = 5 \times 1,67 \times 10^{-27} + (11-5) \times 1,67 \times 10^{-27} + 5 \times 9,1 \times 10^{-31} = 1,84 \times 10^{-26}$ kg.
4) $m_{^{11}_{5}\mathrm{B}} = 11 \times 1,67 \times 10^{-27} = 1,84 \times 10^{-26}$ kg.
5) On peut, en effet, négliger la masse de tout le nuage électronique dans le calcul.

EXERCICE 2

1) $q_{\text{noyau}} = 16 \times 1,6 \times 10^{-19} = 2,6 \times 10^{-18}$ C.
2) $q_{\text{nuage}} = 16 \times (-1,6 \times 10^{-19}) = -2,6 \times 10^{-18}$ C.
3) $q_{^{32}_{16}\mathrm{B}} = q_{\text{noyau}} + q_{\text{nuage}} = 0$ C.
4) Un atome est électriquement neutre.

EXERCICE 3

1) En utilisant la charge du nuage électronique, on peut déterminer le nombre d'électrons : $q_{\text{nuage}} = Z \times (-e)$, ainsi $Z = \frac{-4,16 \times 10^{-18}}{-1,6 \times 10^{-19}} = 26$ électrons.
2) En utilisant le résultat précédent et la masse totale de l'atome, on peut déterminer le nombre de neutrons. En effet, $Z = 26$ électrons $= 26$ protons.
   De plus, $m_{\text{atome}} = A \times m_n$, donc $A = \frac{9,35 \times 10^{-26}}{1,67 \times 10^{-27}} = 56$ nucléons.
   Ainsi, $N = A - Z = 56 - 26 = 30$ neutrons.
3) C'est l'atome de fer : $^{56}_{26}\mathrm{Fe}$.

EXERCICE 4

1) Pour l'atome de Soufre : $1s^2 2s^2 2p^6 3s^2 3p^4$; pour le Lithium : $1s^2 2s^1$.
2) La couche de valence du Soufre est en $3p^4$. Pour obéir à la règle de l'octet et du duet, il peut gagner 2 électrons : S^{2-} (ou en perdre 6, mais ce n'est pas possible).
3) La couche de valence du Lithium est en $2s^1$. Pour obéir à la règle de l'octet et du duet, il peut perdre 1 électron : Li^+ (ou en gagner 7 mais ce n'est pas possible).

II ▸ Liaisons et polarité

EXERCICE 5

1) Vrai.
2) Faux. Même s'il existe des charges partielles sur les atomes autour d'une liaison polaire, globalement elles se compensent et restent neutres.
3) Vrai.
4) Faux. Deux atomes distincts peuvent avoir une électronégativité semblable et quasiment égale. Cela maintient une liaison apolaire.
5) Faux. Des atomes ayant le même nombre d'électrons sur leur couche externe n'ont pas forcément la même électronégativité.

EXERCICE 6

1) Les molécules homoatomiques sont forcément apolaires puisque les électronégativités sont précisément identiques : Br_2 et O_2.
2) Il y a donc deux molécules polaires. En consultant les tables d'électronégativité on trouve :

$$\mu(\mathrm{F}) = 4,0\,;\ \mu(\mathrm{Cl}) = 3,2\,;\ \mu(\mathrm{H}) = 2,2.$$

Ainsi, on peut écrire : $^{\delta^+}\mathrm{Cl}-\mathrm{F}^{\delta^-}$ et $^{\delta^+}\mathrm{H}-\mathrm{F}^{\delta^-}$.

III ▸ La mole

EXERCICE 7

On remarque que l'élément chimique qui constitue les échantillons n'a aucune influence sur le calcul à réaliser. Il suffit ici d'utiliser le nombre d'Avogadro $\mathcal{N}_A = 6,02 \times 10^{23}$ mol^{-1}.

1) On cherche une quantité de matière : $n = \frac{N}{\mathcal{N}_A} = \frac{2,42\times10^{24}}{6,02\times10^{23}} = 4,02$ mol.
   Pour l'eau : $n = \frac{8,36\times10^{21}}{6,02\times10^{23}} = 1,39 \times 10^{-2}$ mol.
2) On cherche un nombre de particules : $N = n \times \mathcal{N}_A$. Pour le fer $N = 3,50 \times 10^{-2} \times 6,02 \times 10^{23} = 2,11 \times 10^{22}$ atomes de fer.
   Pour le fil de cuivre : $N = 1,56 \times 10^{25}$ atomes de cuivre.

EXERCICE 8

1) $M(C_{12}H_{22}O_{11}) = 12 \times M(\mathrm{C}) + 22 \times M(\mathrm{H}) + 11 \times M(\mathrm{O}) = 342\,\mathrm{g.mol^{-1}}$.
2) $n = \frac{m}{M} = \frac{5,0}{342} = 1,5 \times 10^{-2}$ mol. Attention aux nombres de chiffres significatifs : on perd de l'information pour les futurs calculs, mais les règles de précision dans les calculs l'imposent.
3) $N = n \times \mathcal{N}_A = 9,0 \times 10^{21}$ molécules.
4) On a, dans une dosette, $N = 9,0 \times 10^{21}$ molécules, il faudrait donc, $\Delta t = 9,0 \times 10^{21}$ secondes. En passant ce résultat en année : $\Delta t = \frac{9,0 \times 10^{21}}{60\times60\times24\times365,25} = 2,85 \times 10^{14}$ années, c'est-à-dire deux cent-quatre-vingt-cinq mille milliards d'années. Rappelons que notre univers est âgé approximativement d'un peu moins de quinze milliards d'années!

EXERCICE 9

Il faut prendre garde aux unités et aux conversions nécessaires.

1) On utilise la masse volumique $\rho = \frac{m}{V}$, donc $m = \rho \times V = 1,24 \times 50 = 62\,\text{g}$.
2) $n = \frac{m}{M(C_3H_6O_3)} = \frac{62}{90} = 6,9 \times 10^{-1}\,\text{mol}$.
3) La proportionnalité (ou le produit en croix) donne qu'une mole de saccharose occupe un volume $V_1 = \frac{1 \times 50}{0,69} = 72,5\,\text{mL}$.

CHAPITRE 6

Chimie des solutions

Plan du chapitre

La chimie des solutions, présente partout dans la vie courante (industrie, médecine, agroalimentaire, etc.), s'appuie sur des outils de bases simples (la mole, les concentrations, le tableau d'avancement) et s'intéresse à toutes les réactions qui se produisent lorsque l'on mélange des espèces chimiques en solution : les réactions acido-basiques, l'oxydoréduction, la dissolution des composés ioniques ou moléculaire dans un solvant (l'eau dans l'immense majorité des cas), etc. Le but étant de savoir si ces réactions sont totales ou non, enjeux majeur pour les industriels.

Objectifs et compétences

Ce que j'ai vu au lycée	Ce que je vais apprendre en prépa
• Savoir réaliser expérimentalement une dissolution et une dilution. • Calculer des concentrations massiques et molaires. • Équilibrer et étudier une réaction chimique. • Étudier une réaction acido-basique. • Tracer un diagramme de prédominance et utiliser le pK_A d'un couple acide/base. • Établir l'équation-bilan d'une réaction d'oxydoréduction. • Réaliser le schéma d'une pile électrochimique et comprendre son fonctionnement.	• Prendre en compte la coexistence de plusieurs réactions chimiques en même temps. • Étudier les réactions acido-basiques avec plus de précisions. • Étudier les énergies de liaisons au delà des réactions de combustion. • Étudier les piles et les accumulateurs plus en détail.

AUTO-ÉVALUATION

Évaluez-vous en répondant à la série de questions ci-dessous. Plusieurs bonnes réponses sont possibles.

QCM INTERACTIFS
lienmini.fr/40829-6

1. **La dilution consiste à :**
□ **a.** dissoudre un solide dans de l'eau ;
□ **b.** diminuer la concentration par ajout de solvant ;
□ **c.** ajouter de l'eau dans un liquide ;
□ **d.** prélever un peu de solution pour obtenir un mélange moins concentré.

2. **Une réaction présentant un réactif limitant est une réaction :**
□ **a.** limitée ;
□ **b.** stœchiométrique ;
□ **c.** totale ;
□ **d.** lente.

3. **Un acide est capable de donner :**
□ **a.** un ion H^+ à un autre acide ;
□ **b.** un ion HO^- à une base ;
□ **c.** un ion H^+ à une base ;
□ **d.** un ion HO^- à un autre acide.

4. **Le pK_A d'un couple acido-basique dépend de :**
□ **a.** la concentration en acide ;
□ **b.** la concentration en base ;
□ **c.** la concentration en eau ;
□ **d.** la température.

5. **Une réaction d'oxydoréduction correspond à :**
□ **a.** un échange d'électrons ;
□ **b.** un échange de protons ;
□ **c.** un gain d'électrons ;
□ **d.** une perte d'électrons.

6. **Plus il y a d'ions négatifs dans une solution aqueuse, plus la conductivité :**
□ **a.** augmente ;
□ **b.** diminue ;
□ **c.** reste égale ;
□ **d.** varie seulement s'il y a aussi des ions positifs.

7. **Une réaction de combustion est une réaction où :**
□ **a.** l'on brûle du carbone ;
□ **b.** intervient du dioxygène dans les réactifs ;
□ **c.** se forme du dioxygène dans les produits ;
□ **d.** de l'eau disparaît dans les réactifs.

8. **Une pile électrochimique est constituée :**
□ **a.** de deux demi-piles différentes ;
□ **b.** de deux demi-piles identiques ;
□ **c.** de deux métaux plongeant dans un mélange ionique quelconque ;
□ **d.** d'un générateur faisant circuler des électrons dans le système.

► **Corrigés p. 173**

SYNTHÈSE DE COURS

I ▸ Mise en solution

1 Définition de base

La chimie des solutions présente un domaine d'application extrêmement vaste : quasiment tous les produits chimiques utilisés dans la vie courante sont en solution (soit avant d'être vendus, soit avant d'être utilisés). Passons en revue toutes les notions de bases à ce propos.

À retenir. Solution

Une solution est un mélange homogène résultant de la dissolution d'une ou plusieurs espèces chimiques appelées solutés, dans une autre espèce chimique : le solvant.

Le solvant est très souvent un liquide (en quantité majoritaire), le soluté est soit ionique, soit moléculaire (liquide, solide ou gaz). Lorsque le solvant est l'eau, on parle de solution aqueuse.

Pour fabriquer une solution, il existe différents moyens : la dissolution d'un soluté dans un solvant ou la dilution d'une solution déjà existante. Dans les deux cas, il faut connaître le matériel à utiliser et le protocole. Intervient alors aussi, la notion de concentration.

2 Les concentrations

À retenir. La concentration massique

La concentration massique en soluté dissous A d'une solution correspond au rapport de la masse de soluté dissoute par le volume final de solution.

$$C_m(A) = \frac{m(A)}{V}.$$

Avec $C_m(A)$ la concentration massique en espèce chimique A en g.L^{-1} ; $m(A)$ la masse de soluté A dissoute en g ; V le volume final de solution en L.

On utilise aussi parfois le mot « titre » à la place de « concentration » (ancienne appellation) et donc, on peut voir la lettre $t_m(A)$ à la place de $C_m(A)$. Cela ne change évidemment rien !

À retenir. La concentration molaire

La concentration molaire d'un soluté A correspond au rapport de la quantité de matière de l'espèce chimique A présente par le volume final de la solution.

$$C(A) = \frac{n(A)}{V}.$$

Avec $C(A)$ la concentration molaire en espèce chimique A en mol.L^{-1} ; $n(A)$ la quantité de matière de soluté A dissoute en mol ; V le volume final de solution en L.

On peut faire un lien direct entre ces deux concentrations, puisque $m = n \times M$, alors : $C_m = C \times M$.

L'utilisation préférentielle de l'une ou l'autre de ces concentrations dépend du domaine d'utilisation (chimie, agroalimentaire, etc.), des informations en notre possession et de la technique utilisée pour fabriquer la solution.

3 Réalisation expérimentale

3.1. La dissolution

Lorsque l'on dissout un soluté A dans un certain volume de solvant, on réalise une dissolution. Il faut, pour cela, du matériel de précision et un protocole précis à suivre.

Matériel nécessaire : balance de précision, coupelle de pesée et spatule, entonnoir à solide, fiole jaugée, bouchon, bécher de prélèvement, le soluté et enfin, le solvant.

Les différentes étapes sont les suivantes :

- tarer la balance avec la coupelle de pesée, vide, et déposer la masse de soluté voulue ;
- verser le soluté dans la fiole jaugée adéquate et rincer la coupelle et l'entonnoir pour bien récupérer tout le solide ;
- prélever dans un bécher propre, un certain volume de solvant ;
- remplir la fiole jaugée avec le solvant jusqu'aux deux-tiers ;
- homogénéiser le contenu de la fiole jaugée ;
- remplir la fiole jaugée jusqu'au trait de jauge, de sorte que le bas du ménisque soit tangent au trait de jauge. On peut alors homogénéiser une dernière fois.

Pour ce faire, il faut évidemment savoir quelle masse de soluté il faut mesurer et surtout, quel volume de solution est nécessaire.

3.2. La dilution

Dans de très nombreux cas, on dispose non pas du soluté (problème éventuel de stockage) mais d'une solution assez fortement concentrée. Il faut alors procéder à une dilution c'est-à-dire à une diminution de sa concentration par ajout de solvant. On fera la distinction entre la solution de départ (la plus concentrée) appelée « solution-mère » et la solution diluée appelée « solution-fille ». Pour cela, on met un M ou un f en indice des grandeurs. Lors d'une dilution, la quantité de matière se conserve :

$$n_M = n_f$$
$$C_M \times V_M = C_f \times V_f$$

Avec :

- C_M la concentration molaire de la solution-mère en mol.L^{-1} ;
- V_M le volume de solution-mère **à prélever** en L;
- C_f la concentration molaire de la solution-fille à fabriquer en mol.L^{-1} ;
- V_f le volume de solution-fille **à fabriquer** en L.

Matériel nécessaire : bécher de prélèvement, pipette jaugée et sa propipette, fiole jaugée, bouchon, solvant.

Les différentes étapes sont les suivantes :

- verser un peu de solution-mère dans un bécher;
- prélever avec la pipette jaugée mise en condition, le volume de solution-mère nécessaire (bas du ménisque tangent au trait de jauge) ;
- verser la solution prélevée dans la fiole jaugée adéquate;
- remplir la fiole jaugée avec le solvant jusqu'aux deux-tiers;
- homogénéiser le contenu de la fiole jaugée;
- remplir la fiole jaugée jusqu'au trait de jauge, de sorte que le bas du ménisque soit tangent au trait de jauge. On peut alors homogénéiser une dernière fois.

Pour ce faire, on connaît généralement (données de l'exercice) la concentration molaire de la solution-mère, la concentration molaire de la solution-fille à fabriquer et le volume de solution-fille voulu. Il faut donc d'abord calculer le volume de solution-mère à prélever !

À retenir. Facteur de dilution

Lorsque l'on ne connaît pas le volume de solution-fille à fabriquer, on connaît alors le facteur de dilution F :

$$F = \frac{C_M}{C_f} = \frac{V_f}{V_M}.$$

Il permet de choisir soi-même le volume de solution-fille à fabriquer et, de fait, tout le matériel qui va avec (fiole jaugée, pipette jaugée, etc.).

Une précaution expérimentale importante : **la mise en condition** du matériel. Il est important de rincer le matériel de prélèvement, d'abord avec un peu d'eau distillée puis avec le produit chimique qui va être utilisé : ainsi, le bécher ou la pipette jaugée n'auront, sur leurs parois, que le produit chimique en question.

Attention aux problèmes de parallaxe : quand on prélève une solution avec une pipette jaugée ou que l'on complète en solvant la fiole jaugée, il faut avoir l'œil bien en face du trait de jauge, la verrerie étant elle-même, bien droite.

4 Cas particulier des solutions ioniques

Lors de la dissolution d'un solide ionique dans un solvant polaire (l'eau par exemple), on sait qu'après trois étapes (dissociation, solvatation et dispersion), les ions constitutifs sont totalement séparés. Il peut alors être intéressant de calculer la concentration en chacun des ions de la solution.

À retenir. Concentration en ion

La concentration en ion X d'une solution ionique se note $[X]$:

$$[X]=\frac{n(\mathrm{X})}{V}.$$

$[X]$ est la concentration molaire en ion X de la solution en mol.L^{-1}, $n(\mathrm{X})$ la quantité de matière de l'ion X en mol et V le volume de la solution en L.

Cette notion est souvent déconcertante pour les élèves : imaginons une solution aqueuse d'un litre dans laquelle a été dissoute une mole d'un solide ionique NaCl. La solution a donc une concentration de 1 mol.L^{-1} en NaCl. Une fois dans l'eau, le solide ionique se dissocie en ses deux ions constitutifs Na^+ et Cl^-. Les concentrations de ces deux ions sont identiques à celle de la solution :

$$[\mathrm{Na}^+]=[\mathrm{Cl}^-]=C=1\,\mathrm{mol.L}^{-1}.$$

On se retrouve alors à penser que l'on écrit que 1 est égal à $1+1$. En effet, il y avait au départ une mole de solide ionique et on se retrouve avec $1+1$ moles d'ions (Na^+ et Cl^-). Cela n'a rien de surprenant : il faut simplement ne pas oublier que dans le solide ionique se cachait déjà deux ions. Et que, en effet, UN solide ionique a donné DEUX ions différents en se brisant.

Il faut faire attention aux nombres stœchiométriques : un solide ionique du type X_2Y_3 donnerait, dans un solvant polaire, $2X^{3+}+3Y^{2-}$. Ainsi, UNE mole de solide ionique libérerait DEUX moles de X^{3+} et TROIS moles de Y^{2-}. On peut alors écrire :

$$C=\frac{[X^{3+}]}{2}=\frac{[Y^{2-}]}{3} \quad \text{ou : } [X^{3+}]=2\times C \text{ et } [Y^{2-}]=3\times C.$$

Conseils méthodologiques

Si la notion de moles vous pose problème pour réfléchir à ce résultat, exprimez le d'abord avec les mots « molécule » et « ions » : UNE molécule de X_2Y_3 donnerait DEUX ions X^{3+} et TROIS ions Y^{2-}.

À retenir. Solubilité d'une espèce en solution

La solubilité s d'une espèce chimique en solution correspond à la quantité de matière maximale de l'espèce pouvant être dissoute par litre de solution. Elle s'exprime en mol.L^{-1}.

La solubilité dépend de la température. Lorsque l'on ne peut plus dissoudre un soluté dans une solution, on dit que la solution est saturée.

II ▸ Réaction et tableau d'avancement

1 Réaction chimique

Lors d'une réaction chimique, on part d'un système à l'état initial (composé d'au moins deux espèces chimiques différentes) pour arriver à un état final différent. Entre ces deux états, se produit la transformation chimique que l'on modélise par une équation chimique (symboles).

À retenir. Réaction chimique

Au cours d'une réaction chimique, les espèces dont la quantité de matière diminue au cours du temps sont appelés les réactifs. Les espèces qui se forment (quantité de matière qui augmente) sont appelés les produits. On symbolise la transformation par une flèche, une double flèche ou un symbole « égal » selon que la réaction soit totale ou limitée.

Lors d'une réaction chimique, il y a conservation de la charge et conservation de la masse. Ce principe a été résumé de manière célèbre par Antoine de Lavoisier : rien ne se perd, rien ne se crée, tout se transforme. On peut alors établir les règles qui vont permettre d'équilibrer une réaction chimique :

- identifier l'ensemble des éléments intervenant dans la réaction ;
- dénombrer chacun de ces éléments avant et après la flèche de réaction ;
- en cas d'égalité, il n'y a rien à faire, sinon il faut multiplier la molécule entière contenant l'élément en question, par un nombre stœchiométrique afin d'équilibrer ;
- une fois tous les réglages effectués, recompter pour bien vérifier l'équilibre de chaque élément ;
- enfin, s'il y a des charges électriques, procéder aux mêmes étapes. Il pourra alors devenir nécessaire de modifier les nombres stœchiométriques de départ.

Exemple

On met en contact du fer solide Fe avec des ions cuivre (II) Cu^{2+}, après transformation, on récupère des ions fer (III) Fe^{3+} et du cuivre solide Cu.

$$3Cu^{2+} + 2Fe = 3Cu + 2Fe^{3+}.$$

Les réactions chimiques peuvent être totales ou limitées.

À retenir. Réaction totale

Une réaction chimique est totale si au moins un de ses réactifs est entièrement consommé. On symbolise cela par une flèche simple dans l'écriture de la réaction chimique.

Une réaction totale peut :
- avoir **un réactif limitant**. C'est le seul à être entièrement consommé ;
- être dans **les proportions stœchiométriques**. Chaque réactif est alors introduit en quantité telle, qu'à la fin de la réaction, il ne reste plus aucun réactif.

À retenir. Réaction limitée

Une réaction est limitée lorsqu'il y a coexistence de tous les produits et réactifs. La réaction a atteint un état d'équilibre macroscopique.

On symbolise cela par une double flèche dans l'écriture de la réaction : à chaque instant, des réactifs se transforment en produit et, inversement, des produits se transforment en réactifs.

2 Tableau d'avancement

Il est nécessaire de pouvoir étudier les transformations chimiques, suivre leur évolution au cours du temps et savoir si la réaction présente ou non, un bon rendement.

À retenir. Rendement

Le rendement est égal au rapport entre la quantité de matière de produit obtenue et la quantité de matière maximale qui serait obtenue si la réaction était totale.

Ainsi, lors d'une réaction totale, au moins un des réactifs a entièrement réagit et il n'en reste plus à la fin de la transformation (rendement $r = 100$ %). Dans le cas contraire, la réaction est limitée (rendement $r < 100$ %).

Pour étudier ces réactions, on met en place un outil formalisé : le tableau d'avancement. Ce tableau, qui se remplit en mole, donne la quantité de matière présente pour tous les composants d'un système chimique en réaction, à différents instants.

Équation de la réaction	:	αA +	βB $\rightleftharpoons$	γC +	δD
État du système	**Avancement (mol)**	n(A)	n(B)	n(C)	n(D)
État initial	0	n_1	n_2	0	0
État intermédiaire	x	$n_1-\alpha x$	$n_2-\beta x$	γx	δx
État final	x_f	$n_1-\alpha x_f$	$n_2-\beta x_f$	γx_f	δx_f

L'avancement, noté x, correspond à la quantité de matière de réactif qui a été consommée ou à la quantité de matière de produit qui a été fabriquée à un instant t de la réaction (avec $\alpha = \beta = \gamma = \delta = 1$). Il permet, par exemple, de déterminer la présence d'un réactif limitant.

Conseils méthodologiques réactif limitant

Pour déterminer la présence d'un réactif limitant dans une réaction totale (où $x_f = x_{max}$), on considère que chaque réactif a été entièrement consommé. S'il s'avère que :

- x_{max} est le même pour chaque réactif : il n'y a pas de réactif limitant;
- x_{max} est différent pour chaque réactif : le réactif ayant le plus petit x_{max} est le limitant. Il fixe la valeur de l'avancement final.

Il vaut mieux privilégier la notation x_f plutôt que x_{max} dans le tableau d'avancement : s'il s'avère que la réaction est totale, alors x_f sera égal à x_{max}, mais si ce n'est pas le cas, on commet une erreur.

Remarque

On peut très bien remplir le tableau avec les valeurs numériques de l'énoncé. Il faut attacher une attention toute particulière aux nombres stœchiométriques qui interviennent dans la consommation plus ou moins rapide des réactifs, la fabrication plus ou moins rapide des produits, mais **en aucun cas sur la quantité de matière initiale** de chaque élément.

3 Cas particulier des changements d'état

Les réactions chimiques peuvent produire des variations de température au sein du système siège de la transformation. On compare alors la température finale T_f et la température initiale T_i du système :

- la réaction est **exothermique** si $T_f > T_i$;
- la réaction est **endothermique** si $T_f < T_i$;
- la réaction est **athermique** si $T_f = T_i$.

C'est aussi le cas d'une réaction particulière : le changement d'état d'un corps pur.

À retenir.

Un changement d'état peut s'écrire avec une équation de la forme : $X_{(\text{état 1})} \rightarrow X_{(\text{état 2})}$

Un changement d'état nécessite un apport énergétique permettant à la matière de se réorganiser différemment pour se trouver dans un nouvel état.

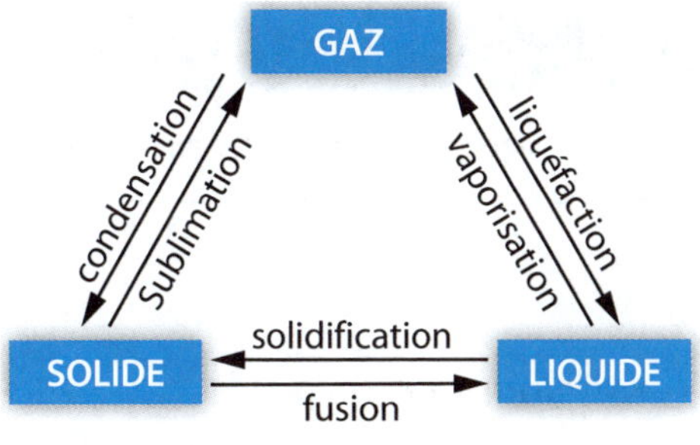

▸ **Figure 6.1.** Diagramme de changements d'états.

Au cours d'un changement d'état, la température et la pression restent constantes :
- si le corps **absorbe** de l'énergie thermique, le changement d'état est **endothermique** ;
- si le corps **libère** de l'énergie thermique, le changement d'état est **exothermique**.

On définit alors l'énergie massique de changement d'état.

À retenir. Énergie massique de changement d'état

L'énergie massique de changement d'état L d'un corps pur est l'énergie thermique qu'un kilogramme du corps pur doit absorber ou libérer pour changer d'état à la température de changement d'état pour une pression donnée. Cela s'exprime en $J.kg^{-1}$.

Comme en thermodynamique, l'énergie massique de changement d'état est :
- **positive**, si l'énergie est fournie au corps pur pour qu'il change d'état (fusion, vaporisation, sublimation) ;
- **négative**, si l'énergie est cédée par le corps pur vers le milieu extérieur (solidification, liquéfaction, condensation).

Ainsi, selon la masse du corps pur étudié, on peut déterminer l'énergie thermique Q échangée avec le milieu extérieur lors du changement d'état :

À retenir.

L'énergie thermique Q échangée avec le milieu extérieur lors d'un changement d'état d'un corps pur de masse m est :

$$Q = m \times L.$$

Avec m la masse en kg pour obtenir l'énergie thermique Q en J.

III ▸ Réaction acido-basique

1 Définitions

Une des grandes familles de réaction en chimie fait intervenir des réactifs présentant des propriétés particulières : les propriétés acido-basiques au sens de Brönsted.

À retenir. Une espèce acide

Une espèce acide est une espèce capable de céder au moins un ion H^+.

Exemple

L'ion oxonium H_3O^+, NH_4^+, HCl, HCO_3^-, etc.

De manière générale, on peut donc écrire pour un acide HA la réaction suivante :

$$HA = H^+ + A^-.$$

Certains acides peuvent libérer plusieurs ions H^+, ils sont alors des diacides, triacides, etc. C'est le cas de l'acide phosphorique H_3PO_4, qui peut libérer successivement jusqu'à trois ions H^+ : il forme d'abord l'ion dihydrogénophosphate $H_2PO_4^-$, l'ion hydrogénophosphate HPO_4^{2-} et enfin l'ion phosphate PO_4^{3-}.

Remarque

L'ion H^+ est obtenu lorsqu'un atome d'hydrogène, constitué d'un proton dans son noyau entouré d'un électron, perd son électron. Voilà pourquoi on appelle souvent cet ion : un proton H^+.

À retenir. Une espèce basique

Une espèce basique est une espèce capable d'accepter au moins un ion H^+.

Exemple

L'ion hydroxyde HO^-, NH_3, Cl^-, CO_3^{2-}, etc.

De manière générale, on peut donc écrire pour une base A^- la réaction suivante :

$$A^- + H^+ = AH.$$

On peut rencontrer des dibases, tribases, etc.

2 Réaction acido-basique

L'acide HA et la base A^- forment un couple **acide/base** noté de manière générale HA/A^-. Chacune des deux espèces est dite la conjuguée de l'autre et on peut écrire la demi-équation :

$$HA = A^- + H^+.$$

Remarque

Aucun couple n'est à connaître !

Certaines espèces peuvent en même temps, être une base et un acide au sens de Brönsted. On dit alors que c'est un **ampholyte** ou que l'espèce est **amphotère**. L'exemple habituel est l'eau, que l'on trouve dans deux couples : H_3O^+/H_2O et H_2O/HO^-.

À retenir. Réaction acido-basique

Une réaction acido-basique est l'échange d'un H^+ entre l'acide d'un couple et la base d'un autre couple. Cela donne la base et l'acide conjugué de chaque couple.

$$HA_1 + A_2^- \rightleftharpoons A_1^- + HA_2.$$

Ces réactions évoluent jusqu'à un état d'équilibre chimique macroscopique : les quantités de matière des réactifs et des produits n'évoluent plus même s'il y a encore du mouvement à l'échelle microscopique.

3 Grandeurs et caractéristiques

Pour les solutions aqueuses diluées, on peut définir le pH :

$$\mathrm{pH} = -\log\left(\frac{[\mathrm{H_3O^+}]}{C^\circ}\right) \text{ et } [\mathrm{H_3O^+}] = C^\circ \times 10^{-\mathrm{pH}}.$$

Le pH est une grandeur sans unité.
La concentration molaire $[H_3O^+]$ est en mol.L^{-1} et $C^\circ = 1{,}0$ mol.L^{-1}, la concentration standard permettant d'avoir un résultat homogène en unité. Le pH peut se mesurer avec un papier pH (imprécis) ou avec un pH-mètre (précis à ± 0,1).

Dans l'eau, il se produit une réaction naturelle et limitée, appelée **autoprotolyse de l'eau** :

$$2H_2O_{(l)} = H_3O^+{}_{(aq)} + HO^-{}_{(aq)}.$$

On associe à cette réaction une constante d'équilibre, notée K_e, appelée **produit ionique de l'eau**. Elle ne dépend que de la température.

À retenir. Produit ionique de l'eau

La constante d'équilibre de l'autoprotolyse de l'eau est définie par :

$$K_e = [H_3O^+]_{eq} \times [HO^-]_{eq}$$

À 25°C : $K_e = 1{,}0 \times 10^{-14}$ et, de même, $pK_e = -\log K_e = 14{,}0$.

Ainsi, dans l'eau pure, on a : $[H_3O^+]_{eq} = [HO^-]_{eq} = \sqrt{K_e}$, ce qui entraîne $\mathrm{pH} = 7{,}0$.
L'échelle de pH permet de savoir si la solution étudiée présente un caractère :

- **acide**, si $\mathrm{pH} < \frac{1}{2}\,pK_e$, soit à 25°C $\mathrm{pH} < 7$;
- **basique**, si $\mathrm{pH} > \frac{1}{2}\,pK_e$, soit à 25°C $\mathrm{pH} > 7$;
- **neutre**, si $\mathrm{pH} = \frac{1}{2}\,pK_e$, soit à 25°C $\mathrm{pH} = 7$;

Lorsqu'un acide réagit avec l'eau, la réaction chimique qui en découle est décrite à l'aide d'une constante d'acidité, notée K_A.

À retenir. Constante d'acidité

Pour un couple HA/A$^-$, la constante d'acidité est définie par :

$$K_A = \frac{[A^-]_{eq}.[H_3O^+]_{eq}}{[HA]_{eq}}$$ avec : $[X]_{eq}$ la concentration de X, à l'équilibre en mol.L^{-1}.

Elle est associée à la réaction chimique : $AH_{(aq)} + H_2O_{(l)} \rightleftharpoons A^-_{(aq)} + H_3O^+_{(aq)}$.

On peut relier le K_A d'un couple au pH de la solution en utilisant $pK_A = -\log K_A$:

$$\text{pH} = pK_A + \log \frac{[\text{A}^-]_{\text{eq}}}{[\text{AH}]_{\text{eq}}}.$$

Le pK_A d'un couple acide/base est une grandeur caractéristique qui ne dépend que de la température du milieu. Il permet d'établir le diagramme de prédominance du couple.

À retenir. Diagramme de prédominance

Le diagramme de prédominance d'un couple acide/base est un axe de pH qui indique les domaines dans lesquels chaque espèce du couple prédomine sur l'autre.

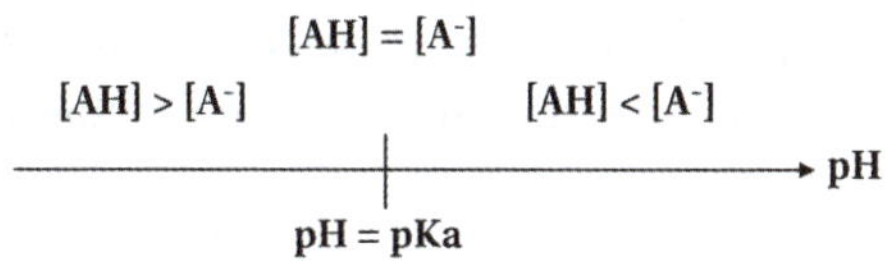

► **Figure 6.2.** Diagramme de prédominance acido-basique.

4 Force des acides et des bases

Les acides et les bases peuvent être qualifiés de forts ou de faibles.

À retenir. Acides et bases faibles

Un acide faible HA (ou une base faible A^-) ne réagit pas totalement avec l'eau : cette réaction est limitée et conduit à un équilibre.

Un acide est d'autant plus faible que son K_A est petit et donc que son pK_A est élevé. Plus un acide est faible, plus sa base conjuguée est forte.
De même, un acide est d'autant plus fort que son K_A est grand et donc que son pK_A est faible. Plus un acide est fort, plus sa base conjuguée est faible.

À retenir. Acides et bases fortes

Un acide fort HA (ou une base forte A^-) réagit quasi totalement avec l'eau.

En plus de la comparaison des K_A, pour confronter des acides faibles entre eux (ou des bases faibles), on peut aussi s'intéresser au taux d'avancement final de la réaction de l'acide (ou de la base) avec l'eau :

$$\tau_f = \frac{x_{\text{eq}}}{x_{\text{max}}}.$$

Plus le taux d'avancement est grand, plus l'acide faible (ou la base faible) est « forte ». D'un point de vu sécuritaire : pour préparer une solution aqueuse d'acide fort, on verse l'acide dans l'eau et jamais le contraire. La réaction est exothermique, par conséquent, si l'on verse un peu d'eau dans un grand volume d'acide, l'énergie libérée peut entraîner une vaporisation locale de la solution et donc des projections d'acide.

5 Solution tampon

Il est fondamental, pour de nombreux milieux biologiques, que le pH puisse rester stable et ne pas fortement varier en cas d'apport d'acidité, par exemple. Ces milieux se comportent comme des solutions tampons.

À retenir. Solution tampon

On appelle solution tampon, une solution dont le pH varie peu par addition d'une petite quantité d'acide ou de base, ainsi que par dilution modérée.

Une solution tampon est constituée d'un mélange en proportions égales, d'un acide faible et de sa base conjuguée. Le pH est alors proche du pK_A du couple. Elles sont, par exemple, utilisées en chimie pour l'étalonnage du pH-mètre.

Objectif prépa

Lorsque l'on a affaire à un mélange contenant plusieurs acides et plusieurs bases, on applique la « règle du gamma » pour savoir quel acide va réagir avec quelle base : c'est l'acide le plus fort, qui réagit avec la base la plus forte.

Cette réaction sera considérée comme totale si la différence de pK_A des couples et supérieure à 4.

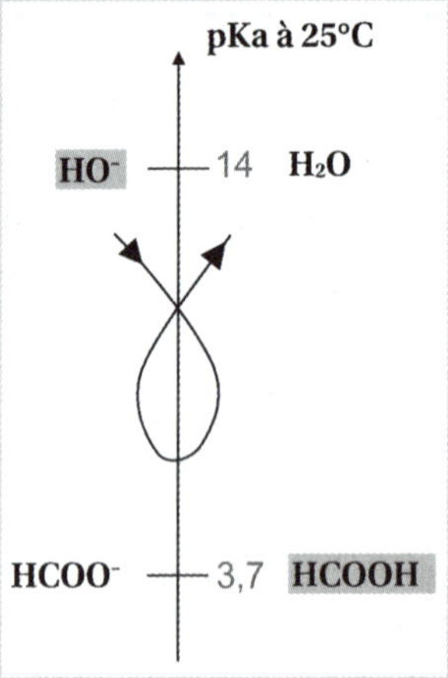

▸ **Figure 6.3.** Échelle de pK_A et règle du gamma.

IV ▸ L'oxydoréduction

1 Définitions

Une des grandes familles de réaction en chimie fait intervenir les propriétés oxydantes et réductrices des espèces chimiques qui nous entourent.

À retenir. Une espèce oxydante

Un oxydant est une espèce capable d'accepter un ou plusieurs électrons.

Exemple

MnO_4^-, $S_4O_6^{2-}$, Fe^{2+}, Fe^{3+}, etc.

À retenir. Une espèce réductrice

Un réducteur est une espèce capable de céder un ou plusieurs électrons.

Exemple

Zn, Fe, Mn^{2+}, $S_2O_3^{2-}$, etc.

De manière générale, on peut donc écrire pour les oxydants Ox et les réducteurs Red la réaction suivante, appelée **demi-équation d'oxydoréduction** : $\text{Ox} + ne^- = \text{Red}$.

Remarque

Lorsque l'on écrit une demi-équation dans le sens : $\text{Ox} + ne^- = \text{Red}$, c'est-à-dire quand l'oxydant gagne des électrons pour se transformer en réducteur, on parle d'une **réduction**. Lorsque l'on écrit une demi-équation dans le sens : $\text{Red} = \text{Ox} + ne^-$, c'est-à-dire quand le réducteur cède des électrons pour se transformer en oxydant, on parle d'une **oxydation**.

$$\text{Ox} + ne^- \underset{\text{Oxydation}}{\overset{\text{Reduction}}{\rightleftharpoons}} \text{Red}.$$

2 Réaction d'oxydoréduction

L'oxydant Ox et le réducteur Red forment un couple **oxydant/réducteur** noté de manière générale Ox/Red. Chacune des deux espèces est dite la conjuguée de l'autre et on peut écrire la demi-équation d'oxydoréduction :

$$\text{Red} = \text{Ox} + ne^-.$$

Remarque

Aucun couple n'est à connaître!

À retenir. Réaction d'oxydoréduction

Une réaction d'oxydoréduction consiste en un transfert d'un ou plusieurs électrons entre le réducteur d'un couple et l'oxydant d'un autre couple. Tous les électrons cédés par le réducteur sont captés par l'oxydant : il n'y a aucun électron dans l'équation de la réaction!

$$\text{Red}_1 + \text{Ox}_2 \rightleftharpoons \text{Ox}_1 + \text{Red}_2.$$

Une réaction de **dismutation** est une réaction d'oxydoréduction dans laquelle une espèce chimique joue à la fois le rôle d'oxydant et de réducteur dans les réactifs.
Une réaction d'**amphotérisation** est une réaction d'oxydoréduction dans laquelle une espèce chimique joue à la fois le rôle d'oxydant et de réducteur dans les produits.

Ces réactions font très souvent intervenir des coefficients stœchiométriques. La méthode pour établir l'équation de la réaction est toujours la même, elle est constituée de plusieurs étapes, qu'il faut scrupuleusement respecter, et s'appuie sur le fait que les réactions se font toujours en milieu aqueux : on dispose donc d'une quantité importante de molécules d'eau H_2O.

3 Équation de réaction

Soit deux couples oxydoréducteurs. Pour déterminer l'équation de la réaction, il faut :
- établir les demi-équations d'oxydoréduction pour chacun des couples;
- faire réagir le bon réducteur avec le bon oxydant en s'assurant de l'équilibre du nombre d'électrons échangés;
- simplifier l'équation, s'il y a des termes communs de chaque côté de la double flèche.

Pour équilibrer les demi-équations d'oxydoréduction il faut, dans l'ordre :
- s'assurer de la conservation des éléments différents de O et H;
- équilibrer l'élément oxygène avec H_2O;
- équilibrer l'élément hydrogène avec H^+ (présent en quantité dans les milieux acides);
- équilibrer les charges en ajoutant des électrons e^-.

Si jamais on est en milieu basique, on suit exactement la même méthode, puis on ajoute des deux côtés de la double flèche, autant de HO^- qu'il y a de H^+.

Une fois que ces étapes ont été correctement faites pour le réducteur du premier couple et pour l'oxydant du second couple, il faut s'assurer que le nombre d'électrons échangés soit le même : il faut trouver le plus petit multiple commun pour chacune des demi-équations.

Exemple

Soit une plaque de fer plongée dans une solution de permanganate de potassium.
Les deux couples intervenants sont MnO_4^-/Mn^{2+} et Fe^{2+}/Fe.
On établit d'abord les demi-équations d'oxydoréduction pour le premier couple :

$$MnO_4{}^-{}_{(aq)} \longleftrightarrow Mn^{2+}_{(aq)}$$

$$MnO_4{}^-{}_{(aq)} \longleftrightarrow Mn^{2+}_{(aq)} + 4H_2O_{(l)}$$

$$MnO_4{}^-{}_{(aq)} + 8H^+_{(aq)} \longleftrightarrow Mn^{2+}_{(aq)} + 4H_2O_{(l)}$$

$$MnO_4{}^-{}_{(aq)} + 8H^+_{(aq)} + 5e^- \rightleftharpoons Mn^{2+}_{(aq)} + 4H_2O_{(l)}$$

De même pour le deuxième couple : $Fe_{(s)} \rightleftharpoons Fe^{2+}_{(aq)} + 2e^-$.

On remarque qu'il y a deux électrons libérés par le fer et cinq électrons consommés par le permanganate. Le plus petit commun multiple des deux est 10. On multiplie donc la demi-équation du permanganate par 2 et la demi-équation du fer par 5 :

$$2MnO_4{}^-{}_{(aq)} + 16H^+_{(aq)} + 5Fe \rightleftharpoons 2Mn^{2+}_{(aq)} + 8H_2O_{(l)} + 5Fe^{2+}_{(aq)}.$$

Si cela se produit en milieu basique, on ajoute $16HO^-$ de chaque côté de la réaction. Du côté des réactifs, il se formera donc $16H_2O$ ($H^+ + HO^- = H_2O$). Nous pouvons alors simplifier $8H_2O$ de chaque côté :

$$2MnO_4{}^-{}_{(aq)} + 8H_2O_{(l)} + 5Fe_{(s)} \rightleftharpoons 2Mn^{2+}_{(aq)} + 16HO^-_{(aq)} + 5Fe^{2+}_{(aq)}.$$

4 Les piles

Une pile est le siège d'une réaction d'oxydoréduction spontanée durant laquelle de l'énergie chimique est convertie en énergie électrique. Le transfert d'électrons se fait, non pas dans le système chimique, mais par l'intermédiaire d'un circuit extérieur où circule le courant.

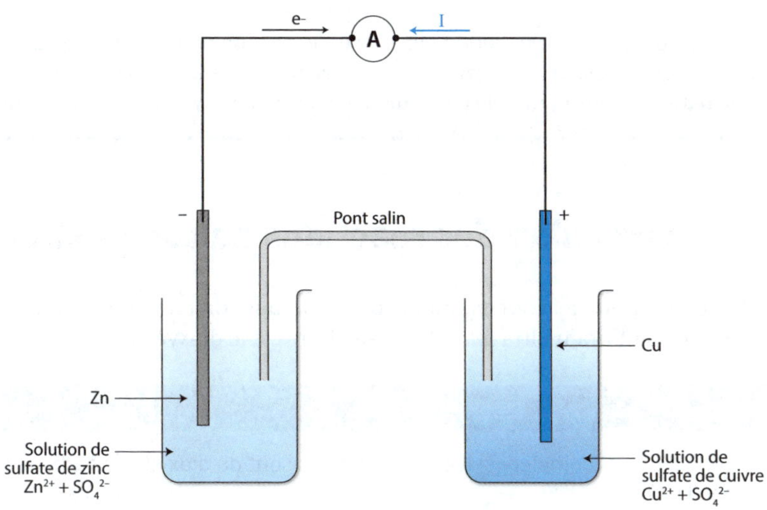

▶ **Figure 6.4.** Schéma d'une pile électrochimique.

Une pile électrochimique est constituée de deux demi-piles reliées par un pont salin.

À retenir. Demi-pile

Une demi-pile est un système siège d'une demi-équation d'oxydoréduction : mise en contact d'un réducteur et de son oxydant conjugué.

Dans la plupart des cas, le réducteur est sous forme métallique et sert d'électrode.

L'électrode à laquelle se produit l'oxydation est **l'anode**. C'est la borne négative de la pile. L'électrode à laquelle se produit la réduction est **la cathode**. C'est la borne positive de la pile.

Lorsque le circuit est fermé, les électrons circulent dans les électrodes et le circuit extérieur. Dans la solution, la conduction du courant est assurée par les ions qui se déplacent dans la demi-pile. La connexion entre les deux demi-piles est assurée par le pont salin qui contient, lui aussi, des ions. Il y a un mouvement conjoint des cations dans le sens du courant et des anions dans le sens opposé.

Pour une pile électrochimique, la charge électrique Q délivrable se calcule avec $Q = I \times \Delta t$. Avec I l'intensité du courant en ampère et Δt la durée de fonctionnement de la pile, en seconde. La charge est en coulomb.

Objectif prépa

Lorsque plusieurs couples oxydant/réducteur sont en présence, on peut prévoir le sens de la réaction naturelle qui se produit : c'est l'oxydant le plus fort qui réagit avec le réducteur le plus fort. Cela donne l'oxydant le plus faible et le réducteur le plus faible.
La force d'un oxydant ou d'un réducteur est donné par son potentiel standard d'oxydoréduction qui est déterminé en connectant une demi-pile à hydrogène (avec électrode de platine) à une demi-pile constituée par le couple oxydant/réducteur étudié.

5 Cas particulier des réactions de combustion

Une combustion est une réaction chimique d'oxydoréduction entre un comburant et un combustible. Le comburant ultra majoritaire sur Terre est le dioxygène O_2.

À retenir.

Une combustion est complète si les seuls produits sont du dioxyde de carbone CO_2 et de l'eau H_2O.

Au lycée, on ne se concentre que sur les réactions de combustion où le comburant est le dioxygène. Le combustible (celui qui brûle) est soit un alcane, soit un alcool :

$$a\mathrm{C_xH_yO_z} + b\mathrm{O_2} \rightarrow c\mathrm{CO_2} + d\mathrm{H_2O}.$$

Chaque combustible présente un pouvoir calorifique.

À retenir. Pouvoir calorifique

Le pouvoir calorifique PC d'un combustible est l'énergie qu'un kilogramme de combustible peut céder au milieu extérieur lors de sa combustion complète. Il s'exprime généralement en J.mol^{-1}.

Ainsi, pour une masse m de combustible, l'énergie E produite lors d'une combustion complète vaut :

$$E = m \times PC.$$

Nous utilisons quotidiennement des combustions :

- pour la cuisine (combustible = gaz naturel) ;
- pour le chauffage (combustible = bois, fioul) ;
- pour le transport (combustible = essence, gazole, kérosène).

Tous ces combustibles sont d'origines fossiles et s'épuisent très rapidement en comparaison du temps de fabrication par la nature (des millions d'années de fabrication que l'Humain a presque vidé en moins de deux cent ans d'exploitation). Ils sont en plus généralement polluants et dangereux (risques d'explosions).

Un des enjeux majeurs pour l'avenir est de trouver comment remplacer ces combustibles par des éléments plus respectueux de l'environnement, voire renouvelables.

L'énergie tirée de ces combustions vient essentiellement de l'énergie de réaction :

À retenir.

L'énergie de réaction E provenant de la combustion complète d'une quantité de matière n de combustible vaut :

$$E = n \times E_r.$$

Avec E en J, n en mole et E_r l'énergie molaire de réaction en J.mol^{-1}.

Pour calculer cette énergie molaire de réaction, il faut étudier les différentes molécules présentes, les liaisons qui se trouvent à l'intérieur et que l'on devra rompre chez les réactifs, les liaisons que l'on devra former pour obtenir les produits, et faire le bilan total de ces échanges.

À retenir. Énergie molaire de liaison

L'énergie molaire de liaison E_l est l'énergie qu'il faut fournir pour rompre une mole de liaison entre deux atomes, à l'état gazeux. Elle est toujours positive et s'exprime en J.mol^{-1}.

Si on a affaire à une molécule polyatomique, il suffit d'ajouter les énergies molaires de liaisons de toutes les liaisons existantes.

Liaison	E_l (en kJ.mol^{-1})
H—H	432
O═O	498
C—C	348
H—O	463
C—O	350
C═O	804
C—H	415

Tableau des énergies de liaisons usuelles.

Exemple

Étudions la combustion complète du méthane :

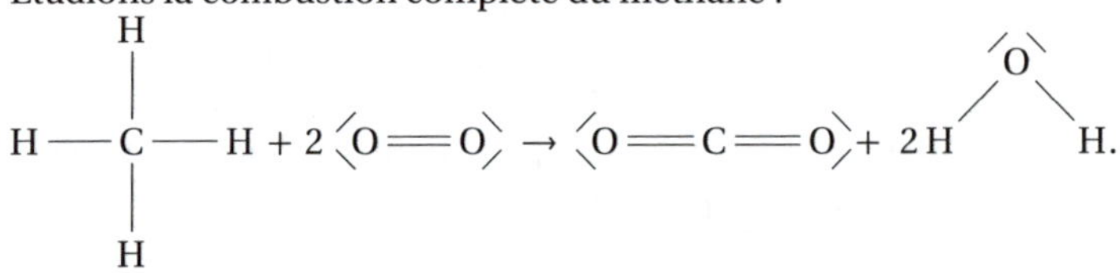

L'énergie molaire de réaction se calcule ainsi :

$$
\begin{aligned}
E_r &= [E_l(CH_4) + 2E_l(O_2)] - [E_l(CO_2) + 2E_l(H_2O)] \\
&= [4.E_l(\text{C–H}) + 2E_l(\text{O=O})] - [2.E_l(\text{C=O}) + 2 \times 2E_l(\text{O–H})] \\
&= 4 \times 415 + 2 \times 498 - 2 \times 804 - 4 \times 463 \\
&= -804\,\text{kJ.mol}^{-1}.
\end{aligned}
$$

La combustion du méthane produit 804 kJ.mol^{-1} d'énergie molaire qu'elle cède au milieu extérieur : ça chauffe !

EXERCICES D'APPLICATION

I ▶ Mise en solution

●○○ 10 min.

EXERCICE 1

La vitamine C ou acide ascorbique $C_6H_8O_6$ est souvent prescrite en période de convalescence. Elle peut se présenter en sachet contenant entre autre, une masse $m_1 = 1{,}0\,g$ de vitamine C et une masse $m_2 = 6{,}05\,g$ de saccharose de formule $C_{12}H_{22}O_{11}$.

1) Déterminer les quantités de matières n_1 de vitamine C et n_2 de saccharose, contenues dans un sachet.
2) Le contenu de ces sachets doit être dissous dans un verre d'eau. En considérant que le volume de la solution obtenue est de 125 mL, déterminer C_1 et C_2, les concentrations molaires de ces solutés dans la solution.
3) Déterminer, de même, les concentrations massiques de ces solutés dans la solution.
4) Combien y a-t-il de molécules de saccharose dans 4,6 mol de saccharose ?

On rappelle les masses molaires suivantes en $g.mol^{-1}$: M(H) = 1,0 ; M(C) = 12,0 et M(O) = 16,0.

●●○ 15 min.

EXERCICE 2

Un technicien chimiste doit analyser une solution X de permanganate de potassium, un désinfectant utilisé sur certaines blessures de sportifs soupçonnés d'être dopés. En effet, une solution de permanganate de potassium de concentration supérieur à $2{,}5\,mol.L^{-1}$ peut servir de dopant. Pour mener son analyse, il dispose de 100 mL de la solution X et d'une solution-mère M de permanganate de potassium à $C_M = 10\,mol.L^{-1}$.

1) Décrire le protocole opératoire d'une dilution.
2) Compléter le tableau suivant, qui permettra de réaliser une échelle de teinte, en faisant apparaître les calculs au moins une fois de manière précise et justifiée.

	Tube 1	Tube 2	Tube 3	Tube 4
Concentration molaire ($mol.L^{-1}$)	5	2	1	0,1
Volume fabriqué (mL)	100	100	100	100
Volume de M prélevé (mL)				

3) La solution X se trouve, selon sa couleur, entre les tubes 3 et 4. Le sportif est-il dopé ?

●●○ 15 min.

EXERCICE 3

Les solutions de chlorure de fer (III) sont souvent utilisées pour l'attaque des métaux. Dans l'industrie des circuits imprimés, par exemple, elles sont employées pour attaquer le cuivre métallique.

On désire préparer une solution concentrée. Le volume à obtenir est $V_1 = 250\,mL$ d'une solution de chlorure de fer (III) ayant une concentration en soluté apporté $C_1 = 5{,}00\,mol.L^{-1}$.

1) Quelle masse de chlorure de fer (III) anhydre $FeCl_3$ doit être pesée pour réaliser cette solution ?
2) Donner le protocole opératoire à l'aide de phrases ou de schémas légendés.

3) Calculer la concentration réelle des ions présents dans cette solution.
4) La solution est alors trop corrosive : on doit la diluer. On veut préparer une solution de volume $V_2 = 100\,\text{mL}$ d'une solution-fille de concentration en ion Fer (III) $[Fe^{3+}] = 0{,}50\,\text{mol.L}^{-1}$. Indiquer le protocole opératoire avec les différents volumes à prélever de manière justifiée.

Données : $M(\text{Fe}) = 55{,}8\,\text{g.mol}^{-1}$ et $M(\text{Cl}) = 35{,}5\,\text{g.mol}^{-1}$.

II ▸ Réaction et tableau d'avancement

●○○ 15 min.

EXERCICE 4

On fait brûler une tige en graphite faite de 12 g de carbone pur, dans un flacon contenant une quantité de matière équivalente de dioxygène O_2. La réaction est totale et il se forme du CO_2.

1) Déterminer les quantités de matière de carbone et de O_2 présentes dans l'expérience.
2) Établir l'équation de la réaction chimique.
3) Dresser le tableau d'avancement correspondant.
4) La réaction présente-t-elle un réactif limitant ? Selon le cas, préciser lequel.
5) Donner la composition finale du système.

Données : $M(\text{C}) = 12{,}0\,\text{g.mol}^{-1}$.

●●○ 20 min.

EXERCICE 5

On plonge une plaque de cuivre de masse $m_{\text{Cu}} = 39{,}4\,\text{g}$ dans une solution de nitrate d'argent $AgNO_3$ telle que $[Ag^+] = 0{,}80\,\text{mol.L}^{-1}$ avec $V = 200$ mL. On obtient un dépôt de 1,08 g d'argent solide après un temps de réaction de trente minutes.

1) Établir l'équation de la réaction chimique.
2) Déterminer les quantités de matières de chaque réactif.
3) Dresser le tableau d'avancement correspondant.
4) Déterminer l'avancement final de la réaction. La réaction est-elle totale ou limitée ?
5) Calculer le rendement.

Données : $M(\text{Ag}) = 107{,}9\,\text{g.mol}^{-1}$, $M(\text{Cu}) = 63{,}5\,\text{g.mol}^{-1}$.

III ▸ Réaction acido-basique

●○○ 15 min.

EXERCICE 6

On cherche à déterminer la prédominance des espèces acides et basiques en solution. Le pH d'une solution d'acide nitreux $HNO_{2\,(aq)}$ de concentration $C_1 = 0{,}20\,\text{mol.L}^{-1}$ en soluté apporté, a pour valeur $\text{pH}_1 = 2,0$. Celui d'une solution aqueuse de méthanoate de sodium $\left(HCOO^-_{(aq)} + Na^+_{(aq)}\right)$ de concentration $C_2 = 0{,}40\,\text{mol.L}^{-1}$ en soluté apporté, a pour valeur $\text{pH}_2 = 8,7$.

1) Écrire l'équation de la réaction chimique de l'acide nitrique dans l'eau, puis celle de l'ion méthanoate avec l'eau.

2) Tracer un diagramme de prédominance pour chacun des couples acide/base mis en jeu.
3) Pour chaque solution, donner l'espèce prédominante en justifiant par le calcul.

Données : $pK_A(HNO_2/NO_2^-) = 3,3$; $pK_A(HCOOH/HCOO^-) = 3,8$.

●○○ 20 min.

EXERCICE 7

L'acide nitrique est un acide fort de formule HNO_3. On prélève une masse $m = 1{,}25$ g d'une solution commerciale d'acide nitrique à 60 % en masse, afin de préparer un volume $V = 1{,}0$ L de solution aqueuse.

1) Calculer la concentration molaire C_0 en acide nitrique de la solution S_0 obtenue.
2) En déduire la concentration en ion oxonium dans cette solution S_0.
3) Donner la valeur du pH de S_0.
4) On souhaite préparer une solution S_1 par dilution au dixième de la solution précédente dans une fiole jaugée de 200 mL. Calculer alors le volume de solution-mère à prélever.
5) Décrire le protocole expérimental pour réaliser cette dilution.
6) Quel est le pH de la solution diluée S_1 ?

Données : $M(H) = 1{,}0\,g.mol^{-1}$; $M(N) = 14{,}0\,g.mol^{-1}$; $M(O) = 16{,}0\,g.mol^{-1}$.

●●○ 20 min.

EXERCICE 8

On dispose d'un volume $V = 1{,}0$ L d'une solution aqueuse d'acide éthanoïque de concentration $C = 0{,}010\,mol.L^{-1}$. Le pH de cette solution est de 3,4.

1) Écrire l'équation de la réaction chimique de cet acide dans l'eau.
2) En déduire le couple acide/base auquel appartient cet acide éthanoïque.
3) Déterminer l'avancement maximal x_{max} à l'aide d'un tableau d'avancement. En déduire la quantité maximale d'ions oxonium qu'il peut se former.
4) Trouver la concentration finale en ions oxonium $[H_3O^+]_f$.
5) La réaction est-elle totale ? Justifier.

IV ▸ L'oxydoréduction

●○○ 15 min.

EXERCICE 9

On souhaite étudier les réactions possibles entre l'oxydant et le réducteur des couples suivants : MnO_4^-/Mn^{2+} ; $S_4O_6^{2-}/S_2O_3^{2-}$; Fe^{3+}/Fe^{2+} ; I_2/I^-.

1) Écrire l'équation de la réaction entre le permanganate MnO_4^- et les ions fer (II) Fe^{2+}.
2) Écrire l'équation de la réaction entre le thiosulfate $S_2O_3^{2-}$ et le diiode I_2.

●○○ 15 min.

EXERCICE 10

Dans un bécher, on mélange une solution de sulfate de cuivre (II) $\left(Cu^{2+}_{(aq)} + SO_4^{2-}{}_{(aq)}\right)$ bleue, avec une solution de sulfate de plomb (II) $\left(Pb^{2+}_{(aq)} + SO_4^{2-}{}_{(aq)}\right)$ incolore. On plonge une lame de plomb et un fil de cuivre dans le mélange obtenu. Après quelques minutes, on observe la décoloration de la solution et un dépôt rouge sur la lame de plomb qui commence à être rongée.

EXERCICES D'APPLICATION

1) Écrire les demi-équations d'oxydoréduction associées aux couples en présence.
2) Déduire des résultats expérimentaux, l'équation de la réaction de ce système chimique.
3) Schématiser la pile que l'on pourrait réaliser à l'aide des couples oxydant/réducteur étudiés.
4) Insérer, sur ce schéma, un ampèremètre de sorte que le courant soit positif.
5) Faire apparaître sur le schéma, le mouvement de tous les porteurs de charge.

Données : couples Pb^{2+}/Pb ; Cu^{2+}/Cu.

●●○ 20 min.

EXERCICE 11

Dans $V = 0{,}50\,\text{L}$ d'une solution de chlorure d'aluminium ($Al^{3+}_{(aq)} + 3Cl^{-}_{(aq)}$) de concentration molaire en soluté apporté $C = 0{,}20\,\text{mol.L}^{-1}$ on ajoute une masse m de magnésium métallique.

On considère la réaction comme totale. Déterminer la masse de magnésium métallique à introduire pour que les réactifs soient dans les proportions stœchiométriques.

Données : couples $Mg^{2+}_{(aq)}/Mg_{(s)}$; $Al^{3+}_{(aq)}/Al_{(s)}$; $M(Mg) = 24{,}3\,\text{g.mol}^{-1}$.

CORRIGÉS DÉTAILLÉS

Corrigés de l'auto-évaluation, p. 150

1-b : à ne pas confondre avec la dissolution ; **2-c** : le réactif limitant est entièrement consommé ; **3-c** : voir cours ; **4-d** : voir cours ; **5-a** : voir cours ; **6-a** : les ions de toute nature augmentent la conductivité ; **7-b** : voir cours ; **8-a** : voir cours.

Corrigés des exercices d'application, p. 169

I ▸ Mise en solution

EXERCICE 1

1) Par définition, $n = \frac{m}{M}$, donc $n_1 = \frac{1,0}{6\times12+8\times1+6\times16} = 5,7\times10^{-3}$ mol et $n_2 = \frac{6,05}{12\times12+22\times1,0+11\times16} = 1,8\times10^{-2}$ mol.
2) $C_1 = \frac{n_1}{V} = \frac{5,7\times10^{-3}}{125\times10^{-3}} = 4,6\times10^{-2}$ mol.L^{-1}, de même, $C_2 = 1,4\times10^{-1}$ mol.L^{-1}.
3) $C_{m1} = \frac{m_1}{V} = \frac{1,0}{0,125} = 8$ g.L^{-1}. De même, $C_{m2} = 4,8\times10^{1}$ g.L^{-1}.
4) On cherche le nombre de molécule : $N = n\times\mathcal{N}_A = 4,6\times6,02\times10^{23} = 2,8\times10^{24}$ molécules.

EXERCICE 2

1) Pour diluer une solution-mère, il faut commencer par mettre en condition le bécher de prélèvement et la pipette jaugée. Ensuite, on prélève dans un bécher, le volume nécessaire de solution-mère à l'aide d'une pipette jaugée (jusqu'au trait de jauge, les yeux bien en face). On verse le contenu dans la fiole jaugée adéquate, on ajoute de l'eau distillée jusqu'aux deux-tiers, on homogénéise le mélange puis on complète avec de l'eau distillée jusqu'à ce que le bas du ménisque soit tangent au trait de jauge.
2) Lors d'une dilution la quantité de matière se conserve : $n_M = n_f$, donc $C_M\times V_M = C_f\times V_f$. On cherche ici à déterminer le volume de solution-mère à prélever : $V_M = \frac{C_f\times V_f}{C_M}$. Il suffit alors d'adapter cette formule pour le tube 1 puis 2 et ainsi de suite : $V_{M1} = \frac{5\times100\times10^{-3}}{10} = 50$ mL. Ainsi, $V_{M2} = 20$ mL, $V_{M3} = 10$ mL, $V_{M4} = 1$ mL.

	Tube 1	Tube 2	Tube 3	Tube 4
Concentration molaire (mol.L^{-1})	5	2	1	0,1
Volume fabriqué (mL)	100	100	100	100
Volume de M prélevé (mL)	50	20	10	1

3) Entre les tubes 3 et 4 la concentration molaire en permanganate de potassium se situe entre 1 et 0,1 mol.L^{-1}. On se trouve en dessous du seuil limite de 2,5 mol.L^{-1} : le sportif n'est pas dopé.

EXERCICE 3

1) On cherche une masse en chlorure de fer (III) : $m_1 = n_1 \times M_1 = C_1 \times V_1 \times M_1 = 203\,\text{g}$.
2) D'près la tare de la balance avec une coupelle dessus, on mesure 203 grammes de solide, on les verse dans une fiole jaugée de 250 mL, on ajoute de l'eau distillée jusqu'aux deux-tiers, on homogénéise, puis on complète en eau distillée (bas du ménisque tangent au trait de jauge).
3) Une fois dans l'eau, le solide ionique se sépare en ses ions constitutifs : $FeCl_3 = Fe^{3+} + 3Cl^-$. On a donc : $[Fe^{3+}] = C_1 = 5{,}00\,\text{mol.L}^{-1}$ et $[Cl^-] = 3 \times C_1 = 15{,}0\,\text{mol.L}^{-1}$.
4) On procède à une dilution (voir exercices précédents). Il faut prélever $V_M = \frac{0{,}50 \times 100 \times 10^{-3}}{5{,}00} = 10$ mL de solution-mère, les verser dans une fiole jaugée de 100 mL et procéder à la dilution.

II ► Réaction et tableau d'avancement

EXERCICE 4

1) $m = n \times M$, donc $n(C) = 1{,}0\,\text{mol}$ de carbone et $n(O_2) = 1{,}0\,\text{mol}$ de dioxygène.
2) $C_{(s)} + O_{2(g)} \rightarrow CO_{2(g)}$.
3) On peut alors dresser le tableau d'avancement de la réaction :

Équation de la réaction		: C	+ O_2	$\longrightarrow CO_2$
État du système	**Avancement** (mol)	$n(C)$	$n(O_2)$	$n(CO_2)$
État initial	0	1	1	0
État intermédiaire	x	$1-x$	$1-x$	x
État final	x_{max}	$1-x_{max}$	$1-x_{max}$	x_{max}

4) Pour savoir si la réaction est limitée ou non, on considère chaque réactif, l'un après l'autre :
   - si le carbone est limitant : $1 - x_{max} = 0$, c'est-à-dire $x_{max} = 1\,\text{mol}$;
   - si le dioxygène est limitant : $1 - x_{max} = 0$, c'est-à-dire $x_{max} = 1\,\text{mol}$.

   La réaction ne présente pas de réactif limitant et $x_{max} = 1\,\text{mol}$.
5) On peut alors déterminer la composition finale exacte du système, c'est-à-dire les quantités de matière finales de chaque espèce : $n_f(C) = 0\,\text{mol}$, $n_f(O_2) = 0\,\text{mol}$ et $n_f(CO_2) = 1\,\text{mol}$.

EXERCICE 5

1) $2Ag^+ + Cu \rightarrow 2Ag + Cu^{2+}$.
2) Pour l'ion argent, $n_{Ag^+} = 0{,}80 \times 0{,}200 = 0{,}16\,\text{mol}$ et, pour le cuivre solide, $n_{Cu} = \frac{39{,}4}{63{,}5} = 0{,}62\,\text{mol}$.
3) On peut alors dresser le tableau d'avancement de la réaction :

Équation de la réaction	:	$2Ag^+$ +	Cu $\rightleftharpoons$	$2Ag$ +	Cu^{2+}
État du système	**Avancement** (mol)	$n(Ag^+)$	$n(Cu)$	$n(Ag)$	$n(Cu^{2+})$
État initial	0	0,16	0,62	0	0
État intermédiaire	x	$0,16-2x$	$0,62-x$	$2x$	x
État final	x_f	$0,16-2x_f$	$0,62-x_f$	$2x_f$	x_f

Remarque
On peut voir que ce n'est pas parce qu'il y a un coefficient stœchiométrique de 2 devant l'ion argent que la quantité de matière initiale en ion argent est modifiée : il y avait 0,16 moles, il n'y a aucune raison que cela ait changé après équilibrage de la réaction!

4) On connaît la quantité finale réelle d'argent solide obtenue dans cette réaction. On peut donc écrire : $m_{Ag} = 2x_f \times M(Ag) = 1{,}08\,g$. On détermine alors $x_f = 5 \times 10^{-3}$ mol. La réaction est totale :
- si l'ion argent est limitant : $0,16-2x_{max} = 0$, c'est-à-dire $x_{max} = \frac{0,16}{2} = 8 \times 10^{-2}$ mol;
- si le cuivre est limitant : $0,62 - x_{max} = 0$, c'est-à-dire $x_{max} = 0{,}62$ mol.

Si la réaction est totale, le réactif limitant est l'ion argent et $x_{max} = 8 \times 10^{-2}$ mol. On a $x_f < x_{max}$, la réaction est limitée.

5) On peut alors calculer le rendement $r = \frac{x_f}{x_{max}} \times 100 = 6,25\,\%$. La réaction est loin d'être totale.

III ► Réaction acido-basique

EXERCICE 6

1) L'acide nitreux HNO_2, va cède un ion H^+ à l'eau qui forme l'ion oxonium :

$$HNO_{2(aq)} + H_2O_{(l)} \rightarrow NO_2{}^-{}_{(aq)} + H_3O^+_{(aq)}.$$

L'ion méthanoate $HCOO^-$, capte un ion H^+ cédé par l'eau qui forme l'ion hydroxyde :

$$HCOO^-_{(aq)} + H_2O_{(l)} \rightarrow HCOOH_{(aq)} + HO^-_{(aq)}.$$

2) On trace, sur une échelle de pH, le diagramme de prédominance des deux couples :

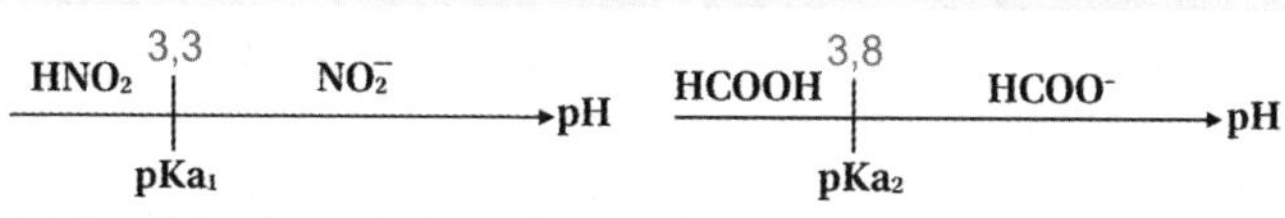

► **Figure 6.5.** Diagramme de prédominance.

3) Le pH de la solution d'acide nitreux est de 2,0 c'est donc HNO_2 qui prédomine : $\frac{[NO_2^-]}{[HNO_2]} = 10^{pH-pKa} = 10^{-1,3}$.
On a bien $[NO_2^-] < [HNO_2]$.
Le pH de la solution de méthanoate est de 8,7 c'est donc $HCOO^-$ qui prédomine : $\frac{[HCOO^-]}{[HCOOH]} = 10^{pH-pKa} = 10^{4,9}$.
On a bien $[HCOO^-] > [HCOOH]$.

EXERCICE 7

1) $C_0 = \frac{n}{V}$. On calcule d'abord $n = \frac{m}{M} = \frac{1,25\times0,60}{1,0+14+16\times3} = 1,2\times10^{-2}$ mol. Par conséquent, la solution faisant un litre : $C_0 = 1,2\times10^{-2}$ mol.L^{-1}.
2) L'acide nitrique étant fort, il va totalement réagir avec l'eau en excès et former des ions NO_3^- et des ions oxonium H_3O^+ en égale quantité.
Ainsi, $[H_3O^+] = 1,2\times10^{-2}$ mol.L^{-1} (faire un tableau d'avancement si doutes).
3) On utilise la formule : $pH = -\log[H_3O^+] = -\log(1,2\times10^{-2}) = 1,9$.
4) Lors d'une dilution, la quantité de matière se conserve : $n_M = n_f$, par conséquent, avec $n = C\times V$, on a : $V_M = \frac{C_f\times V_f}{C_M} = \frac{1,2\times10^{-3}\times0,200}{1,2\times10^{-2}} = 20\,\text{mL}$.
5) On verse dans un bécher propre, la solution S_0. On prélève 20 mL à l'aide d'une pipette jaugée préalablement rincée à la solution S_0. On verse cela dans une fiole jaugée de 200 mL rincée à l'eau distillée. On complète avec de l'eau distillée jusqu'aux deux-tiers. On homogénéise, puis on complète avec de l'eau distillée jusqu'à ce que le bas du ménisque soit tangent au trait de jauge. On homogénéise une dernière fois.
6) La concentration étant maintenant dix fois plus faible, on utilise de nouveau la formule du cours : $pH = -\log[H_3O^+] = -\log(1,2\times10^{-3}) = 2,9$.

EXERCICE 8

1) L'acide éthanoïque est de formule CH_3COOH, puisque c'est un acide, il cède un ion H^+ à l'eau qui forme l'ion oxonium :

$$CH_3COOH_{(aq)} + H_2O_{(l)} \rightleftharpoons CH_3COO^-_{(aq)} + H_3O^+_{(aq)}.$$

2) Le couple contenant l'acide éthanoïque est donc : $CH_3COOH_{(aq)}$ / $CH_3COO^-_{(aq)}$.
3) Il faut d'abord calculer $n_0(CH_3COOH) = C.V = 0,01$ mol.

Équation de la réaction	:	CH_3COOH +	$H_2O \longrightarrow$	CH_3COO^- +	H_3O^+
État du système	**Avancement**	$n(CH_3COOH)$	$n(H_2O)$	$n(CH_3COO^-)$	$n(H_3O^+)$
État initial	0	0,01	excès	0	0
État intermédiaire	x	$0,01-x$	excès	x	x
État final	x_f	$0,01-x_f$	excès	x_f	x_f

Seul l'acide éthanoïque peut être limitant.
On pose $x_f = x_{max}$ et on a $0,01 - x_{max} = 0$, c'est-à-dire $x_{max} = 0,01$ mol. Cela correspond à la quantité de matière maximale d'ion oxonium que l'on peut former.

4) Le pH nous permet de déterminer la concentration finale réelle en ion oxonium dans la solution :
$[H_3O^+] = 10^{-pH} = 10^{-3,4} = 4,0 \times 10^{-4}$ mol.L^{-1}.
5) En utilisant le résultat précédent, pour un litre de solution, on a $n_f(H_3O^+) = 4,0 \times 10^{-4}$ mol. Or, $n_{max}(H_3O^+) = 1,0 \times 10^{-2}$ mol. La réaction n'est pas totale, elle est bien limitée.

IV ▸ L'oxydoréduction

EXERCICE 9

1) On cherche d'abord les demi-équations d'oxydoréduction :

$$MnO_4{}^-{}_{(aq)} + 8H^+_{(aq)} + 5e^- \rightleftharpoons Mn^{2+}_{(aq)} + 4H_2O_{(l)}$$
$$Fe^{2+}_{(aq)} \rightleftharpoons Fe^{3+}_{(aq)} + e^-.$$

On peut alors équilibrer l'échange d'électrons entre les deux espèces et obtenir l'équation-bilan :

$$MnO_4{}^-{}_{(aq)} + 8H^+_{(aq)} + 5Fe^{2+}_{(aq)} \rightleftharpoons Mn^{2+}_{(aq)} + 4H_2O_{(l)} + 5Fe^{3+}_{(aq)}.$$

2) On cherche d'abord les demi-équations d'oxydoréduction :

$$2S_2O_3{}^{2-}{}_{(aq)} \rightleftharpoons S_4O_6{}^{2-}{}_{(aq)} + 2e^-$$
$$I_{2(aq)} + 2e^- \rightleftharpoons 2I^-_{(aq)}.$$

Ici, le nombre d'électrons échangés est le même pour chaque couple, ainsi :

$$2S_2O_3{}^{2-}{}_{(aq)} + I_{2(aq)} \rightleftharpoons S_4O_6{}^{2-}{}_{(aq)} + 2I^-_{(aq)}.$$

EXERCICE 10

1) Pour le plomb : $Pb_{(s)} \rightleftharpoons Pb^{2+}_{(aq)} + 2e^-$. Pour le cuivre : $Cu^{2+}_{(aq)} + 2e^- \rightleftharpoons Cu_{(s)}$.
2) Du cuivre solide se forme dans l'expérience : $Cu^{2+}_{(aq)} + Pb_{(s)} \rightleftharpoons Cu_{(s)} + Pb^{2+}_{(aq)}$.
3) La pile qui en découle doit avoir deux demi-piles avec le cuivre solide et la solution de sulfate de cuivre, d'un côté, et le plomb solide avec le sulfate de plomb, de l'autre.

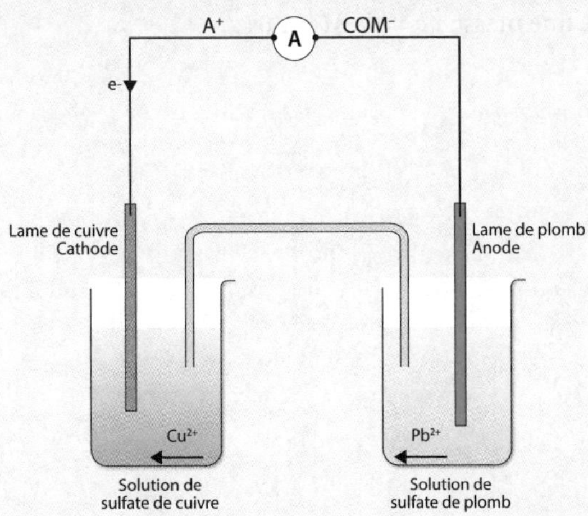

▸ **Figure 6.6.** Schéma de la pile Cuivre-Plomb.

CORRIGÉS DÉTAILLÉS

4) On en profite pour insérer l'ampèremètre dans le bon sens de fonctionnement : le cuivre est réduit, c'est donc la cathode, le plomb est oxydé, c'est l'anode. Les électrons vont de l'anode vers la cathode et le courant dans le sens opposé.
5) Voir la Figure 6.6.

EXERCICE 11

1) Pour répondre à cette question, il faut déterminer les demi-équations d'oxydoréduction, l'équation-bilan, dresser un tableau d'avancement et chercher l'avancement maximal.

$$Al^{3+}_{(aq)} + 3e^- \rightleftharpoons Al_{(s)}$$

$$Mg_{(s)} \rightleftharpoons Mg^{2+}_{(aq)} + 2e^-.$$

L'équation de la réaction, après équilibre des électrons échangés est :

$$3Mg_{(s)} + 2Al^{3+}_{(aq)} \rightleftharpoons 3Mg^{2+}_{(aq)} + 2Al_{(s)}.$$

Il faut d'abord calculer $n_2(Al^{3+}) = C.V = 0{,}10\,\text{mol}$.

Équation de la réaction	:	$3Mg$ +	$2Al^{3+}$ $\longrightarrow$	$3Mg^{2+}$ +	$2Al$
État du système	**Avancement**	$n(Mg)$	$n(Al^{3+})$	$n(Mg^{2+})$	$n(Al)$
État initial	0	n_1	$0,10$	0	0
État intermédiaire	x	$n_1 - 3x$	$0,10 - 2x$	$3x$	$2x$
État final	x_f	$n_1 - 3x_f$	$0,10 - 2x_f$	$3x_f$	$2x_f$

La réaction est considérée comme totale : on pose $x_f = x_{max}$ et on a pour l'ion aluminium : $0,10 - 2x_{max} = 0$, c'est-à-dire $x_{max} = 0{,}05\,\text{mol}$. Ainsi, pour le magnésium métallique, afin que la réaction soit dans les proportions stœchiométriques, il faut $n_1 - 3x_{max} = 0$, c'est-à-dire $n_1 = 3x_{max} = 0{,}15\,\text{mol}$.
Cela donne une masse $m = n \times M = 3{,}64\,\text{g}$.

CHAPITRE 7
Chimie organique

Plan du chapitre

La chimie organique regroupe toute l'étude des molécules : nomenclature, groupes caractéristiques, réactivité et méthodes de synthèse. Elle est le fondement de la chimie moderne et permet la fabrication en masse, de produits qui sont utiles dans la vie de tous les jours autant pour le quotidien que pour la santé. Cette chimie, souvent controversée pour son aspect dangereux et non naturel, évolue de plus en plus pour prendre en compte l'aspect environnemental.

Objectifs et compétences

Ce que j'ai vu au lycée	Ce que je vais apprendre en prépa
• Connaître les différents groupements caractéristiques de la chimie organique. • Nommer et représenter une molécule en respectant les règles IUPAC. • Traduire une réaction chimique en terme de mouvement d'électrons. • Reconnaître une addition, une élimination et une substitution. • Connaître les grandes étapes d'une synthèse et le matériel à utiliser. • Calculer le rendement d'une synthèse.	• Utiliser de nouvelles représentations pour les molécules. • Connaître la géométrie des molécules grâce à la méthode VSEPR. • Dessiner au bon endroit, les flèches courbes entre les sites électrophiles et nucléophiles. • Étudier des réactions chimiques plus complexes.

AUTO-ÉVALUATION

Évaluez-vous en répondant à la série de questions ci-dessous. Plusieurs bonnes réponses sont possibles.

QCM INTERACTIFS

lienmini.fr/40829-7

1. **La représentation de Lewis :**
   ☐ **a.** s'applique uniquement pour les atomes ;
   ☐ **b.** s'applique pour les atomes et les ions ;
   ☐ **c.** donne l'ensemble des doublets liants dans une molécule ;
   ☐ **d.** permet de savoir comment les atomes vont s'associer entre eux.

2. **Une molécule possédant le groupement carbonyle est :**
   ☐ **a.** une cétone ;
   ☐ **b.** un aldéhyde ;
   ☐ **c.** un acide carboxylique ;
   ☐ **d.** un ester.

3. **En nomenclature, le groupe caractéristique d'une molécule :**
   ☐ **a.** occupe toujours la dernière position ;
   ☐ **b.** occupe toujours la position 1 ;
   ☐ **c.** doit porter le plus petit nombre possible ;
   ☐ **d.** peut se placer n'importe où.

4. **Lors d'une réaction chimique, c'est un doublet d'électron qui va créer une liaison :**
   ☐ **a.** avec un site électrophile ;
   ☐ **b.** avec un site nucléophile ;
   ☐ **c.** avec un doublet non liant ;
   ☐ **d.** avec un autre doublet liant.

5. **Une estérification est une réaction :**
   ☐ **a.** de combustion ;
   ☐ **b.** d'élimination ;
   ☐ **c.** d'addition ;
   ☐ **d.** de substitution.

6. **Pour une réaction chimique, le chauffage à reflux :**
   ☐ **a.** permet d'augmenter le rendement ;
   ☐ **b.** permet de diminuer le rendement ;
   ☐ **c.** n'a aucun effet sur le rendement ;
   ☐ **d.** permet de multiplier le rendement par deux.

7. **La préoccupation principale d'un industriel est :**
   ☐ **a.** le rendement d'une synthèse ;
   ☐ **b.** la vitesse de réaction d'une synthèse ;
   ☐ **c.** le coût de la synthèse ;
   ☐ **d.** le gain financier de la synthèse.

8. **Quelle que soit la synthèse, on peut :**
   ☐ **a.** trouver un protocole plus respectueux de l'environnement ;
   ☐ **b.** obtenir un rendement de 100 % ;
   ☐ **c.** optimiser la synthèse ;
   ☐ **d.** obtenir un avancement maximal de la réaction.

▸ **Corrigés p. 207**

SYNTHÈSE DE COURS

I ▸ Structure dans l'espace

1 Représentation de Lewis

Avant de pouvoir représenter des molécules, il faut pouvoir représenter les atomes et déterminer combien de liaisons ils vont pouvoir réaliser.

À retenir. Représentation de Lewis

La représentation de Lewis d'un atome est la représentation simplifiée de la répartition des électrons de la couche externe de l'atome.

On représente un électron seul (célibataire) par un point et deux électrons appariés soit par un double point, soit par un trait que l'on appelle un doublet électronique.

Exemples :

- le carbone possède 4 électrons sur sa couche externe, sa représentation de Lewis est donc : ·Ċ· il n'y a pas de règles qui imposent que les points soient à ces endroits là mais c'est ce que l'on trouve de plus répandu. Rien n'empêcherait de le dessiner ainsi : ˙C˙ ;
- l'oxygène possède 6 électrons sur sa couche externe, pour obéir à la règle de l'octet, il peut gagner deux électrons et donc, créer deux liaisons covalentes. Sa représentation de Lewis tient compte de ce paramètre : ·Ö· les deux électrons qui se trouvent côte à côte au-dessus de l'oxygène ou en dessous, vont s'unir pour former ce que l'on appelle un doublet non liant : deux électrons qui appartiennent en propre à l'oxygène et qui ne participent pas à des liaisons avec d'autres atomes. On le dessine donc plutôt ainsi : $\cdot\overline{\underline{\mathrm{O}}}\cdot$ de même, aucune règle n'impose que les doublets non liants ou les électrons célibataires soient disposés là. On peut très bien dessiner : $\cdot\dot{\underline{\mathrm{O}}}|$ ou tout autre version ⟨O˙ ;
- enfin, ces représentations de Lewis peuvent nous aider à imaginer la structure spatiale en deux dimensions d'une molécule : si on forme une molécule avec H· et $\cdot\overline{\underline{\mathrm{Br}}}|$ on comprend vite que la molécule finale sera $\mathrm{H}—\overline{\underline{\mathrm{Br}}}|$.

Ce modèle de représentation s'adapte ensuite très bien aux molécules où un simple trait entre deux atomes représente un doublet liant et un trait sur un atome, un doublet non liant. On peut avoir, entre deux atomes, une liaison simple (un seul doublet liant), une liaison double ou une liaison triple : $\mathrm{C}{=}\overline{\underline{\mathrm{O}}}{=}\mathrm{C}$ ou $|\mathrm{N}{\equiv}\mathrm{C}—\mathrm{H}$.

Dans tous les cas, chaque atome va chercher à obtenir la configuration électronique du gaz rare le plus proche (au lycée soit 2, soit 8 électrons autour de lui). Au lycée, on a donc soit 1 doublet liant, soit 4 autour de chaque atome. Certains atomes présentent aussi une **lacune électronique** : une couche électronique vide (exemple : l'ion sodium).

2 Représentation des molécules

Il existe plusieurs manières de représenter les molécules. On parle de « formule ».

À retenir. Formule brute

La formule brute donne le nombre d'atomes de chaque élément constituant la molécule, sans donner aucune indication sur la répartition des atomes dans l'espace : C_4H_{10}.

À retenir. Formule développée

On représente toutes les liaisons entre les atomes et tous les doublets non liants.

Exemple

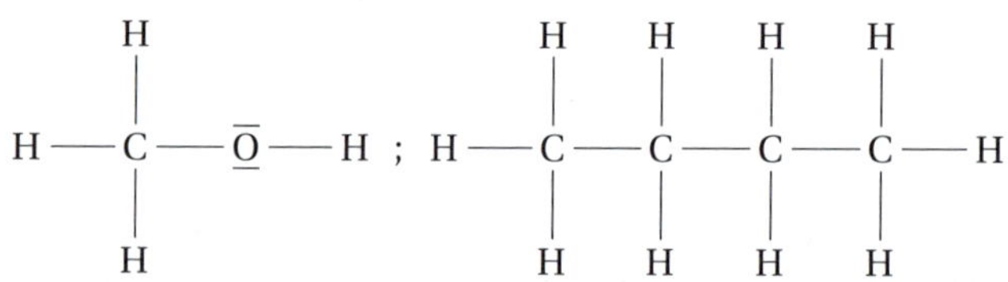

À retenir. Formule semi-développée

On représente toutes les liaisons entre les atomes sauf les liaisons avec l'hydrogène.

Exemple

$$CH_3 - \overline{O}H \;;\; CH_3 - CH_2 - CH_2 - CH_3$$

À retenir. Formule topologique

On représente les chaînes carbonées par des traits en zig-zag sans faire apparaître ni les carbones, ni les hydrogènes. Chaque pointe représente un atome de carbone avec le bon nombre d'hydrogène. On fait aussi apparaître les doublets non liants.

Exemple

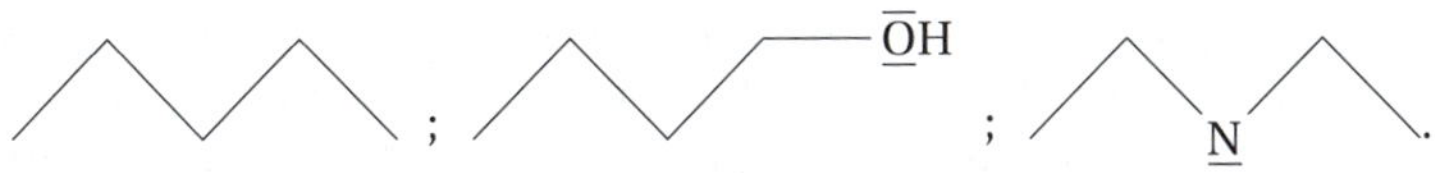

Ces représentations sont planes, elles ne traduisent pas la répartition possible en trois dimensions des atomes d'une molécule. On peut déjà, cependant, se rendre compte que, pour une même formule brute, on peut avoir plusieurs formules développées correspondantes.

À retenir. Isomère

Des isomères sont des molécules ayant une même formule brute, mais des formules développées (ou semi-développées) différentes. Des isomères présentent des propriétés physiques ou chimiques différentes.

Exemple

Formule brute C_3H_8O => $CH_3 - CH_2 - CH_2 - OH$

et $CH_3 - CH(CH_3) - OH$.

Il existe des isomères :

- de chaîne, qui diffèrent par la structure de leur chaîne carbonée ;
- de position, qui diffèrent par la position du groupe fonctionnel sur la chaîne carbonée ;
- de fonction, qui différent par le groupe fonctionnel.

3 Géométrie des molécules

La représentation de Lewis des molécules simples permet d'en prévoir leur géométrie en se basant sur un principe simple.

Loi 7.1. Répulsion minimale

Les doublets d'électrons d'un atome se positionnent dans l'espace de sorte à minimaliser la répulsion électrique qui existe entre eux. Ils s'orientent dans une molécule pour être le plus éloigné possible les uns des autres.

On va alors trouver dans la nature, selon le nombre de doublets liants et non liants, des formes géométriques de base.

Objectif prépa

Jusqu'à la fin du lycée, l'étude de la géomètrie des molécules se portent sur des édifices constitués par des atomes dont le nombre cumulé de doublets liants et non liants ne dépasse pas 4 (respect de la règle de l'octet). Mais, il sera rencontré dans le supérieur, des édifices plus complexes qui pourront aller jusqu'à 6 doublets ou plus par atome. Vous découvrirez alors en détails la méthode VSEPR (Valence Shell Electron Pair Repulsion) et une représentation spatiale permettant de prendre en compte la forme réelle des édifices polyatomiques : la représentation de Cram.

Nombre de liaisons et de doublets non liants portés par l'atome	Répartition des doublets (atome central)	Représentation de Cram	Modèle moléculaire	Géométrie
4	4 doublets liants	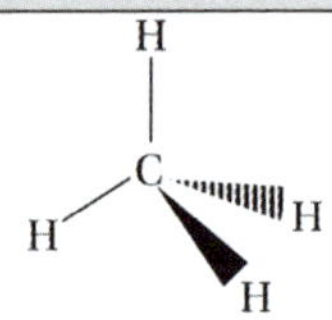	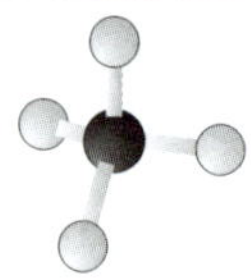	Tétraédrique
4	3 doublets liants 1 doublet non liant	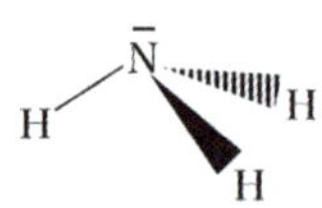		Pyramidale à base triangulaire
4	2 doublets liants 2 doublets non liants	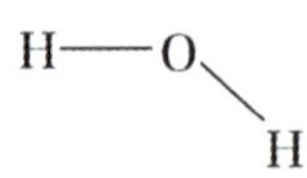		Coudée
3	4 doublets liants	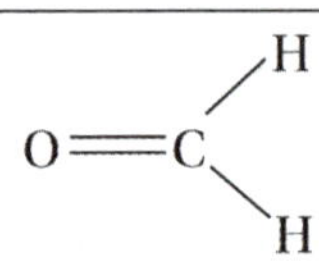	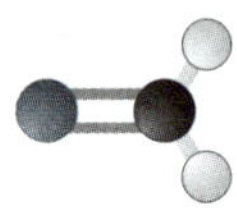	Plane
3	4 doublets liants	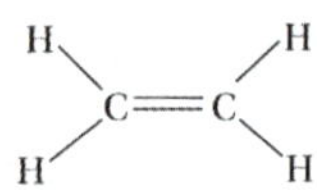	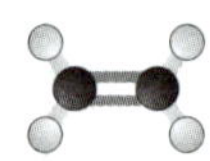	Plane
2	4 doublets liants	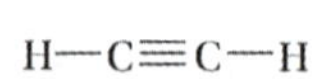		Linéaire

▶ **Figure 7.1.** Les différentes structures spatiales possibles.

4 Cohésion des solides

Les solides peuvent être ioniques ou moléculaires.

À retenir. Solide ionique

Un solide ionique est constitué d'un empilement compact et régulier de cations et d'anions en nombre suffisant pour que l'édifice complet soit électriquement neutre.

Exemples

$NaCl$, $AlCl_3$, $CaCl_2$, Al_2O_3, etc. Ils ne conduisent pas le courant car les ions ne sont pas mobiles. La formule d'un solide ionique commence toujours par l'ion positif. Cependant, le nom du solide ionique donne toujours l'ion négatif d'abord.

La cohésion des solides ioniques est assurée par les interactions électrostatiques (calculable avec la loi de Coulomb).

À retenir. Dissolution d'un solide ionique

Lorsque l'on plonge un solide ionique dans un solvant polaire, il se dissout en suivant plusieurs étapes :

- **la dissociation :** interactions électriques entre les ions du solide et les molécules polaires du solvant, qui fragilisent la structure cristalline. Les ions positifs et négatifs se détachent les uns des autres ;
- **la solvatation :** les molécules du solvant entourent chaque ion et le stabilisent. Elles s'orientent, bien sûr, différemment, selon que l'ion entouré est négatif ou positif ;
- **la dispersion :** les interactions électriques et la solvatation continuent et les ions se séparent de plus en plus jusqu'à ne plus interagir.

La réaction de dissolution d'un solide ionique s'écrit, par exemple, comme suit :

$$NaCl_{(s)} \xrightarrow{H_2O} Na^+_{(aq)} + Cl^-_{(aq)}.$$

À retenir. Solide moléculaire

Solide fait uniquement de molécules qui ont mis en commun leur nuage électronique. Cela crée des interactions électrostatiques dites « interaction de van der Waals ». Elles sont d'autant plus fortes que les liaisons dans les molécules sont polaires et que les molécules qui interagissent sont proches.

Ces interactions de van der Waals sont plutôt faibles. Des liaisons hydrogènes peuvent venir renforcer la stabilité des solides moléculaires : ce sont des liaisons qui apparaissent entre un atome d'hydrogène (lié à un atome très électronégatif) et un autre atome très électronégatif (oxygène, azote, fluor). Elles sont plus fortes que van der Waals.

Dans tous les cas, les liaisons hydrogènes ou les interactions de van der Waals, sont moins fortes qu'une liaison covalente.

II ▸ Les familles chimiques

La chimie organique est la chimie du carbone : les molécules organiques reposent sur des squelettes de carbone sur lesquels on trouve un grand nombre d'hydrogène. On peut aussi y trouver de l'oxygène et de l'azote. Selon la disposition et la nature des atomes présents, une molécule possède un (ou plusieurs) groupement(s) caractéristique(s) et appartenir à une (ou plusieurs) famille(s) chimique(s).

1 Alcanes

Les alcanes sont des molécules composées uniquement de carbones et d'hydrogènes. Ils ne comportent que des liaisons simples (on parle d'hydrocarbures saturés), peuvent présenter des ramifications ou être des chaînes linéaires et ils sont à la base de toute la nomenclature. Leur formule générale est C_nH_{2n+2}, leur nom est fait de deux parties différentes :

- le suffixe en **-ane**, qui indique l'appartenance à la famille « alcane » ;
- le préfixe, qui dépend du nombre de carbones dans la chaîne carbonée la plus longue.

Pour déterminer le préfixe, considérons, pour le moment, des chaînes de carbone linéaires (sans ramification). Si la chaîne possède :

- 1 carbone : **Méth**ane ;
- 2 carbones : **Éth**ane ;
- 3 carbones : **Prop**ane ;
- 4 carbones : **But**ane ;
- 5 carbones : **Pent**ane ;
- 6 carbones : **Hex**ane ;

Le nombre de carbone donne son nom au préfixe qui se base sur la racine grecque des chiffres (hept pour 7, oct pour 8, non pour 9, etc.). Connaître les six premiers est suffisant pour le lycée.

Une chaîne linéaire peut présenter des ramifications.

À retenir. Ramification alkyle

On appelle ramification alkyle une chaîne carbonée, plus courte, qui vient s'attacher en supplément de la chaîne carbonée principale. Sa formule générale est C_nH_{2n+1}. Son nom dérive de celui des alcanes : on change le suffixe par -yle.

Conseils méthodologiques Nomenclature

Pour nommer un alcane, il faut :

- déterminer la chaîne carbonée la plus longue. Attention, cette chaîne n'est pas forcément la partie horizontale de la molécule en représentation topologique ! Son nombre d'atomes de carbone donne la fin du nom de l'alcane ;
- repérer la position des ramifications alkyles présentes et chercher à leur donner les numéros les plus petits possibles (en commençant par un côté ou un autre de la molécule) ;
- nommer la molécule : le nom est composé du nom de la chaîne principale précédé du nom des groupements alkyles. Lorsque la même ramification apparaît plusieurs fois, on lui ajoute un préfixe multiplicatif (di, tri, tétra). S'il y a plusieurs groupement alkyles, leur nom est classé par ordre alphabétique (sans tenir compte du préfixe multiplicatif). Ils sont, chacun, précédés du numéro de leur place dans la chaîne principale suivi d'un tiret. Le -e final de l'alkyle est supprimé. Enfin, si la même ramification apparaît sur des carbones différents de la chaîne principale, on indique leurs positions respectives séparées d'une virgule.

Exemple

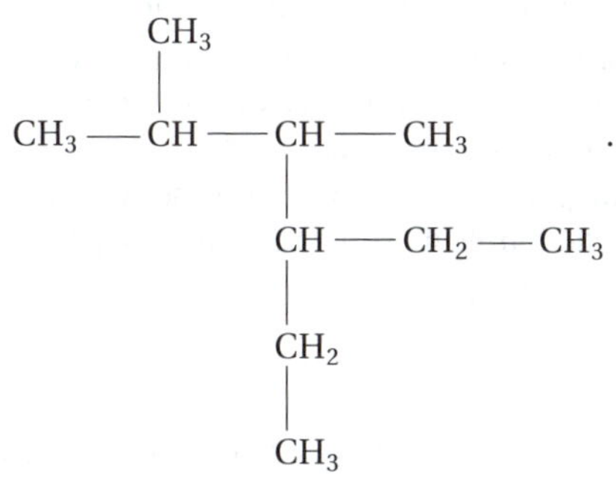

Cette molécule a pour chaîne carbonée la plus longue, une chaîne de six atomes de carbone : la racine du nom sera en hexane.

Il y a trois ramifications : deux groupements méthyles et un groupement éthyle. Si on démarre la numérotation sur l'atome de carbone le plus à gauche, on aura les ramifications en position 2, 3 et 4.

Si on commence la numérotation par l'atome de carbone le plus en bas ou le plus à droite de la molécule, on aura les ramifications en position 3, 4 et 5. On choisit donc la numérotation qui donne les chiffres les plus petits : **4-éthyl-2,3-diméthylhexane** (ordre alphabétique des ramifications sans prise en compte du préfixe multiplicatif).

À retenir. Alcane cyclique

Un alcane à chaîne cyclique est un alcane dont les atomes de carbone forment un cycle. Sa formule brute est C_nH_{2n}. Son nom est composé du préfixe « cyclo- » suivi du nom de l'alcane à n atomes de carbone.

Exemple : le cyclo-hexane

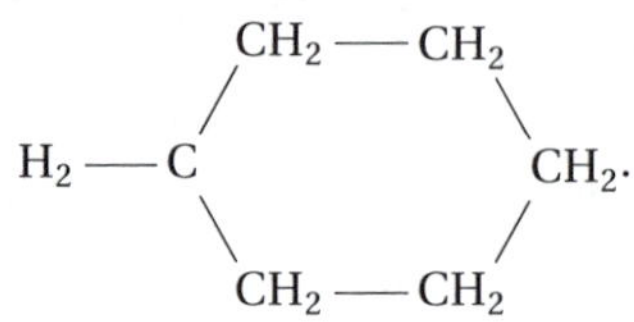

2 Alcènes

On parle d'hydrocarbures insaturés, ils présentent au moins une double liaison carbone-carbone. Leur formule générale est C_nH_{2n}, pour nommer un alcène il faut :

- déterminer la chaîne carbonée la plus longue, incluant la double liaison ;
- numéroter la chaîne principale de sorte à ce que le premier carbone portant la double liaison, ait le numéro le plus petit possible ;
- remplacer le suffixe **-ane** par le suffixe **-ène**. Il sera souvent nécessaire de préciser avant le suffixe, la position de la double liaison dans la chaîne principale.

Exemple

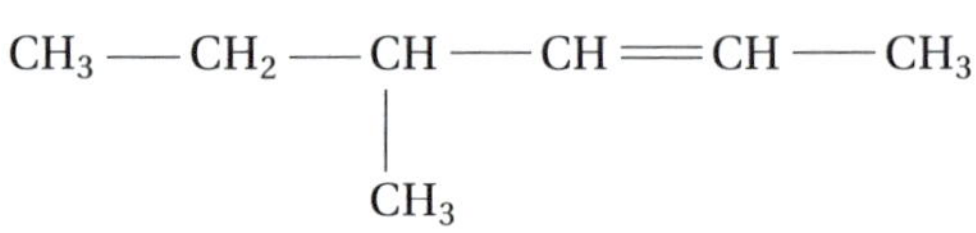 : 4-méthylhex-2-ène.

3 Alcools

Les alcools sont des molécules présentant le groupement caractéristique hydroxyle –OH. Pour les nommer, il faut :

- déterminer la chaîne carbonée la plus longue comportant la fonction alcool ;
- numéroter la chaîne principale de sorte à ce que le carbone portant la fonction alcool ait le numéro le plus petit possible ;
- remplacer le suffixe **-ane** par le suffixe **-anol**. Il sera souvent nécessaire de préciser avant le suffixe, la position de la fonction hydroxyle dans la chaîne principale.

En effet, selon l'entourage du carbone qui possède la fonction alcool, la molécule n'aura pas les mêmes propriétés chimiques. Il existe trois classes dans les alcools.

► **Les alcools primaires**

Le carbone qui porte le groupement –OH est relié à un seul autre carbone

> **Exemple**
>
> CH_3–CH_2–CH_2–OH : propan-1-ol (ou propanol, la position 1 étant alors évidente).

► **Les alcools secondaires**

Le carbone qui porte le groupement –OH est relié à deux autres carbones.

> **Exemple**
>
> 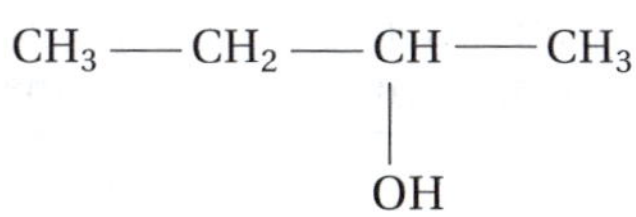
> : butan-2-ol.

► **Les alcools tertiaires**

Le carbone qui porte le groupement –OH est relié à trois autres carbones.

> **Exemple**
>
> 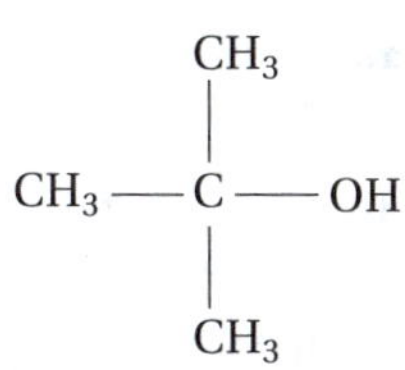
> : 2-méthylpropan-2-ol.

4 Les aldéhydes

Un aldéhyde est une molécule présentant le groupement caractéristique carbonyle :

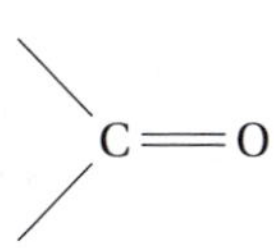

avec une des deux liaisons libre du carbone, obligatoirement reliée à un atome d'hydrogène. Cela impose que le groupement caractéristique soit forcément en début de chaîne (numéro 1 dans la chaîne principale). On remplace le suffixe-**ane** par **-anal**.

Exemple

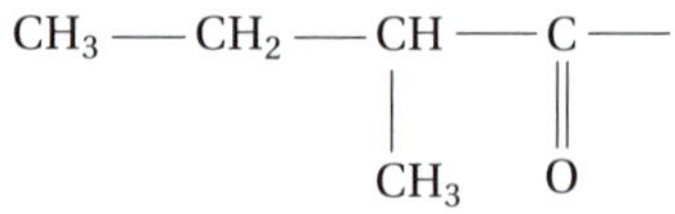 : 2-méthylbutanal.

5 Les cétones

Une cétone est une molécule présentant le groupement caractéristique carbonyle 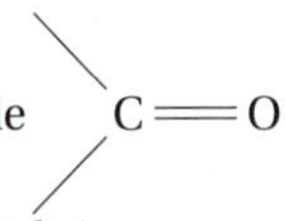 avec les deux liaisons libres du carbone, obligatoirement reliées à des carbones. Cela impose que le groupement caractéristique soit forcément dans la chaîne et non en bout (position donc à numéroter dans la chaîne principale). On remplace le suffixe-**ane** par -**anone**.

Exemple

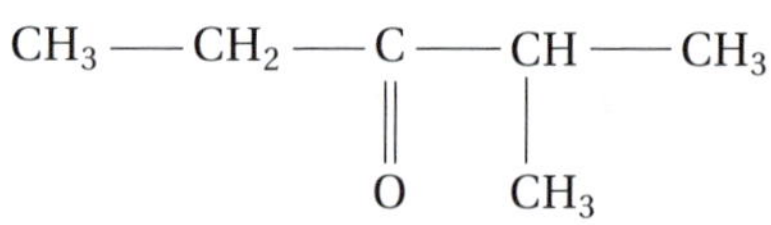 : 2-méthylpentan-3-one.

6 Les acides carboxyliques

Un acide carboxylique est une molécule présentant le groupement caractéristique carboxyle 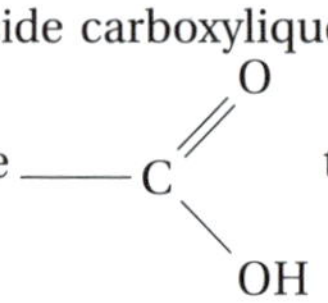 toujours situé en bout de chaîne.

Le nom est précédé du mot **acide** et on remplace le suffixe-**ane** par -**anoïque**.

Exemple

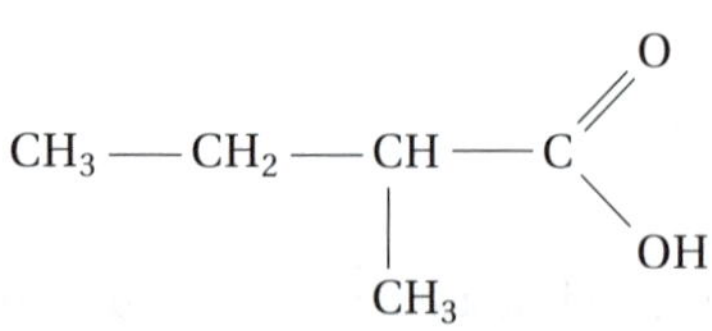 : acide 2-méthylbutanoïque.

7 Les esters

Un ester est une molécule présentant le groupement caractéristique 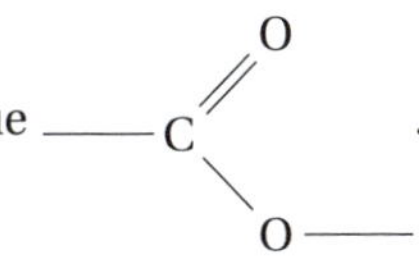

.

Le nom est formé de deux parties : la partie provenant de l'acide carboxylique qui prend la terminaison **-oate de** et le groupement alkyle lié à l'atome d'oxygène qui prend le suffixe **-yle**.

Exemple

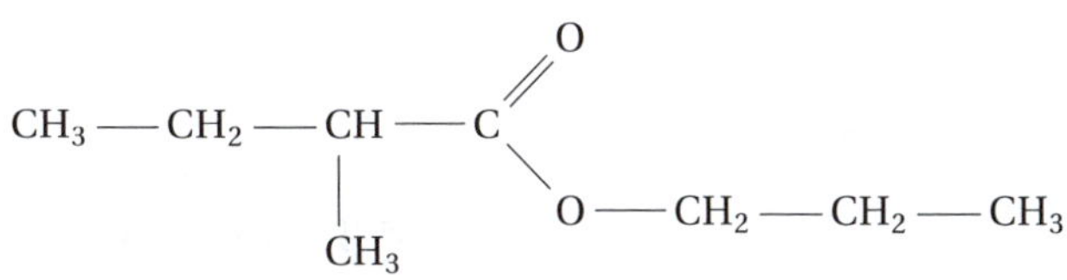

:

2-méthylbutanoate de propyle.

8 Les amines

Une amine est une molécule qui dérive de l'ammoniac NH_3 en remplaçant partiellement ou totalement les hydrogènes par des groupements alkyles. Il existe alors des amines primaires, secondaires et tertiaires (comme les alcools). Pour nommer les amines il faut :

- déterminer la chaîne carbonée la plus longue contenant l'atome d'azote ;
- numéroter la chaîne en donnant le numéro le plus petit possible à l'azote ;
- indiquer les différents groupements alkyles en préfixe sous la forme N-alkyl.

Exemple

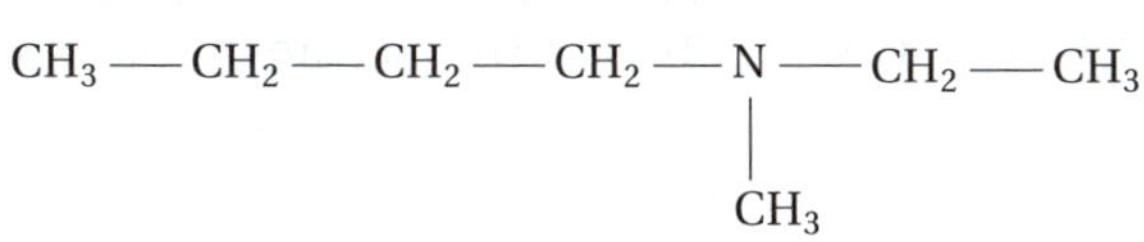

:

N-éthyl-N-méthylbutanamine (tertiaire).

9 Les amides

Une amide est une molécule contenant le groupement caractéristique 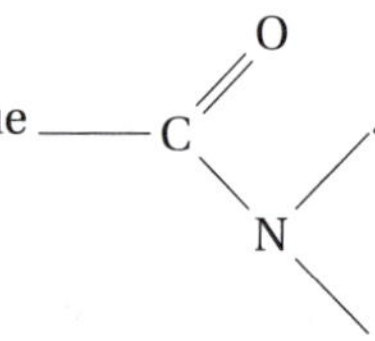.

Le nom est obtenu :

- comme celui des acides carboxyliques, si la terminaison est en NH_2, mais avec la terminaison **-amide**;
- si l'amide est secondaire ou tertiaire, il suffit d'ajouter en préfixe les N-alkyl.

Exemple

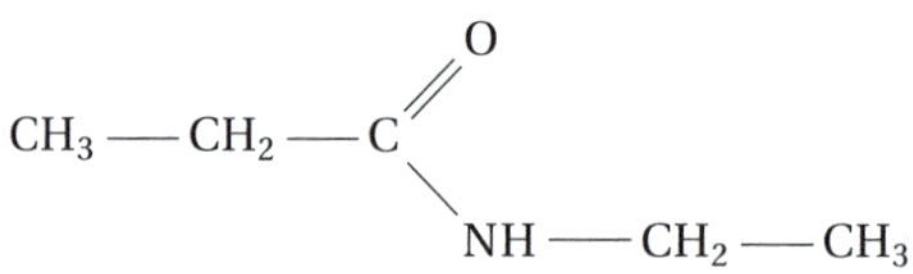

: N-éthylpropanamide (secondaire).

10 Les halogénoalcanes

Un halogénoalcane est un alcane dont un ou plusieurs atomes d'hydrogène sont remplacés par des atomes d'halogène : $-CH_2-X$, avec X pas forcément situé en bout de chaîne (X étant un atome de la famille des halogènes : F, Cl, Br, I, As).
Le nom est précédé du mot correspondant à l'halogène concerné **halogéno** et le nom de l'alcane correspondant.

Exemple

$CH_3-CH_2-CH_2-Br$: bromo-propane.

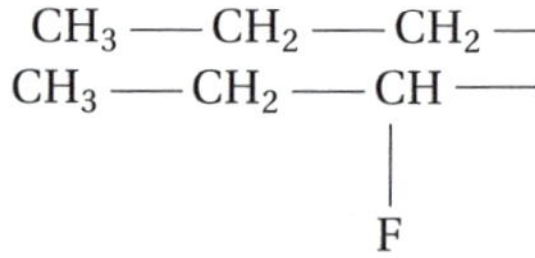

: 2-fluoro-butane.

Remarque

Lorsque plusieurs fonctions organiques sont présentes dans une même molécule, elles ont un ordre de priorité les unes sur les autres. On peut retrouver une molécule possédant à la fois la fonction hydroxyle et carbonyle. On peut alors considérer que l'une des deux fonctions, la moins prioritaire, n'est qu'une ramification. Les groupements caractéristiques sont à prioriser dans le sens suivant : alcane < halogénoalcane < alcène < amine < alcool < cétone < aldéhyde < amide < acide carboxylique < ester.

Exemple

$$CH_3 - C(=O) - CH_2 - OH = \text{hydroxypropanone}$$

11 Les polymères

Un polymère est une molécule de grande dimension (macromolécule) dans laquelle un motif de base se répète un grand nombre de fois. Il est obtenu par polymérisation, c'est-à-dire par réaction chimique permettant l'enchaînement de molécules plus petites appelées monomères.

À retenir. Degré de polymérisation

Le degré de polymérisation est le nombre de fois « n » où le motif se répète dans le polymère.

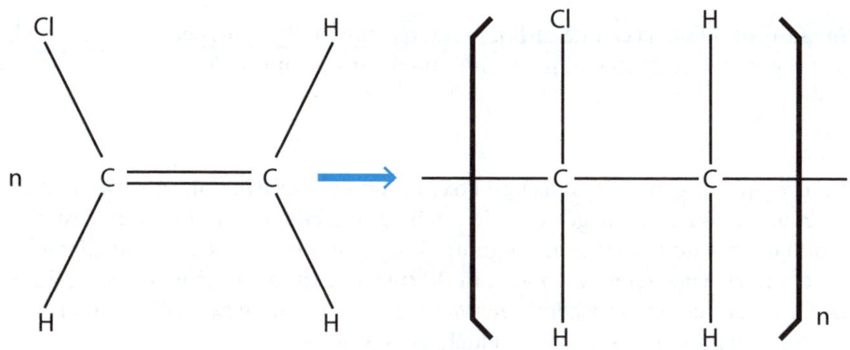

► **Figure 7.2.** Réaction de synthèse du PVC.

III ▸ Réactivité en chimie organique

1 Modifications en chimie organique

Les réactions subies par les molécules organiques peuvent impliquer des modifications de la chaîne carbonée. Il peut y avoir, selon les conditions, conservation, augmentation ou diminution du nombre d'atomes de carbone.
Ce genre de modification est très utilisé en pétrochimie pour former des hydrocarbures saturés (uniquement avec liaisons simples), ramifiés, cycliques ou insaturés (avec au moins une double liaison C=C) :

- on parle de reformage lorsqu'il y a conservation du nombre d'atomes de carbone ;
- on peut aussi augmenter le nombre d'atomes de carbone par **polymérisation** d'un alcène (polyaddition). Voir cours « Les familles chimiques » ;
- enfin, on parle de **craquage catalytique** lorsqu'il y a diminution du nombre d'atomes de carbone de la chaîne principale. On casse la molécule en présence d'un catalyseur.

Exemple

Par exemple : à 500°C, sous pression atmosphérique

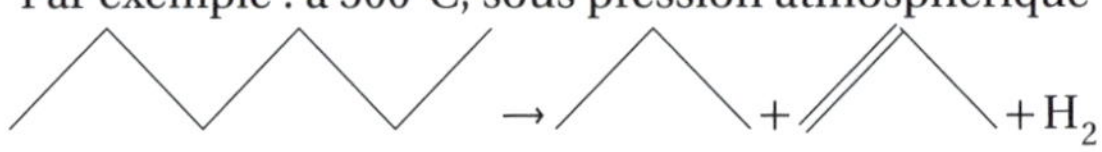

Plutôt que de modifier la chaîne carbonée, les réactions chimiques peuvent aussi modifier le (ou les) groupe(s) caractéristique(s) présent(s) dans les molécules.

Exemple

Un exemple très souvent utilisé est **l'oxydation ménagée des alcools**. On dit que cette oxydation est ménagée car elle « ménage » la chaîne carbonée qui n'est pas modifiée lors de la réaction. Ce genre d'oxydation est réalisée essentiellement avec du permanganate de potassium ($KMnO_4$) ou du dichromate de potassium ($K_2Cr_2O_7$). La classe des alcools intervient en présence d'un excès d'oxydant :

- un alcool primaire est oxydé en aldéhyde puis acide ;
- un alcool secondaire est oxydé en cétone 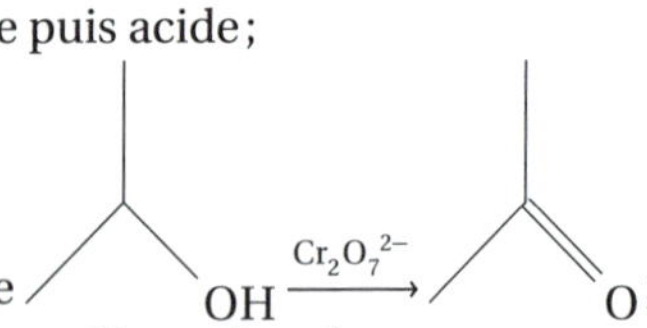 ;

- un alcool tertiaire n'est pas oxydable de manière ménagée.

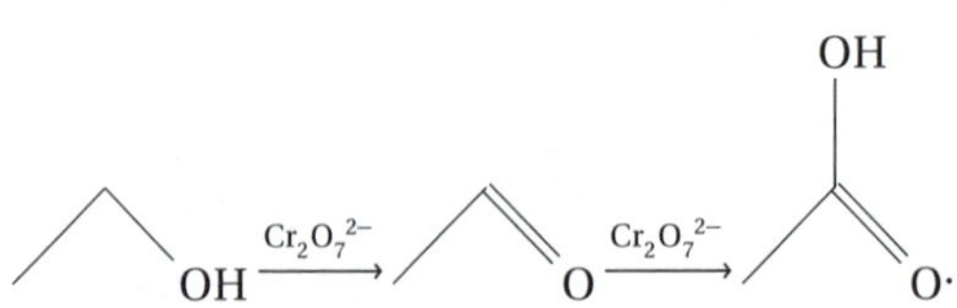

Certaines réactions comme l'ozonation d'un alcène peut modifier le groupement caractéristique **ET** la chaîne carbonée.

Objectif prépa

Pour mieux comprendre ces réactions chimiques, il faut s'intéresser de près à la nature des liaisons chimiques et aux mouvements des électrons. Il existe, en effet deux catégories de sites au sein des molécules organiques :
- les sites nucléophiles ou donneurs d'électrons;
- les sites électrophiles ou accepteurs d'électrons.

Une réaction chimique se déroule toujours entre un donneur d'électrons et un accepteur d'électrons. Ce sont en réalité les électrons qui se déplacent du site nucléophile vers le site électrophile. On représente ce mouvement par une flèche courbe dans ce qui se nomme un mécanisme réactionnel.

2 Grandes classes de réaction

Les réactions en chimie organique peuvent être classées dans trois grandes familles :
- les réactions d'addition;
- les réactions d'élimination;
- les réactions de substitution.

Les réactions d'addition donnent lieu à l'ajout d'un atome ou groupement d'atomes sur une chaîne carbonée. Elles ont principalement lieu lorsqu'il y a présence d'une double liaison. Dans ce genre de réaction, il faut retenir que deux molécules s'ajoutent pour n'en donner plus qu'une.

Exemple

$H_2C{=}CH_2 + H_2O \rightarrow HO{-}CH_2{-}CH_3$ (hydratation d'un alcène).

Les réactions d'élimination voient le départ d'un atome ou groupement d'atomes et la création d'une double liaison. C'est l'inverse d'une réaction d'addition : une molécule en forme deux.

Exemple

$HO{-}CH_2{-}CH_3 \rightarrow H_2C{=}CH_2 + H_2O$ (déshydratation d'un alcool).

Les réactions de substitution sont les réactions où un atome ou groupement d'atomes est remplacé par un autre. Il y a un groupe partant et un groupe substituant. Deux molécules réagissent pour en donner deux nouvelles.

Exemple

$(CH_3)_3CCl + H_2O \rightarrow (CH_3)_3COH + HCl$ (hydrolyse du chlorure de tertiobutyle).

Dans tous les cas, des réactions peuvent avoir lieux avec des molécules présentant plusieurs groupes caractéristiques : on parle de **composés polyfonctionnels**. Il devient alors intéressant de pouvoir cibler la réaction chimique de sorte à ne faire réagir qu'un groupement au sein de la molécule. Pour cela, il faut soit employer un **réactif chimiosélectif**, soit empêcher qu'un réactif non chimiosélectif puisse réagir avec le groupe non désiré.

À retenir. Étape de protection

On appelle étape de protection la création d'un groupe protecteur d'une des fonctions chimiques présentes afin de bloquer sa réactivité.

Ainsi, la partie de la molécule que l'on veut préserver est protégée grâce à l'utilisation d'un réactif bien choisi. Après avoir fait réagir la partie de la molécule qui nous intéresse, il faut supprimer le réactif utilisé lors de l'étape de protection.

À retenir. Étape de déprotection

On appelle étape de déprotection la séquence de la réaction chimique permettant de supprimer le réactif initial et de libérer le groupe caractéristique que l'on a protégé initialement.

Ainsi, afin de bien réussir les étapes de protection et de déprotection, il faut un réactif chimique sélectif, qui ne subit pas la réaction principale et facile à supprimer une fois la transformation chimique principale terminée.

III ▸ Synthèse en chimie organique

La synthèse d'une espèce chimique peut, bien souvent, se faire à l'aide de différentes réactions mettant en jeu des espèces (et leur concentration) radicalement différentes avec des effets plus ou moins importants sur l'environnement et la santé.

1 La réaction

Le protocole expérimental d'une synthèse détaille les différentes étapes et les manipulations à effectuer, dans l'ordre chronologique, afin de fabriquer une molécule et de l'isoler du reste des produits chimiques secondaires. De manière globale il y a plusieurs étapes :

- la réaction chimique (besoin possible de chauffer, agitation, etc.) ;
- l'extraction de la molécule de son milieu réactionnel, puis sa purification ;
- l'analyse pour vérification de sa pureté.

Pour chaque synthèse, il faut fixer les paramètres expérimentaux (fixés par le chimiste), qui ont pour but d'optimiser la synthèse en durée et en rendement.

À retenir. Rendement

Le rendement d'une synthèse est le rapport, sans unité, de la quantité de matière du produit obtenu n_{exp} par la quantité de matière théorique n_{max} que l'on pourrait obtenir si la réaction était totale :

$$R = \frac{n_{\text{exp}}}{n_{\text{max}}}.$$

2 Les montages

Nous allons passer en revue tous les montages que l'on trouve au laboratoire. On commence par ceux qui permettent de réaliser l'opération de fabrication du produit chimique. Le chauffage à reflux (Figure 7.3) permet d'accélérer une réaction en augmentant la température, sans perte de matière.

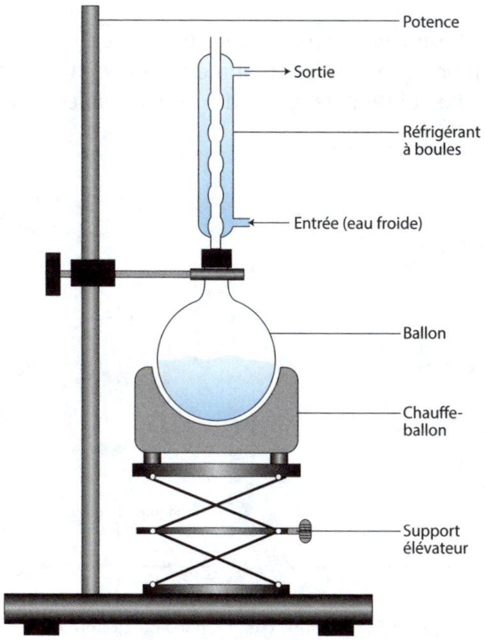

► **Figure 7.3.** Montage de chauffage à reflux.

On peut aussi procéder à un reflux avec ajout de réactif (Figure 7.4). Dans les deux cas, on ajoute de la pierre ponce dans le milieu réactionnel pour réguler l'ébullition : sa structure poreuse permet de privilégier la formation de petites bulles.

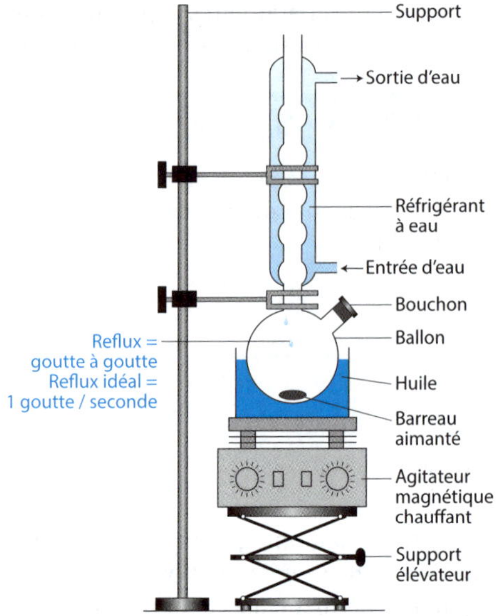

► **Figure 7.4.** Montage de chauffage à reflux avec addition de réactif.

Après avoir réalisé la synthèse, il faut extraire et purifier le produit chimique désiré. Il existe pour cela plusieurs techniques. L'extraction liquide-liquide par décantation (Figure 7.5) peut être utilisée lorsque l'on obtient deux liquides non miscibles (phase aqueuse et phase organique).

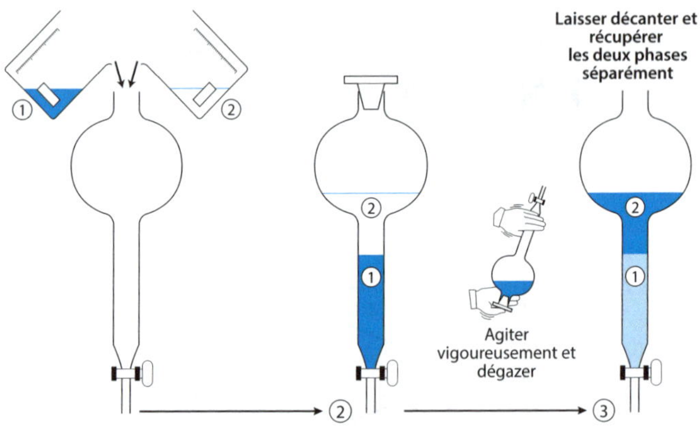

► **Figure 7.5.** Technique d'extraction liquide-liquide.

On peut utiliser une filtration sous pression réduite (Figure 7.6) pour réaliser une extraction solide-liquide. L'eau, en s'écoulant, va créer une aspiration de l'air contenu dans la fiole à vide et permettre une filtration plus efficace du contenu du filtre Büchner. L'usage de la fiole de garde est très peu populaire en lycée.

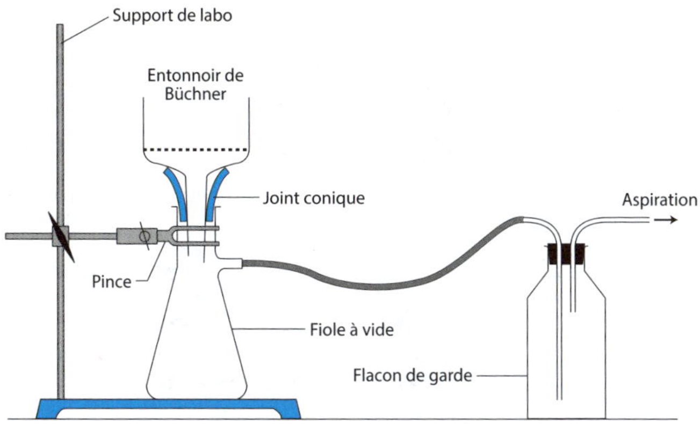

▶ **Figure 7.6.** Filtration sous Büchner.

Les composés solides obtenus par synthèse organique ou extraits de substances naturelles peuvent être contaminés par des impuretés. La technique la plus utilisée est la recristallisation. Cette technique se base sur la différence de solubilité à chaud et à froid des espèces chimiques dans les solvants. L'idéal est d'avoir un solvant dans lequel l'espèce à purifier est soluble à chaud et insoluble à froid alors que les autres espèces (impuretés) sont solubles à chaud comme à froid.

La distillation simple (Figure 7.7) permet de séparer des constituants d'un mélange homogène à condition qu'ils aient des températures d'ébullition différentes. Cela peut aussi permettre d'éliminer un solvant.

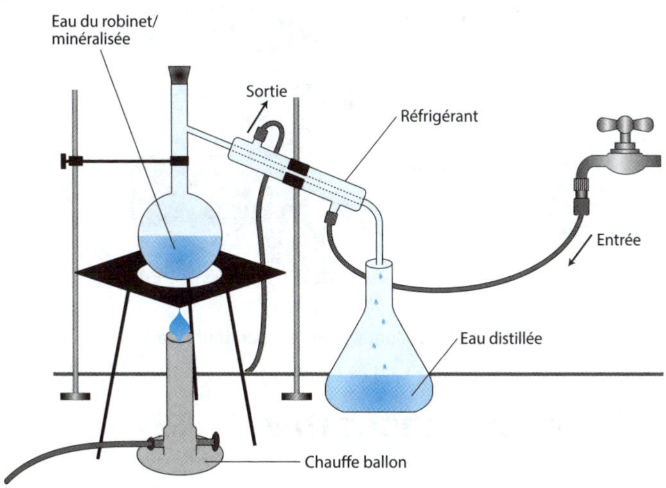

▶ **Figure 7.7.** Montage de distillation.

La distillation fractionnée (Figure 7.8), avec sa colonne de Vigreux, est utilisée lorsque les températures d'ébullitions des différents constituants sont proches. Elle permet une séparation plus précise des constituants.

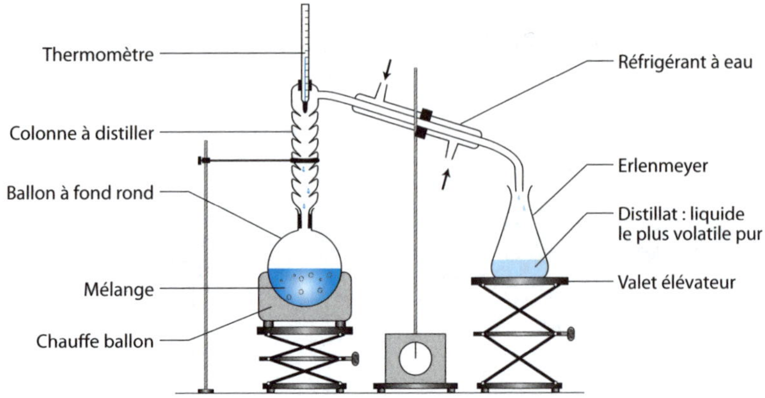

▸ **Figure 7.8.** Montage de distillation fractionnée.

L'évaporateur rotatif (Figure 7.9) permet d'éliminer un solvant d'un mélange. Le ballon, contenant le mélange et placé dans un bain-marie, est animé d'un mouvement de rotation afin de créer un film de liquide sur les parois et augmenter la surface d'évaporation du solvant. La pression à l'intérieur du montage peut être diminuée pour accélérer l'évaporation et évite de chauffer trop fortement (protection des espèces thermolabiles).

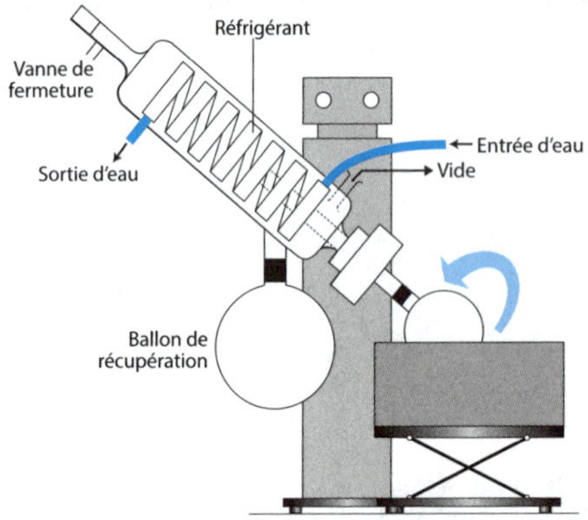

▸ **Figure 7.9.** Montage de l'évaporateur rotatif.

3 Synthèse écoresponsable

Dans le but de protéger la nature, l'industrie chimique se dirige de plus en plus vers des pratiques respectueuses que l'on appelle la chimie verte. Cette chimie repose sur des principes ayant pour objectif d'éliminer ou de limiter l'utilisation ou la production de produits toxiques lors des synthèses chimiques. On parle alors de **synthèse écoresponsable**.
Il est préférable d'économiser les atomes (pour diminuer le nombre de sous produits dans les réactions), d'utiliser un catalyseur, d'éviter d'utiliser les produits toxiques, de choisir des matières premières renouvelables, d'éviter de chauffer (économie d'énergie) et enfin de recycler autant que possible (les catalyseurs utilisés ou les déchets de la réaction).

On peut ainsi établir les douze principes sur lesquels repose la chimie verte :

- éviter les déchets pour limiter la pollution à la source ;
- maximiser l'économie d'atomes ;
- concevoir des synthèses chimiques moins dangereuses ;
- concevoir des produits chimiques plus sélectifs et donc moins toxiques ;
- utiliser des solvants moins polluants ;
- limiter la dépense énergétique durant la synthèse ;
- utiliser des ressources renouvelables ;
- réduire le nombre de dérivés chimiques créés pendant la synthèse ;
- préférer l'utilisation de catalyseurs plutôt que de réactifs stœchiométriques ;
- concevoir des produits chimiques capables de se dégrader naturellement ;
- analyser la synthèse en continu pour éviter la création de pollution inutile ;
- développer une chimie qui diminue les risques d'accidents (explosion, brûlure, etc.).

Objectif prépa

L'économie d'atomes est quantifiée à l'aide d'un pourcentage calculé en divisant la masse molaire du produit recherché sur la somme des masses molaires de tous les produits qui apparaissent dans l'équation bilan. Si les sous-produits de la réaction ne sont pas tous identifiés, alors la conservation de la matière permet de remplacer le dénominateur par la somme des masses molaires de tous les réactifs.

$$EA = \frac{M_{\text{produit}}}{\sum M_{\text{réactifs}}}.$$

EXERCICES D'APPLICATION

I ▸ Structure dans l'espace

●●○ **EXERCICE 1**

Donner au moins une formule développée, semi-développée et topologique de chacune des molécules suivantes :

1) $C_4H_{10}O$ 2) C_2H_6O 3) $C_4H_8O_2$

●○○ **EXERCICE 2**

Pour chacune des molécules suivantes, donner sa représentation spatiale en trois dimensions, en justifiant vos choix.

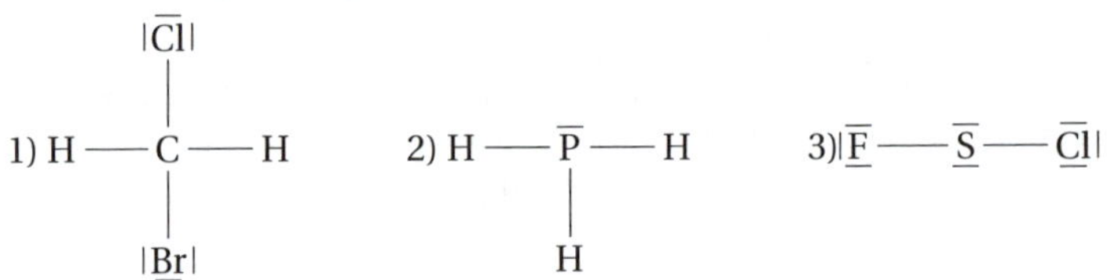

●●● **EXERCICE 3**

L'iodure de sodium est utilisé dans le domaine médical pour lutter contre le manque d'iode dans le sang. Il est aussi utilisé en physique pour mettre en évidence la présence de rayonnement gamma : les cristaux émettent de la lumière visible au contact de rayons γ (scintillation). On peut voir sur la Figure 7.10, le modèle ionique de ce solide.

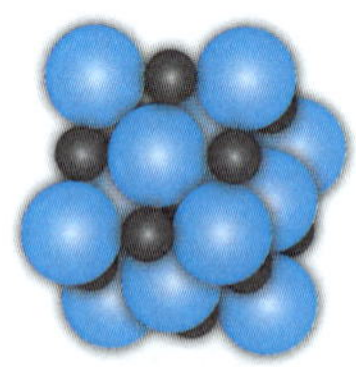

▸ **Figure 7.10.** Structure cristalline de l'iodure de sodium.

1) Quel type de force intervient entre des particules chargées ? Est-elle toujours attractive ?
2) Les ions iodure I^- ont-ils comme plus proches voisins des anions ou des cations ?
3) Combien y a-t-il d'ion iodure dans cette maille ?
4) Les ions sodium Na^+ ont-ils comme plus proches voisins des anions ou des cations ? Combien y a-t-il d'ions sodium dans cette maille ?
5) Pourquoi le solide ionique est-il stable ?

II ▸ Les familles chimiques

●○○ **EXERCICE 4**

Donner la formule semi-développée des molécules suivantes et la famille à laquelle elles appartiennent.

1) 2,3-diméthylbutane.
2) 4-éthyl-2-méthylhexanal.

3) 2,2 diméthylpentanol.
4) Propanoate de 2-méthylbutyle.
5) N-propyléthanamide.

EXERCICE 5

Donner le nom des molécules suivantes et la famille à laquelle elles appartiennent.

1) 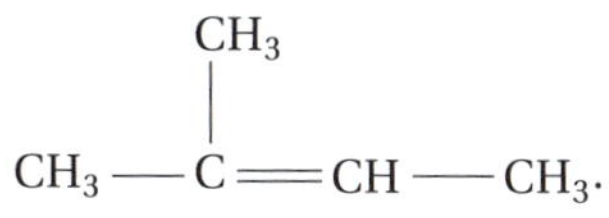

2) 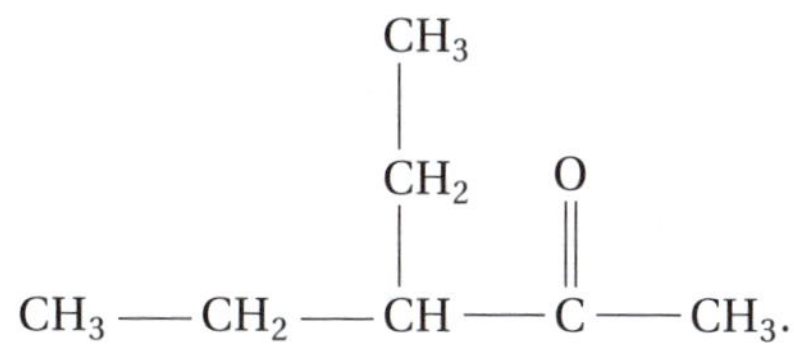

3) 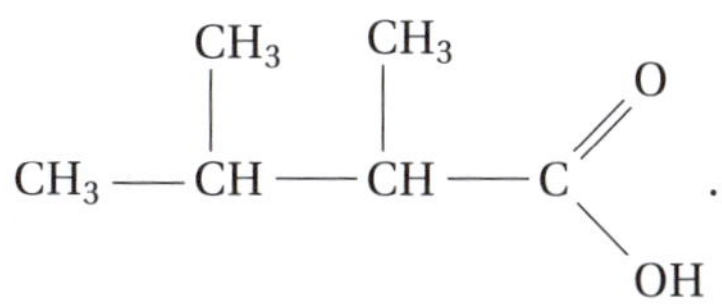

4) 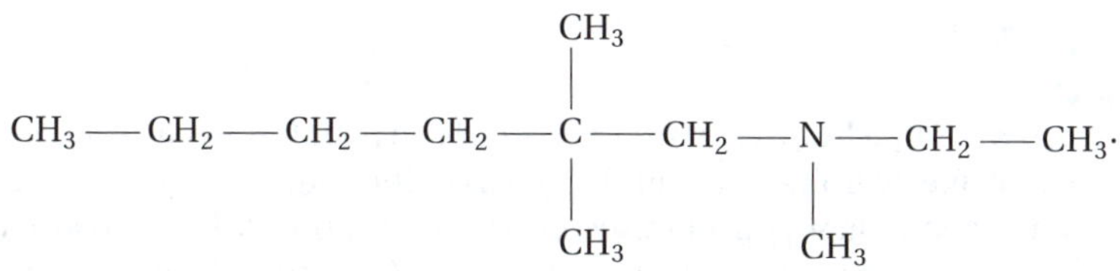

5) 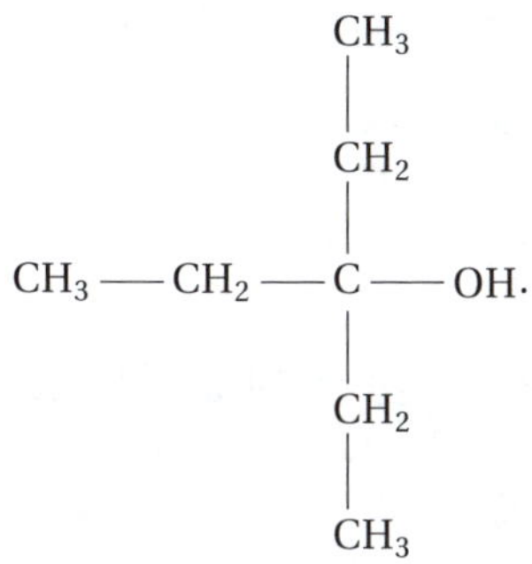

III ▸ Réactivité en chimie organique

EXERCICE 6

Pour chacune des équations ci-dessous, indiquer s'il s'agit d'une réaction de substitution, d'addition, d'élimination ou aucune de ces trois catégories.

1) 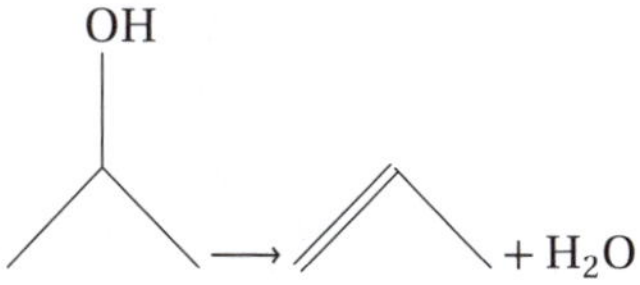

2) 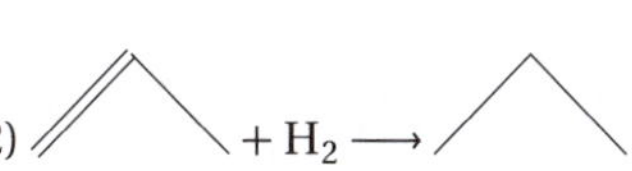

3) 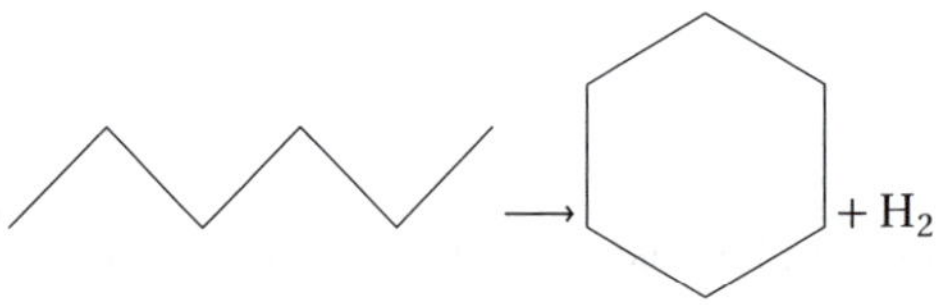

4) 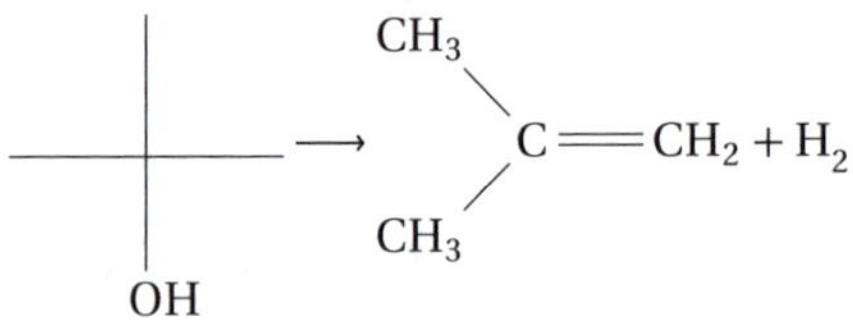

5) 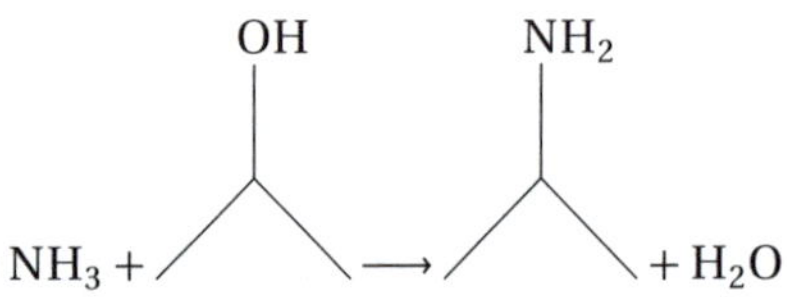

●●○ EXERCICE 7

La réaction au cours de laquelle un ester réagit avec de l'eau pour former un acide carboxylique et un alcool est une hydrolyse. Lorsque l'on réalise cette hydrolyse en milieu basique, on parle de saponification. On se concentre ici sur la saponification de l'éthanoate d'éthyle qui conduit à la formation d'ions éthanoate et d'éthanol. Cette transformation passe par un mécanisme réactionnel en trois étapes :

- **étape 1** :

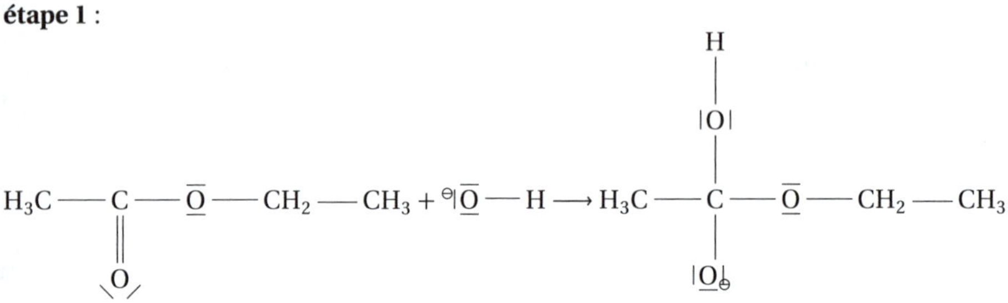

- **étape 2** :

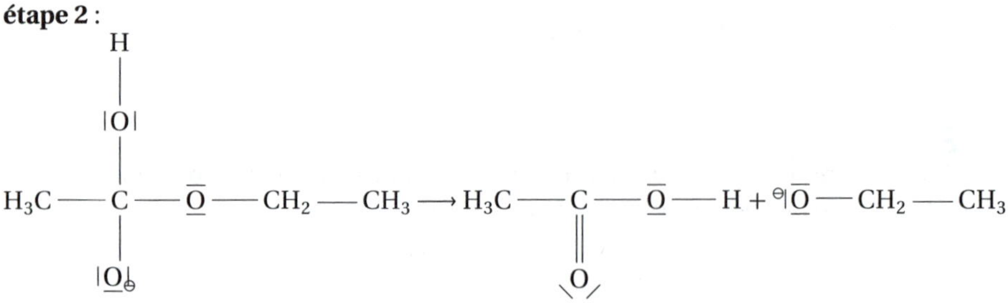

- **étape 3** :

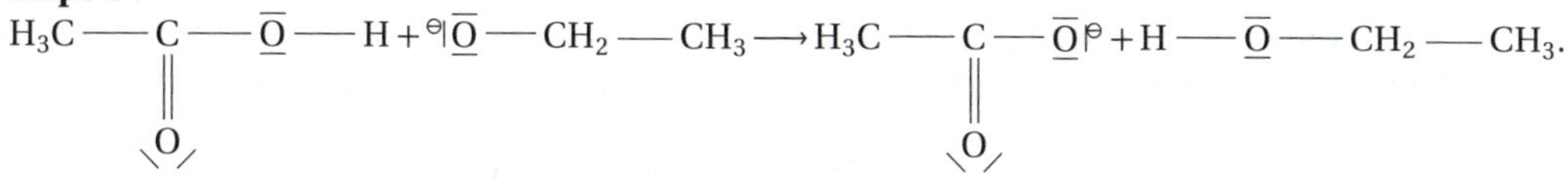

1) Quel genre de réaction est l'étape 1 ?
2) Quel genre de réaction est l'étape 2 ?
3) Quel genre de réaction est l'étape 3 ?

IV ▸ Synthèse en chimie organique

●●○ **EXERCICE 8**

Les deux protocoles suivants permettent de synthétiser l'acétate d'isoamyle, espèce chimique à l'odeur de babane.

La formule de l'acétate d'isoamyle est :

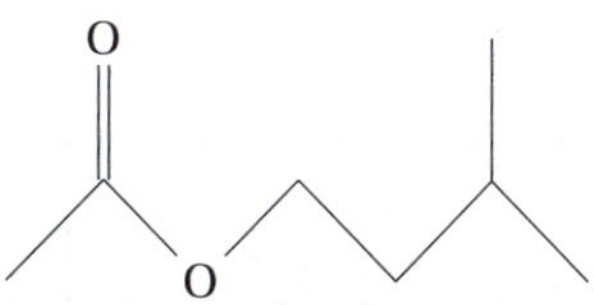

Sa masse molaire est $M = 130\,\text{g.mol}^{-1}$ et sa masse volumique est $\rho = 874\,\text{g.L}^{-1}$.

Protocole A :

Dans un ballon de 100 mL, introduire 10 mL d'alcool isoamylique, 30 mL d'acide éthanoïque et environ 1,0 g d'acide paratoluène sulfonique (APTS). Porter le mélange à reflux pendant 30 minutes.

Laisser refroidir, puis transférer le mélange dans un becher contenant environ 80 g de glace. Transférer le tout dans une ampoule à décanter. Séparer les phases aqueuse et organique. Effectuer un lavage de la phase organique avec une solution de carbonate de sodium à 20 %. Ajouter la solution de carbonate de sodium par petites portions, du fait du dégagement gazeux. Effectuer ensuite un lavage à l'eau. Vérifier que le pH de la phase aqueuse est voisin de 7 en utilisant du papier pH.

Sécher alors la phase organique avec du sulfate de magnésium anhydre. Filtrer sur papier plissé et mesurer la masse de liquide obtenu.

Protocole B :

Dans un ballon tricol de 50 mL muni d'un barreau d'agitation magnétique, dissoudre 18 mmol (1,8 g) d'éthanoate de potassium dans 0,13 mol (8,0 mL) d'acide acétique (solvant). Ajouter ensuite 12 mmol (1,8 g) de bromure d'isoamyle et chauffer le mélange réactionnel 90 minutes à reflux.

Laisser alors le mélange réactionnel revenir à température ambiante puis ajouter une solution saturée de carbonate de sodium jusqu'à ce que le pH soit légèrement basique (pH 8 9). Réaliser ensuite une extraction de la phase aqueuse avec deux fois 20 mL d'éthoxyéthane, laver la phase organique avec une solution aqueuse saturée en chlorure de sodium et la sécher sur le sulfate de magnésium anhydre. Évaporer le solvant à l'évaporateur rotatif.

1) Écrire l'équation de réaction respectivement mise en jeu dans chacun des protocoles (s'aider de tous les documents).
2) Quel est le rôle du chauffage à reflux mis en œuvre dans les 2 protocoles ?
3) Quel est le rôle de l'APTS utilisé en petite quantité dans le protocole A ?

4) Pour chaque protocole, calculer le prix de la manipulation dû aux seules espèces introduites dans le mélange réactionnel.
5) Quelles précautions de sécurité faut-il prendre avant de manipuler les espèces chimiques mises en jeu ?
6) Quel aspect lié à la sécurité et au coût oublie-t-on souvent en fin de manipulation ?
7) Quels critères autres que le coût et les aspects liés à la sécurité faut-il prendre en compte pour choisir la synthèse la plus intéressante à mettre en œuvre ?
8) L'étape de traitement est-elle identique dans les 2 protocoles ?
9) Le protocole A permet d'obtenir 2,84 g de produit pur. Le protocole B permet d'obtenir 1,30 g de produit pur. Calculer alors le rendement de chacun des deux protocoles.
10) L'acétate d'isoamyle coûte 54,50€ les 100 mL (et donc peut être vendu à ce même tarif). Quel est le protocole le plus économiquement rentable ?

Données sur les espèces chimiques engagées dans les protocoles de synthèse

Nom	Alcool isoamylique	Bromure d'isoamyle	APTS	Acide éthanoïque (acide acétique)	Éthanoate de potassium
Formule topologique	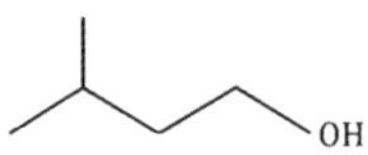	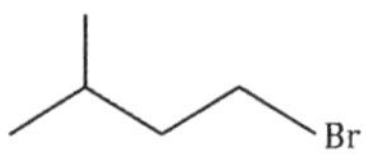		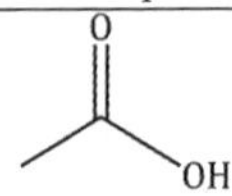	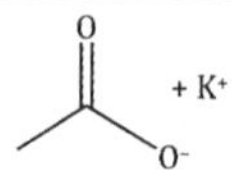
Données physico-chimiques	Masse volumique $\rho = 0{,}80$ g.mL^{-1} Masse molaire M = 88,0 g.mol^{-1}	Masse molaire M = 150,9 g.mol^{-1}	Masse molaire M = 172,1 g.mol^{-1}	Masse volumique $\rho = 1{,}05$ g.mL^{-1} Masse molaire M = 60,0 g.mol^{-1}	Masse molaire M = 98,1 g.mol^{-1}
Prix	39,50 pour 1 kg	33,80 pour 100 g	20,80 pour 100 g	37,30 pour 1 L	69,50 pour 500 g
Pictogrammes de sécurité					

Données des espèces chimiques utilisées pour les étapes d'extraction

Nom	Carbonate de sodium	Éthoxyéthane	Chlorure de sodium	Sulfate de magnésium anhydre
Pictogrammes de sécurité				

► **Figure 7.11.** Informations sur les espèces chimiques.

CORRIGÉS DÉTAILLÉS

Corrigés de l'auto-évaluation, p. 180

1-D : voir cours ; **2-A et B** : c'est la double liaison C=0 ; **3-C** : c'est la convention de nomenclature ; **4-A** : un électrophile attire les électrons à lui ; **5-D** : deux réactifs (alcool + acide) donnent deux produits différents (ester + eau) ; **6-C** : il accélère simplement la réaction ; **7-D** : le gain est le plus important, une réaction pouvant être lente mais fabriquer un produit qui se vend très cher ensuite ; **8-C** : certaines synthèses sont polluantes sans possibilité de modification malheureusement.

Corrigés des exercices d'application, p. 202

I ► Structure dans l'espace

EXERCICE 1

1) 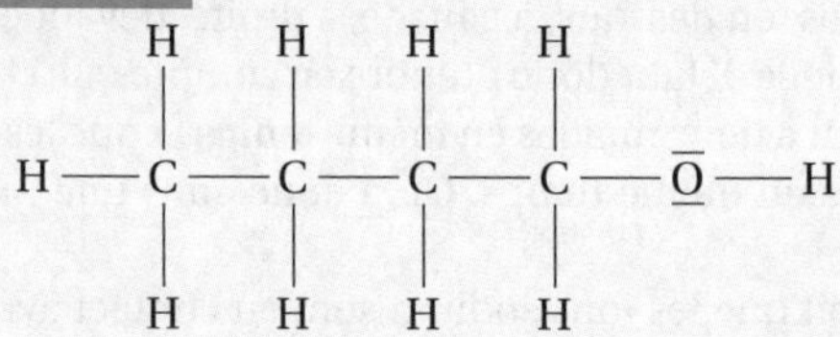 ; CH_3 — CH_2 — CH_2 — CH_2 — $\underline{O}H$;

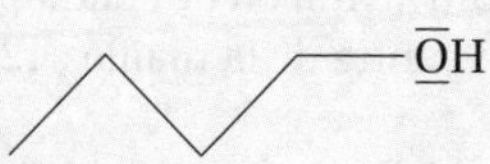

2) 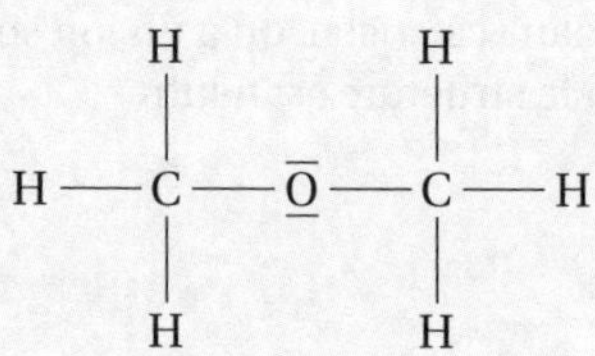 ; CH_3 — $\underline{O}$ — CH_3 ; 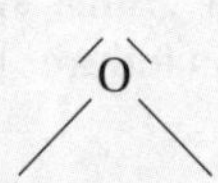

3) 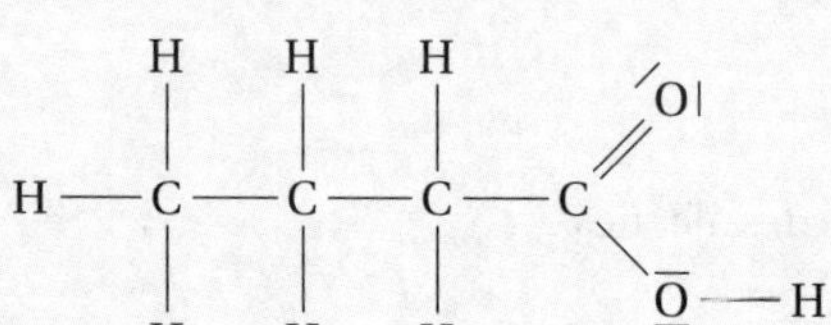 ; 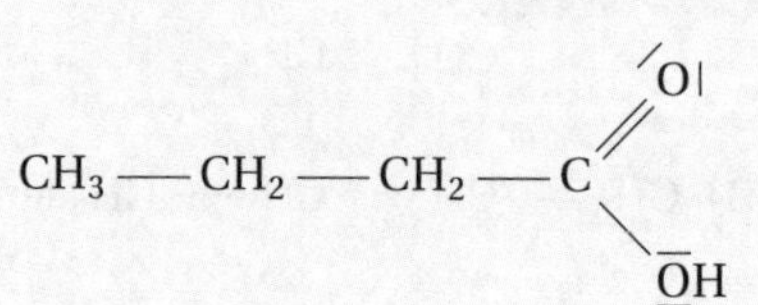 ;

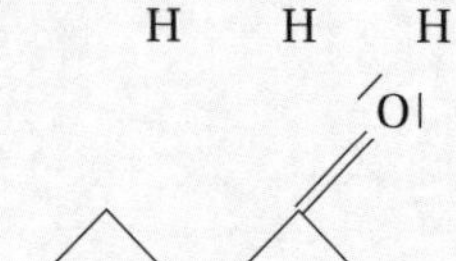

EXERCICE 2

1) La première molécule possède un atome central entouré de 4 doublets liants, la forme est tétraédrique avec le carbone au centre du tétraèdre et les deux hydrogènes, le chlore et le brome aux extrémités du tétraèdre.
2) La deuxième molécule possède un doublet non liant et trois doublets liants, la forme est donc pyramidale, avec le phosphore au sommet et les trois hydrogènes aux extrémités de sa base.
3) La troisième molécule possède un soufre central entouré de deux doublets liants et possédant deux doublets non liants. Cela forme donc une structure coudée.

EXERCICE 3

1) Ce sont les forces électrostatiques de Coulomb qui interviennent. Elles peuvent être attractives entre deux corps de charges opposées et répulsives entre deux corps de charges identiques.
2) Les ions iodure (les sphères les plus grandes sur le schéma) ont comme plus proche voisin, des cations : les ions sodium.
3) Dans cette maille, il y a 6 ions iodure au centre des six faces et huit ions iodures au sommet de toutes les arrêtes. Or, il ne faut pas oublier que dans un solide ionique, il y a une infinité de mailles, au-dessus, en dessous, à gauche, à droite, devant et derrière la maille du schéma dans l'énoncé. Il faut donc prendre en compte que chaque atome au centre des faces appartient à deux mailles en même temps et que les sommets sont partagés par huit mailles en même temps. On a donc dans une maille : $6 \times \frac{1}{2} + 8 \times \frac{1}{8} = 4$. Il y a 4 ions iodure.
4) Avec le même raisonnement, on voit que les ions sodium sont en contact avec des anions : les ions iodures. De même, il y a des ions sodium au milieu de chaque arrête qui sont partagés entre 4 mailles et un ion sodium au centre de la maille : $12 \times \frac{1}{4} + 1 = 4$. Il y a 4 ions sodium.
5) Le solide ionique est stable puisque, globalement, l'ion iodure est chargé I^- et l'ion sodium Na^+. Ainsi, selon la répartition des ions dans ce cristal, on a un ion sodium pour un ion iodure : la charge globale est nulle et la structure est neutre.

II ▶ Les familles chimiques

EXERCICE 4

1) 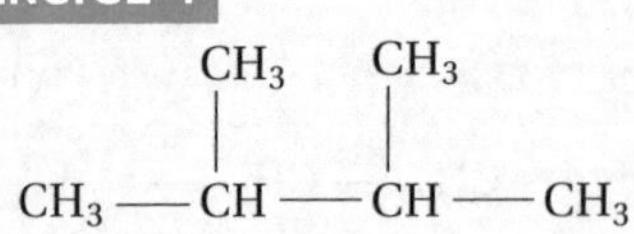 famille des alcanes.

2) 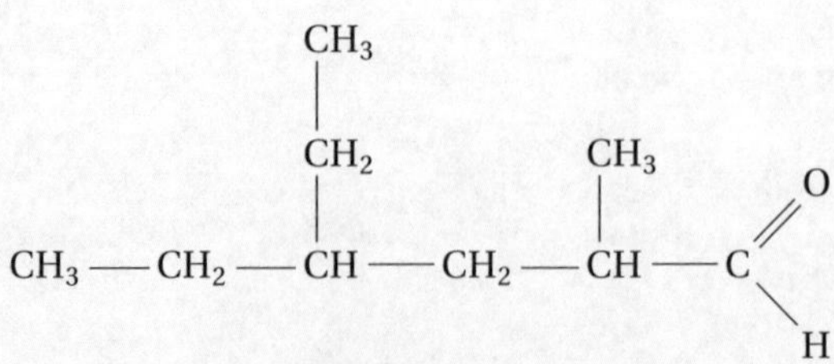 famille des aldéhydes.

3) 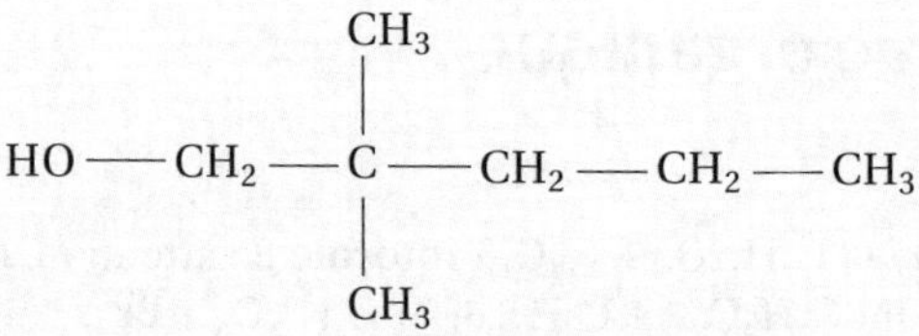, famille des alcools.

4) 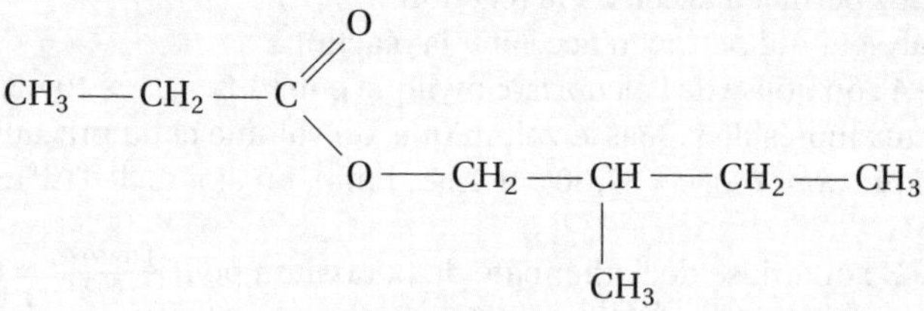 famille des esters.

5) 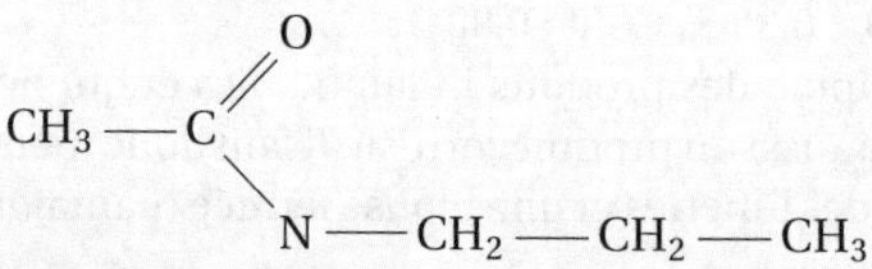 famille des amides

EXERCICE 5

1) 2-méthylbut-2ène, famille des alcènes.
2) 3-éthylpentan-2-one, famille des cétones.
3) acide 2,3-diméthylbutanoïque, famille des acides carboxyliques.
4) N-éthyl-N-méthyl-2,2-diméthylhexanamine, famille des amines.
5) 3-éthylpentan-3-ol, famille des alcools (tertiaire).

III ▶ Réactivité en chimie organique

EXERCICE 6

1) Un alcool se transforme en un alcène et de l'eau : élimination.
2) Un alcène et du dihydrogène forme un alcane : addition.
3) Un alcane se transforme en cycloalcane et libère du dihydrogène : élimination.
4) Un alcool se transforme en alcène. Mais il manque un atome d'oxygène pour assurer la conservation des éléments : ce n'est pas équilibré.
5) L'ammoniac réagit avec un alcool pour former un amino-alcène et de l'eau : substitution.

EXERCICE 7

1) L'étape 1 est unc addition : on passe de deux réactifs à un seul produit.
2) L'étape 2 est une élimination : on passe d'un seul réactif à deux produits.
3) L'étape 3 est une substitution : deux réactifs deviennent deux produits différents.

IV ▸ Synthèse en chimie organique

EXERCICE 8

1) **Protocole A :** $C_5H_{12}O + C_2H_4O_2 \rightarrow C_7H_{14}O_2 + H_2O$. **Protocole B :** attention, l'acide acétique est là en tant que solvant $C_2H_3O_2^- + C_5H_{11}Br \rightarrow C_7H_{14}O_2 + Br^-$.
2) Le chauffage a reflux permet d'accélérer la réaction.
3) L'APTS est un catalyseur qui permet d'accélérer la réaction.
4) **Pour le protocole A :** on utilise de l'alcool isoamylique pour $0,80.10^{-3} \times 10 \times 39,50 =$ 0,32€ (attention aux unités de la masse volumique, du volume et du prix au kg) et de l'acide éthanoïque pour $0,030 \times 37,30 = 1,12$€. Enfin, on ajoute de l'APTS pour 0,21€. Coût : 1,65€.
   Pour le protocole B : on utilise de l'éthanoate de potassium pour $\frac{1,8 \times 69,50}{500} = 0,25$€ et du bromure d'isoamyle pour $\frac{1,8 \times 23,80}{100} = 0,43$€. Enfin, on utilise pour solvant de l'acide acétique pour $0,008 \times 37,30 = 0,30$€. Coût : 0,98€.
5) Dans les deux protocoles, on manipule des produits inflammables et qui peuvent avoir un effet sur la santé. On utilise aussi un produit corrosif. Il faut donc manipuler loin d'une flamme, avec des gants, des lunettes et une blouse fermée (pantalon long et chaussures fermées aussi) !
6) Dans le calcul du coût (comme pour la sécurité), nous n'avons pas intégré toutes les espèces chimiques utilisées pour les différentes étapes d'extraction et de purification (lavage, séchage, etc.). Il faut aussi prendre en compte le système de chauffage et l'énergie dépensée.
7) On peut calculer l'économie d'atomes pour chaque protocole ou voir quel protocole crée le moins de déchets. Les industriels vont préférer la synthèse qui permet la création la plus rapide de l'espèce désirée pour des rendements équivalents.
8) Chaque protocole présente des étapes de traitement différentes : utilisation de l'éthoxyéthane et du chlorure de sodium dans le B.
9) Pour chaque protocole, il faut d'abord calculer la quantité théorique de produit obtenu en considérant la réaction comme totale :
   - **protocole A :** alcool $n_1 = \frac{m}{M} = \frac{\rho \times V}{M} = \frac{0,80 \times 10}{88,0} = 9,1 \times 10^{-2}$ mol et acide $n_2 = \frac{1,05 \times 30}{60,0} =$ 0,525 mol. Ainsi, $n_{max} = n_1$ donc le rendement est $R = \frac{n_{exp}}{n_2} = \frac{2,84/130}{0,091} \times 100 = 24\%$;
   - **protocole B :** éthanoate $n_1 = 18$ mmol et bromure d'isoamyle $n_2 = 12$ mmol. Ainsi, $n_{max} = n_2$ donc le rendement est $R = \frac{n_{exp}}{n_2} = \frac{1,30/130}{0,012} \times 100 = 83,3\%$.
10) Avec le protocole A, on obtient $V = \frac{2,84}{874} = 3,2$ mL d'ester pour un coût de 1,65€ et on peut vendre ce produit : $x = \frac{54,50 \times 3,2}{100} = 1,74$€. La marge est de 9 centimes pour l'industriel. Avec le protocole B, on obtient $V = \frac{1,30}{874} = 1,5$ mL d'ester pour un coût de 0,98€ et on peut vendre ce produit : $x = \frac{54,50 \times 1,5}{100} = 0,82$€. L'industriel perd de l'argent. C'est le protocole A que l'industriel préférerera, malgré un coût de matières premières plus élevé et un rendement plus faible.

CHAPITRE 8

Analyse en chimie

Plan du chapitre

L'analyse des produits chimiques est une activité de plus en plus importante : vérification des indications d'une étiquette d'un produit de consommation de la vie de tous les jours, précision des réalisations des médicaments, étude de la structure géométrique et de la composition des molécules qui nous entourent (découverte de nouveaux moyens de guérisons, de nouveaux matériaux, etc.) sont autant d'éléments qui interrogent et inquiètent les citoyens du monde. Il faut aussi prévoir comment les réactions chimiques évoluent avant de les réaliser.

Objectifs et compétences

Ce que j'ai vu au lycée	Ce que je vais apprendre en prépa
• Savoir réaliser expérimentalement un dosage (toutes méthodes confondues). • Identifier la méthode de dosage la mieux adaptée à la situation. • Définir l'équivalence et la repérer expérimentalement lors d'un dosage. • Relier la couleur d'une solution à sa concentration (loi de Beer-Lambert). • Utiliser un spectre IR pour retrouver les groupes caractéristiques d'une molécule. • Connaître les différents facteurs cinétiques. • Établir une loi de vitesse pour une réaction chimique. • Prévoir le sens d'évolution d'une réaction chimique.	• Manipuler avec précision les méthodes de dosage. • Dosage en retour. • Étude de la Résonance Magnétique Nucléaire en complément des spectres IR. • Étude de réaction d'ordre multiples. • Prévision du comportement thermodynamique et cinétique plus complet.

AUTO-ÉVALUATION

Évaluez-vous en répondant à la série de questions ci-dessous. Plusieurs bonnes réponses sont possibles.

QCM INTERACTIFS

lienmini.fr/40829-8

1. **Un dosage par étalonnage nécessite de réaliser des mesures :**
   □ **a.** uniquement sur la solution de concentration inconnue ;
   □ **b.** sur des solutions différentes de la solution inconnue ;
   □ **c.** sans besoin de solution inconnue ;
   □ **d.** sur la solution inconnue et sur des solutions connues.

2. **Lors d'un dosage par titrage acido-basique, on repère l'équivalence :**
   □ **a.** par la méthode des tangentes ;
   □ **b.** grâce au changement de pente ;
   □ **c.** à la moitié du volume total versé ;
   □ **d.** en intégrant les points de la courbe informatiquement.

3. **On ne peut réaliser un dosage conductimétrique que s'il y a :**
   □ **a.** présence d'ions dans la solution inconnue ;
   □ **b.** variation de la concentration en ions ;
   □ **c.** une réaction chimique d'oxydoréduction ;
   □ **d.** une réaction acido-basique.

4. **La loi de Beer-Lambert ne s'applique qu'aux solutions qui :**
   □ **a.** ont une couleur ;
   □ **b.** sont incolores ;
   □ **c.** absorbent au moins une partie de rayonnement ;
   □ **d.** sont très concentrées.

5. **Les spectres IR d'une molécule donnent une information sur :**
   □ **a.** ses groupes caractéristiques ;
   □ **b.** la structure de son squelette carboné ;
   □ **c.** sa géométrie globale ;
   □ **d.** son caractère oxydant ou réducteur.

6. **La vitesse volumique de disparition est :**
   □ **a.** l'opposée de la vitesse volumique d'apparition ;
   □ **b.** égale à la vitesse volumique d'apparition ;
   □ **c.** supérieure à la vitesse volumique d'apparition ;
   □ **d.** un multiple du temps de demi-vie.

7. **La variation d'un facteur cinétique influence la vitesse de la réaction :**
   □ **a.** et l'avancement finale ;
   □ **b.** et son rendement ;
   □ **c.** mais pas son rendement ;
   □ **d.** uniquement en l'augmentant.

8. **Pour qu'une réaction se fasse de manière spontanée dans le sens direct il faut :**
   □ **a.** que son Q_r soit supérieur au K ;
   □ **b.** que son Q_r soit inférieur au K ;
   □ **c.** que son Q_r soit précisement égal au K ;
   □ **d.** que la concentration en produit soit plus grande que celle en réactif.

▸ **Corrigés p. 238**

SYNTHÈSE DE COURS

I ► Les dosages

1 Définition de base

Un grand nombre de chimistes de laboratoire analysent, chaque jour, les produits qui nous entourent : produits alimentaires, boissons, produits pharmaceutiques, etc. Ces analyses doivent permettre de s'assurer de la composition chimique des produits en question.

Le chimiste peut d'abord réaliser des tests des ions en tube à essai, pour vérifier la présence de certaines espèces chimiques dans la ou les solutions à étudier. Ces tests se font avec :

- un tube témoin, réalisé avec une solution contenant l'ion à tester;
- un tube test, réalisé sur la solution à tester.

Ces tests ne font que révéler la présence d'espèces chimiques. Il faut aussi pouvoir accéder à la concentration ou la quantité de matière des espèces étudiés. On fait donc des dosages.

À retenir. Dosage

Un dosage sert à déterminer la quantité de matière inconnue d'une espèce chimique.

Il existe deux grands types de procédés :

- les dosages par étalonnage (méthodes non destructives pour l'échantillon étudié, mais plus longues à mettre en œuvre) ;
- les titrages (méthodes destructives pour l'échantillon étudié, mais plus rapides).

À retenir. Dosage par étalonnage

Lors d'un dosage par étalonnage, on compare une grandeur physique mesurable (conductivité, absorbance, etc.) de la solution contenant l'espèce chimique à doser avec celle de solution étalon contenant la même espèce chimique à des concentrations connues avec précision. Cela permet de tracer une droite et gagner ainsi en précision, plutôt que de travailler avec une seule mesure comparative.

À retenir. Titrage

Un titrage permet de doser une espèce chimique en solution par l'intermédiaire d'une ou plusieurs réactions chimiques. On ajoute successivement la solution titrante de concentration connue dans celle à titrer et on cherche à déterminer l'équivalence.

Pour déterminer l'équivalence, on peut réaliser des mesures conductimétriques pour les milieux réactionnels faisant intervenir des ions, des mesures pH-métriques, pour les milieux réactionnels contenant des ions oxonium ou hydroxyde, et, enfin, des mesures spectrophotométriques, si les espèces étudiées ont une couleur.

À retenir. Équivalence

Lors d'un dosage, l'équivalence correspond à l'instant où les réactifs ont été introduits dans les proportions stœchiométriques, c'est-à-dire lorsque la totalité des réactifs ont entièrement disparu.

Pour une réaction générale : $\alpha\mathrm{A}+\beta\mathrm{B}\rightarrow\gamma\mathrm{C}+\delta\mathrm{D}$, à l'équivalence, on peut écrire que :

$$\frac{n_A}{\alpha}=\frac{n_B}{\beta}.$$

Quel que soit le mode de dosage utilisé, il faut que la réaction support du titrage soit :

- rapide;
- totale;
- unique (ou sélective).

Expérimentalement, le montage sera le même pour les dosages pH-métrique, colorimétrique et conductimétrique. Le seul élément distinctif sera l'appareil de mesure utilisé.

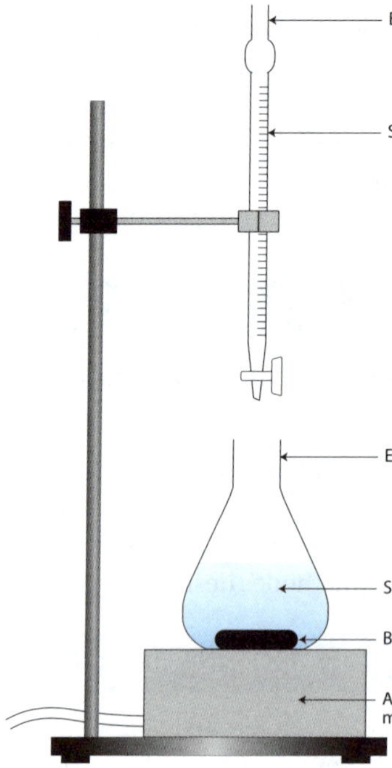

► **Figure 8.1.** Schéma expérimental.

2 Dosage pH-métrique

On étudie l'évolution du pH de la solution. On peut suivre le dosage avec un pH-mètre ou procéder à un dosage colorimétrique avec un indicateur coloré.

Lors d'un suivi pH-métrique, on mesure l'évolution de la valeur du pH au fur et à mesure de la réaction acido-basique entre le réactif titrant et le réactif titré. On trace alors la courbe $\mathrm{pH}=f(V)$ avec V le volume de réactif titrant versé. On observe un saut de pH autour du point d'équivalence (voir figure 8.2) que l'on repère :

- graphiquement par la méthode des tangentes;
- numériquement avec la courbe de la dérivée du pH dont le maximum donne l'équivalence.

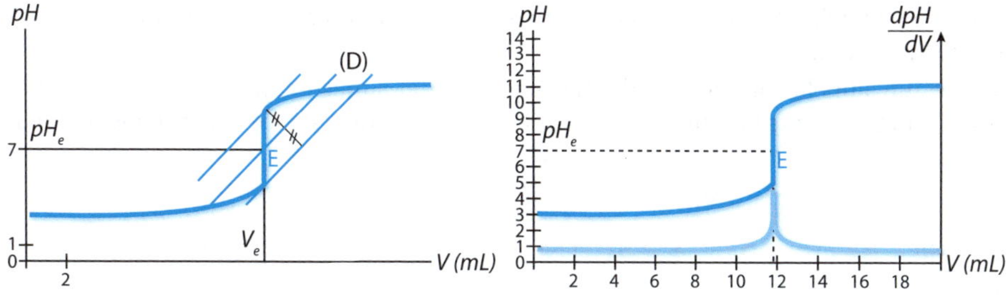

► **Figure 8.2.** Dosage pH-métrique et courbe d'évolution.

On peut aussi déterminer le pH à l'équivalence avec un indicateur coloré correctement choisi : il faut que sa zone de virage (changement de couleur) contienne le pH à l'équivalence. Pour cela on procède à deux dosages :

- un premier dosage est approximatif. On verse le réactif titrant pour repérer le volume équivalent (changement de couleur) ;
- un deuxième dosage précis, où l'on diminue la vitesse d'écoulement du réactif titrant aux abords du volume trouvé au premier dosage.

On obtient ainsi une valeur précise du volume à l'équivalence, moment où les réactifs ont été introduits dans les proportions stœchiométriques. Généralement, dans les réactions acido-basiques $\alpha = \beta = 1$ et donc, à l'équivalence, on peut écrire :

$$n_A = n_B <=> C_A \times V_A = C_B \times V_B.$$

3 Dosages conductimétriques

En solution aqueuse, la conduction est assurée par la présence et le déplacement d'ions. La concentration des ions et leur nature intervient dans la conduction. On ne peut donc utiliser cette méthode de suivi que s'il y a des ions dans le système chimique étudié.

On utilise un conductimètre, appareil de mesure constitué de deux plaques parallèles, de surface S, séparées d'une distance L. Une tension alternative de valeur efficace U est appliquée entre les deux plaques. On mesure alors un courant d'intensité I tel que :

$$I = G \times U \text{ avec : } G = \frac{1}{R}.$$

G est la conductance qui s'exprime en Siemens (S). Elle est reliée à la cellule conductimétrique par $G = \sigma \frac{S}{L}$ avec σ la conductivité de la solution en $S.m^{-1}$ et $\frac{S}{L} = k$ la constante de cellule.

À retenir. Conductivité

Dans une solution ionique diluée, la conductivité traduit la capacité de la solution à conduire le courant électrique. Elle s'obtient avec la loi de Kohlrausch

$$\sigma = \sum_i \lambda_i \times C_i.$$

Avec σ la conductivité de la solution en Sm^{-1} ; λ la conductivité molaire ionique de l'ion i en $Sm^2.mol^{-1}$; C la concentration molaire en $mol.m^{-3}$.

Ainsi, on peut relier la mesure de conductivité d'une solution à la concentration en espèce ionique présente.
On mesure alors la conductivité du mélange au fur et à mesure que l'on ajoute le réactif titrant. On trace alors la courbe $\sigma = f(V)$ et on repère l'équivalence par le changement de pente :

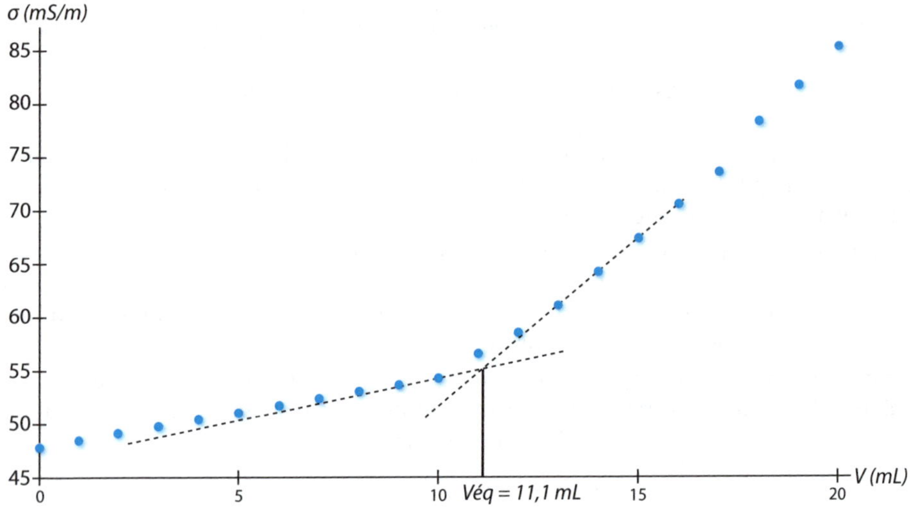

► **Figure 8.3.** Dosage conductimétrique et courbe d'évolution.

II ► Spectrophotométrie et IR

1 Substances colorées

Les espèces chimiques colorées présentes des caractéristiques permettant au chimiste de remonter à la structure spatiale de l'espèce ou à sa concentration si elle est en solution.

> **À retenir. Solution colorée**
>
> Une solution est colorée si elle absorbe une partie du spectre visible.

La lumière blanche est constituée d'un spectre continu dont les radiations ont des longueurs d'onde allant de 400 à 800 nm. C'est l'interaction possible entre la lumière et les espèces chimiques qui va leur donner ou non, une couleur. Une substance qui laisse passer l'ensemble du spectre de la lumière blanche sans rien absorber apparaît incolore.

À retenir.

Une solution qui absorbe une couleur du spectre transmet la couleur complémentaire : ce sera la couleur apparente de la solution.

On trouve la couleur complémentaire d'une couleur du spectre avec les triangles des couleurs (figure 8.4). Deux couleurs complémentaires se font face sur ces triangles. La superposition de deux couleurs complémentaires donnent du blanc.

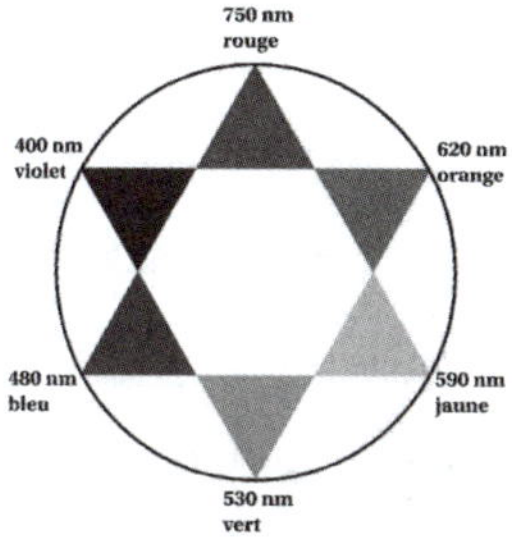

▸ **Figure 8.4.** Triangle des couleurs.

Retrouvez l'image originale en couleurs ici : lienmini.fr/40829-D

Objectif prépa

Les atomes et les molécules présentent des niveaux quantifiées d'énergies, ils interagissent donc avec la lumière et peuvent absorber une partie du spectre électromagnétique. On parle de groupe chromophore : c'est un agencement d'atomes capable d'absorber fortement une partie du spectre électromagnétique autour d'une longueur d'onde caractéristique, notée λ_{max}. Les groupes chromophores mettent en jeu des doubles liaisons carbone-carbone ou carbone-oxygène notamment. Ils absorbent généralement dans l'ultraviolet lorsqu'ils sont isolés.

Exemple

$$CH_2{=}CH{-}CH{=}CH{-}CH{=}CH_2.$$

Plus une molécule possède de doubles liaisons conjuguées, plus la longueur d'onde d'absorption maximale est élevée. Il faut au moins sept liaisons conjuguées pour qu'une molécule absorbe dans le visible et présente donc une couleur.

2 Principe de la spectrophotométrie

Un spectrophotomètre est un appareil de mesure qui fait passer une radiation monochromatique au travers d'une cuve de longueur l, contenant la solution à analyser, et mesure l'absorbance A, grandeur physique liée à la quantité de lumière absorbée par la solution.

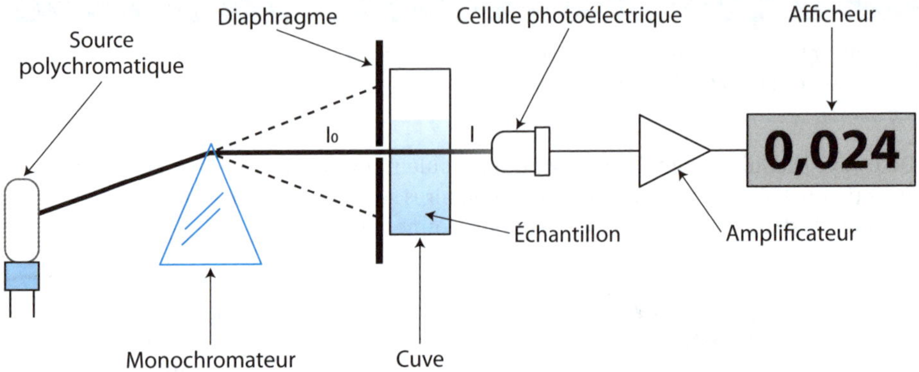

► **Figure 8.5.** Principe de fonctionnement d'un spectrophotomètre.

L'appareil affiche l'absorbance A de la solution (ou sa transmittance T), calculer comme suit : $A = \log\left(\frac{I_0}{I}\right) = -\log T$

C'est une grandeur positive et sans unité, usuellement comprise entre 0 et 3. I_0 est l'intensité lumineuse incidente et I l'intensité lumineuse transmise après la cuve.

La loi de Beer-Lambert permet d'obtenir un lien entre absorbance et concentration.

À retenir. Loi de Beer-Lambert

Pour les solutions diluées (concentration $C < 10^{-2}\,\mathrm{mol.L^{-1}}$). $A = \epsilon(\lambda) \times l \times C$:

- A : l'absorbance de la solution (sans unité) ;
- l : la longueur de la cuve en (m) ;
- C : la concentration molaire de la solution en $(\mathrm{mol.m^{-3}})$;
- $\epsilon(\lambda)$: le coefficient d'extinction molaire en $(\mathrm{m^2.mol^{-1}})$, qui dépend de la longueur d'onde.

3 Dosage spectrophotométrique

Le spectrophotomètre peut permettre de réaliser un dosage par étalonnage si on étudie une espèce en solution capable d'absorber dans le visible (solution colorée) ou dans l'ultraviolet proche (solution incolore). Pour les solutions diluées, il y a proportionnalité entre l'absorbance et la concentration. Il faut d'abord déterminer la longueur d'onde de travail à l'aide d'une courbe d'absorbance : $A = f(\lambda)$.

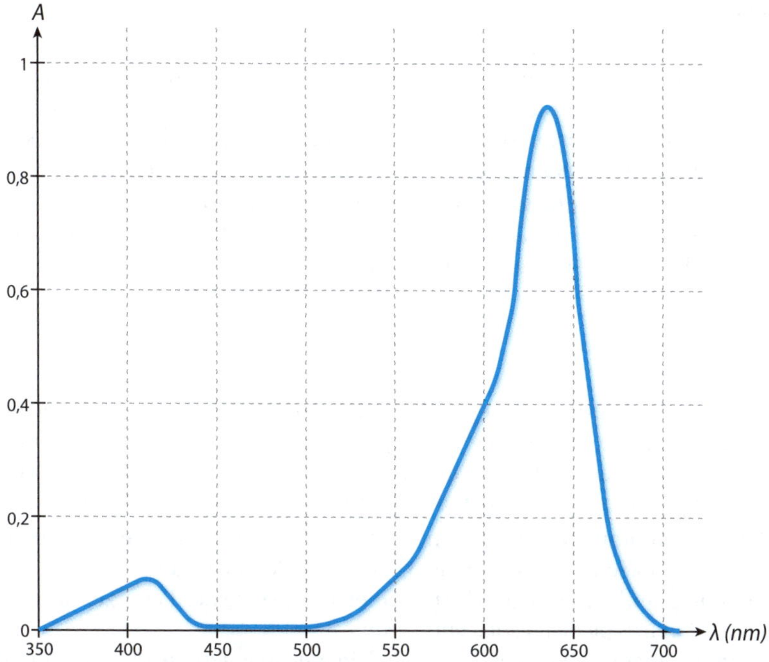

► **Figure 8.6.** Absorbance du bleu patenté.

Une fois la longueur d'onde (où l'absorbance est maximale) déterminée, on règle le spectrophotomètre sur cette valeur et on réalise plusieurs solutions dont les concentrations vont encadrer la valeur de la solution à doser. On se base pour cela sur l'observation de la teinte de couleur. On trace la droite d'étalonnage $A = f(C)$ puis on mesure l'absorbance de la solution à doser. Par lecture graphique, on détermine la concentration inconnue.

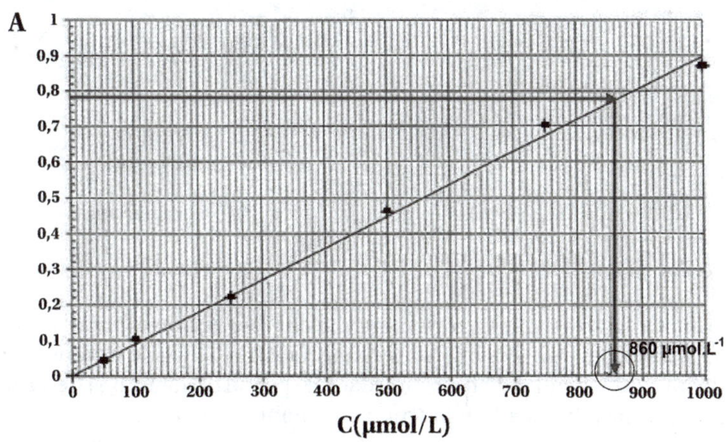

► **Figure 8.7.** Exemple de droites d'étalonnage.

Remarque

On pourrait penser que l'utilisation directe de la loi de Beer-Lambert peut suffire pour déterminer la concentration inconnue. Mais il faut, pour cela, connaître $\epsilon(\lambda)$ de l'espèce étudiée, ce qui est rarement le cas. De plus, ne travailler que sur une seule solution augmente largement l'imprecision sur la mesure. On préfère ainsi réaliser plusieurs solutions et passer par une droite d'étalonnage raisonnable (cinq ou six points).

Les unités des grandeurs utilisées dans la loi de Beer-Lambert peuvent varier : on trouve souvent la largeur de la cuve l en cm et la concentration molaire C en $mol.L^{-1}$. De fait, on a $\epsilon(\lambda)$ en $L.mol^{-1}.cm^{-1}$. Il faut être vigilant sur ce point.

4 Spectroscopie IR

Il est possible de déterminer la structure d'une molécule en se basant sur l'interaction entre la matière et la lumière. Au contact d'un rayonnement, une molécule peut absorber des photons ayant une énergie quantifiée bien précise et y répondre différemment selon sa structure géométrique et sa composition. Si le rayonnement est dans la gamme :

- **UV/visible**, le photon absorbé met en jeu des transitions entre niveaux d'énergie électronique de la molécule (renseignement sur le type de molécule) ;
- **IR**, le photon absorbé met en jeu des transitions entre niveaux d'énergie vibratoire (renseignement sur le type de liaisons entre atomes) ;
- **ondes radio**, l'énergie absorbée met en jeu l'énergie magnétique du noyau des atomes.

Ainsi, une combinaison de l'étude spectroscopique d'une molécule dans différents domaines de rayonnement peut permettre de remonter à la structure de la molécule. Nous allons nous concentrer sur la partie IR.

Les atomes reliés par une liaison covalente dans une molécule, ne sont pas immobiles les uns par rapport aux autres. Ils vibrent autour d'une position moyenne comme s'ils étaient reliés par un ressort : on parle de mouvement de **vibration d'élongation** ou de **vibration de déformation**.

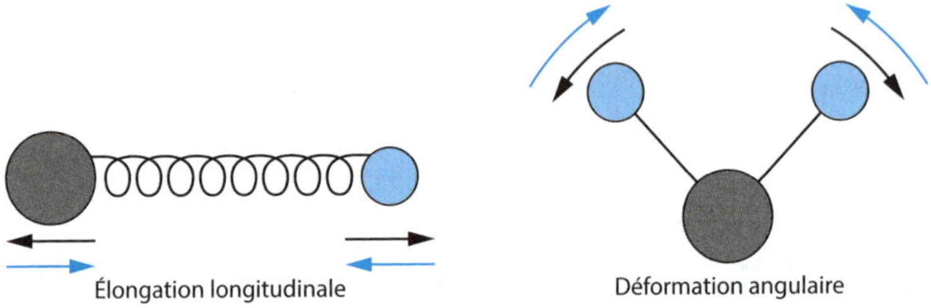

▸ **Figure 8.8.** Vibration des atomes autour d'une liaison.

Quand une lumière infrarouge (IR) traverse un échantillon (solide, liquide ou gazeux), certaines liaisons absorbent de l'énergie pour changer de fréquence de vibration.
Cela fait apparaître des bandes d'absorption dans le spectre IR (figure 8.9) Ce spectre donne l'évolution de la transmittance T en fonction du nombre d'onde σ :

- la transmittance donne le pourcentage d'intensité lumineuse que l'échantillon laisse passer. Si $T = 100$ % alors l'absorbance est nulle ;
- le nombre d'onde σ est l'inverse de la longueur d'onde utilisée : $\sigma = \frac{1}{\lambda}$, toujours en cm^{-1}.

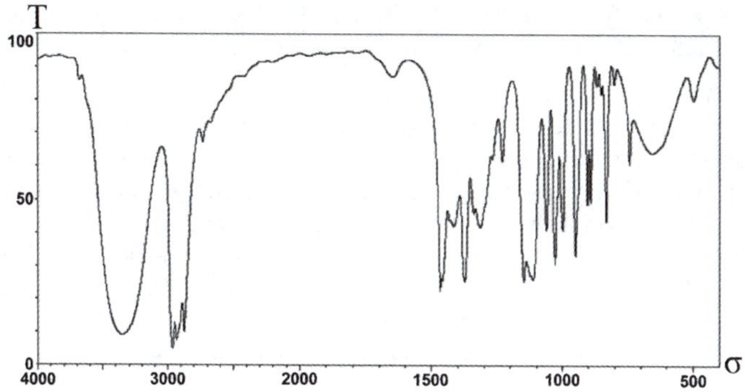

▶ **Figure 8.9.** Spectre IR du pentan-2-ol.

Les spectres IR sont constitués de bandes d'absorption qui vont être caractérisées par leur nombre d'ondes (σ correspondant à la transmittance la plus faible), leur largeur (bande fine ou large) mais aussi leur intensité (transmittance faible, moyenne ou forte). Il y a deux zones différentes sur les spectres IR :

- $\sigma < 1500\,\text{cm}^{-1}$. Les bandes d'absorption correspondent aux vibrations de déformation angulaire, elles sont très nombreuses pour les molécules organiques et ne sont exploitées que par comparaison avec des spectres de référence (on parle d'empreinte digitale) ;
- $\sigma > 1500\,\text{cm}^{-1}$. Les bandes d'absorption correspondent aux vibrations d'élongation, elles permettent de reconnaître les liaisons et les groupements caractéristiques en chimie organique. Cette zone est exploitée à l'aide de tables de données.

Liaison	Nombre d'ondes (cm-1)	Intensité
O-H alcool libre	3 500-3 700	Forte, fine
O-H alcool lié	3 200-3 400	Forte, large
O-H acide carboxylique	2 500-3 200	Forte à moyenne, large
N-H amine	3 100-3 500	Moyenne
N-H amide	3 100-3 500	Forte
N-H amine ou amide	1 560-1 640	Forte ou moyenne
Ctri-H	3 000-3 100	Moyenne
Ctét-H	2 800-3 000	Forte
C=O ester	1 700-1 740	Forte
C=O amide	1 650-1 740	Forte
C=O aldéhyde et cétone	1 650-1 730	Forte
C=O acide	1 680-1 710	Forte

▶ **Figure 8.10.** Table d'absorption IR.

La présence de liaisons hydrogène dans une molécule en phase condensée, modifie l'allure du spectre IR. Pour les alcools, la présence de liaisons hydrogène en milieu concentré, élargit la bande d'absorption de la liaison O–H (normalement fine) et diminue σ qui passe de $3600\,\text{cm}^{-1}$ à $3300\,\text{cm}^{-1}$. Cet effet n'est pas présent pour les gaz.

Objectif prépa

Il existe aussi la spectroscopie RMN du proton (Résonance Magnétique Nucléaire) qui se base sur la capacité d'un noyau d'hydrogène (appelé « proton ») à se retrouver dans deux états énergétiques différents s'il est placé dans un champ magnétique. Lorsque le noyau d'hydrogène passe de son niveau d'énergie inférieur à son niveau d'énergie supérieur, on dit qu'il entre en résonance magnétique nucléaire. Le champ magnétique est alors à une fréquence ν, dite « fréquence de résonance ». L'entourage du proton sollicité influence l'effet du champ magnétique extérieur. Cet effet permet de remonter à la structure de la molécule étudiée.

5 Lien structure-propriété

Le groupe fonctionnel d'une molécule n'est pas le seul à lui donner des propriétés, sa structure peut aussi intervenir. Voyons cela autour des molécules de savon.

À retenir.

Un savon est ion carboxylate c'est-à-dire un acide carboxylique qui a perdu un ion H^+. Il est constitué de deux parties distinctes :

- une longue chaîne carbonée, apolaire et hydrophobe ;
- une tête carboxyle chargée négativement, polaire et hydrophile.

Ainsi, grâce à sa composition chimique mais aussi sa structure géométrique particulière, le savon présente une double caractéristique : hydrophile et hydrophobe en même temps. On dit que ce sont des molécules **amphiphile**. C'est ce qui lui confère ses propriétés lavantes.

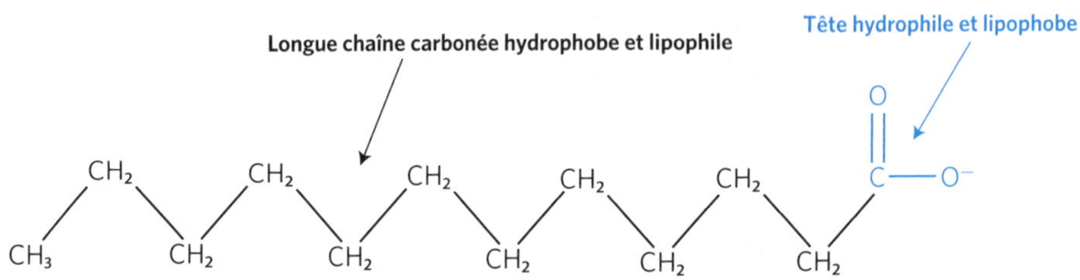

▸ **Figure 8.11.** Une molécule de savon.

Ce genre de molécule est dîtes **tensioactive** : la partie hydrophobe est lipophile, elle va se placer dans les corps gras. La partie hydrophile est lipophobe, elle va se placer naturellement dans les corps aqueux. Ainsi, s'il y a une tâche de gras (ou de terre) sur un tissu, frotter cette tâche avec du savon va attacher les molécules à la tâche de gras : la chaîne carbonée dans la graisse et la tête à l'extérieur. Ensuite, en faisant couler de l'eau dessus, l'eau va se saisir de la partie hydrophilie (la tête de la molécule) et permettre d'arracher la tâche de gras au tissu. Le savon va pouvoir former ainsi des micelles autour des tâches de gras (ou des tâches de terre qui vont facilement se mélanger à l'eau par exemple).

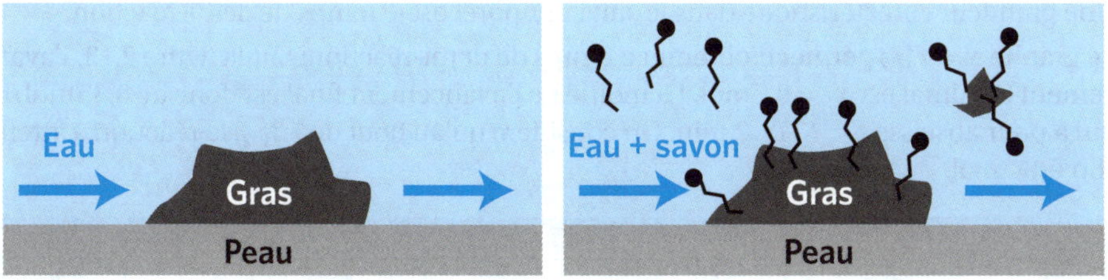

► **Figure 8.12.** Effet des tensioactifs.

III ► La cinétique

1 Temps caractéristique

La cinétique permet d'étudier l'évolution temporelle d'un système chimique siège d'une réaction chimique, c'est-à-dire la durée nécessaire pour que le système passe de son état initial à son état final. Il existe plusieurs qualificatifs pour parler de la durée d'une réaction :

- une réaction est **lente** si l'expérimentateur peut suivre à l'œil nu ou avec un appareil de mesure, l'évolution d'un paramètre physique (couleur, pression, etc.) ;
- une réaction est **rapide** si l'expérimentateur ne peut pas suivre l'évolution (durée inférieure à un dixième de seconde, c'est-à-dire la durée de la persistance rétinienne).

Les tests des ions sont, par exemple, des réactions très rapides, on parle même de réaction instantanée. À l'inverse, la formation naturelle de la rouille est infiniment lente (plusieurs heures). Le chimiste va suivre l'évolution des quantités de matières du système au cours du temps.

À retenir. Suivi temporel

Effectuer le suivi temporel d'une réaction chimique consiste à connaître, à chaque instant, l'état précis du système chimique.

On trace alors, la courbe donnant l'évolution de la concentration ou de la quantité de matière de l'espèce étudiée, au cours du temps. On peut aussi s'interesser à l'avancement de la réaction :

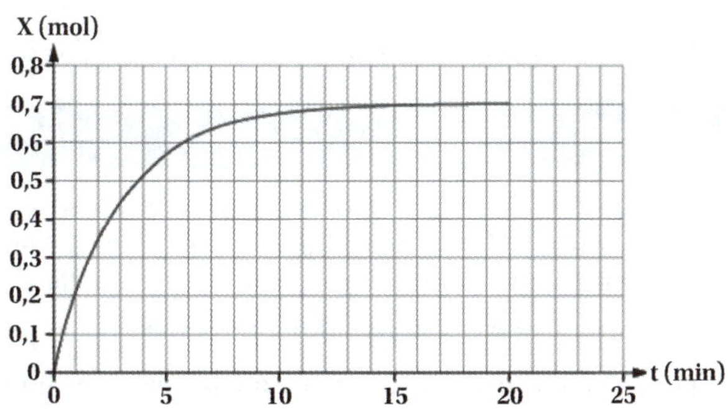

► **Figure 8.13.** Suivi temporel d'une réaction.

Une grandeur caractéristique dans le suivi temporel est le temps de demi-réaction.

Le graphe $x = f(t)$ permet d'obtenir ce temps de demi-réaction. Sur la figure 8.13, l'avancement maximal est $x_f = 0{,}7$ mol. La moitié de l'avancement final est donc de 0,35 mol, ce qui a pour abscisse $t = t_{1/2} = 2$ min. On considère qu'au bout de 7 $t_{1/2}$, la réaction a atteint son état final.

À retenir. Temps de demi-réaction

Le temps de demi-réaction, noté $t_{1/2}$, représente le temps nécessaire pour que l'avancement de la réaction atteigne la moitié de l'avancement final x_f.

2 Facteurs cinétiques

La variation de certains paramètres peut modifier la durée d'évolution du système chimique. On parle alors de **facteurs cinétiques**. Une réaction se produit lorsqu'il y a un choc entre les réactifs avec l'énergie nécessaire pour qu'ils se transforment en produits. La notion de **chocs efficaces** entre en jeu. Plus le nombre de chocs efficaces est élevé (énergie d'activation suffisante), plus vite se fait la réaction chimique. Les facteurs cinétiques permettent justement d'augmenter ou diminuer le nombre de chocs efficaces lors de leur variation, tout autre paramètre restant constant.

La température : l'augmentation (diminution) de la température dans le milieu réactionnel augmente (diminue) la vitesse de réaction du système. C'est le cas, par exemple, lors de la réfrigération des aliments pour ralentir leur oxydation.

La concentration des réactifs : l'augmentation de la concentration d'au moins un des réactifs augmente le nombre de chocs efficaces au début de la réaction et produit une accélération de la vitesse de réaction du système. Plus la réaction avance vers son état initial, moins il y a de réactifs et donc plus la vitesse de réaction diminue (pente moins forte sur le graphe $x = f(t)$).

Le solvant : pour une réaction en solution, le solvant n'intervient pas mais n'est pas inactif pour autant. Un solvant polaire peut, par exemple, favoriser la rencontre de certaines espèces chimiques ou la défavoriser. On peut ainsi faire varier la vitesse de réaction.

Il existe d'autres moyens de modifier la vitesse de réaction : agitation du milieu réactionnel, propagation d'ondes ultra-sonores, etc.

3 Catalyseur

Un catalyseur peut aussi aider à augmenter la vitesse de réaction d'un système chimique.

À retenir. Catalyseur

Un catalyseur est une espèce chimique qui est consommée puis régénérée en égale proportion au cours de la réaction : il ne figure pas dans l'équation de la réaction et accélère ou oriente une réaction chimique sans modifier son état final.

Un catalyseur est possiblement **sélectif** : pour une même réaction chimique, des catalyseurs différents pourraient orienter la réaction et permettre la production d'espèces chimiques différentes. Par exemple, l'éthanol à chaud en présence de cuivre solide créé de l'éthanal et du dihydrogène alors qu'en présence d'alumine Al_2O_3 solide, cela donne de l'éthène et de l'eau :

$$CH_3\text{–}CH_2\text{–}OH \xrightarrow{Cu(s)} CH_3\text{–}CHO + H_2.$$

$$CH_3\text{–}CH_2\text{–}OH \xrightarrow{Al_2O_3(s)} H_2C{=}CH_2 + H_2O.$$

Il existe différents types de catalyses :

- **homogène**, lorsque le catalyseur et les réactifs ne forment qu'une seule phase fluide;
- **hétérogène**, lorsque le catalyseur et les réactifs forment deux phases distinctes;
- **enzymatique**, lorsque le catalyseur est une macromolécule biologique appelée enzyme.

Il est très important de bien différencier augmentation de la vitesse de réaction et avancement de la réaction : ce n'est pas parce qu'une réaction chimique va plus vite vers son état final que l'avancement est plus proche de l'avancement maximal. Lorsque l'on modifie les facteurs cinétiques, on obtient plus vite les produits de la réaction, mais on en obtient pas plus que si la réaction avait été réalisée lentement.

4 Vitesse volumique de réaction

On définit des grandeurs permettant de caractériser la vitesse à laquelle les réactifs disparaissent ou la vitesse à laquelle les produits apparaissent dans une réaction chimique. Cela pouvant dépendre de la « taille » du système étudié, il faut des grandeurs volumiques pour une meilleure comparaison.

À retenir. Vitesse volumique de réaction

On définit la vitesse volumique de réaction pour une espèce chimique X dont la quantité de matière vaut x(t) :

$$v_X(t) = \frac{1}{V}\frac{\mathrm{d}x(t)}{\mathrm{d}t} = \frac{d\left(\frac{x(t)}{V}\right)}{\mathrm{d}t} = \frac{\mathrm{d}[X]}{\mathrm{d}t}.$$

Avec [X] la concentration molaire de l'espèce X en $mol.L^{-1}$. et t en seconde pour une vitesse volumique en $mol.L^{-1}.s^{-1}$.

Cette définition permet d'obtenir expérimentalement les valeurs de la vitesse volumique de réaction en mesurant le coefficient directeur de la pente, sur la courbe $[x] = f(t)$, à l'instant considéré (courbe obtenue par dosage avec éventuellement une trempe pour bloquer la réaction par refroidissement rapide).

À retenir.

La vitesse volumique d'apparition d'un constituant est égale à la dérivée temporelle de sa concentration : $v_a = \frac{\mathrm{d}[X]_i}{\mathrm{d}t}$. De même, la vitesse volumique de disparition d'un constituant est égale à l'opposée de sa vitesse de formation : $v_d = -v_a$.

Ainsi, en prenant en compte les coefficients stœchiométriques, pour une réaction chimique générale $\alpha A + \beta B = \gamma C + \delta D$, on peut écrire :

$$v = -\frac{1}{\alpha}\frac{d[A]}{dt} = -\frac{1}{\beta}\frac{d[B]}{dt} = \frac{1}{\gamma}\frac{d[C]}{dt} = \frac{1}{\delta}\frac{d[D]}{dt}.$$

Les réactions chimiques vont pouvoir suivre des lois de vitesse de différents ordres. Au lycée, on étudie la loi de vitesse d'ordre 1 pour des réactions du type : $A \rightarrow \beta B + \gamma C$.

À retenir.

Une réaction chimique suit une loi de vitesse d'ordre 1 par rapport au réactif A si la vitesse volumique de disparition de A est proportionnelle à la concentration en A :

$$v_d(t) = k.[A](t).$$

k étant une constante de vitesse en s^{-1}.

De fait, pour une loi d'ordre 1, on peut écrire une équation différentielle du premier ordre sans second membre que l'on sait ensuite résoudre :

$$v_d = -\frac{d[A]}{dt} = k.[A] <=> \frac{d[A]}{dt} + k.[A] = 0.$$

La solution de cette équation est de la forme : $[A] = [A]_0 \exp(-kt)$. Ainsi, pour vérifier qu'une réaction est d'ordre 1, on trace la courbe $\ln[A]$ en fonction du temps. Si la courbe obtenue est une droite, c'est bien une réaction d'ordre 1. En effet, $\ln[A] = -kt + \ln[A]_0$, ce qui est l'équation d'une droite affine. Si ce n'est pas le cas, la réaction est cinétiquement d'un autre ordre (les autres ordres seront étudiés dans le supérieur).

5 Mécanisme réactionnel

L'étude microscopique d'une réaction chimique permet d'expliquer la cinétique et l'influence des facteurs cinétiques.

À retenir. Acte élémentaire

On appelle acte élémentaire une réaction se déroulant à l'échelle microscopique en une seule étape lors d'un choc efficace entre deux entités chimiques.

Pour mieux comprendre ces réactions, il faut s'intéresser de près à la nature des liaisons chimiques et aux mouvements des électrons. Il existe, en effet deux catégories de sites au sein des molécules organiques :

- les sites donneurs d'électrons ;
- les sites accepteurs d'électrons.

La représentation de Lewis permet de faire apparaître l'ensemble des doublets, liants comme non liants, dans une molécule. La polarité de chaque liaison peut nous donner aussi une indication sur les différents comportement des atomes dans la structure spatiale de la molécule.

À retenir. Nucléophile

Un site donneur de doublet d'électrons est dit nucléophile. C'est un site de forte densité électronique présentant une affinité chimique pour les charges positives (noyaux atomiques ou défauts d'électrons). On peut les trouver sur des atomes possédant un doublet non liant ou entre deux atomes reliés par une double liaison.

On trouve évidemment des sites au comportement opposé.

À retenir. Électrophile

Un site accepteur de doublet d'électrons est dit électrophile. C'est un site de faible densité électronique présentant une affinité chimique pour les électrons. On peut les trouver sur des atomes possédant une charge (entière ou partielle) positive.

Une réaction chimique se déroule **toujours** entre un donneur d'électrons et un accepteur d'électrons. Ce sont en réalité les électrons qui se déplacent du site nucléophile vers le site électrophile. On représente ce mouvement par une flèche courbe dans ce qui se nomme un **mécanisme réactionnel**.

À retenir. Mécanisme réactionnel

Un mécanisme réactionnel décrit le déroulement de chaque étape d'une transformation chimique, à l'échelle moléculaire. Cela donne la nature des liaisons formées et rompues dans l'ordre chronologique.

Attention !

Les flèches courbes partent toujours d'un doublet d'électrons et pointent vers le site accepteur !

Exemple

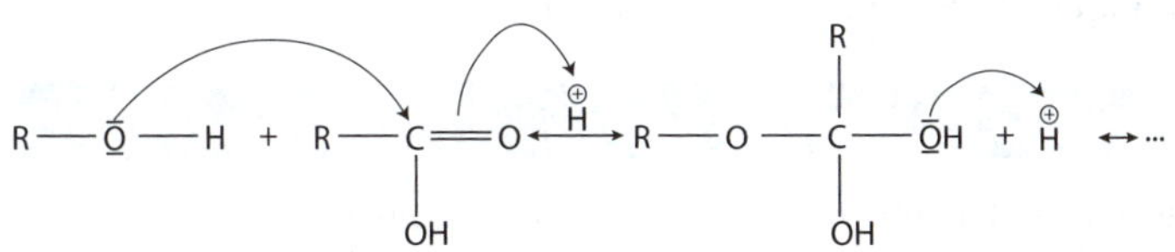

IV ▸ Prévision et sens d'évolution

La cinétique présente un aspect des réactions chimiques qui ne tient absolument pas compte d'un critére important : une réaction peut se faire très rapidement, mais avec un état d'avancement quasi nul ! Cela rendrait cette réaction absolument non intéressante pour un industriel, puisqu'elle ne fabriquerait quasiment pas de produits. Nous allons passer en revue cet aspect des réactions : l'aspect thermodynamique.

1 Équilibre chimique

Lorsqu'une transformation chimique est possible thermodynamiquement alors tous les produits sont présents dans l'état final :

- si la réaction est totale, elle cesse de se produire quand au moins un des réactifs disparaît totalement (le réactif limitant) ;
- si la réaction est limitée, aucun des réactifs ne disparaît. Il y aura donc, dans l'état final, un peu de tous les produits et de tous les réactifs.

À retenir. Équilibre chimique

On définit l'équilibre chimique comme l'état dans lequel se trouve le système chimique à l'état final d'une réaction limitée.

C'est un équilibre dynamique : en réalité, le système est en évolution permanente avec deux réactions opposées qui se déroulent dans le système chimique. En effet, pour la réaction $\alpha A + \beta B = \gamma C + \delta D$ le signe « = » masque la réalité :

- les réactifs se transforment en continu en produits (lors des chocs efficaces) : $\alpha A + \beta B \rightarrow \gamma C + \delta D$. C'est ce que l'on appelle **le sens direct** ;
- les produits réagissent entre eux aussi et reforment des réactifs : $\gamma C + \delta D \rightarrow \alpha A + \beta B$. C'est ce que l'on appelle **le sens indirect**.

On privilègie donc cette symbolique lorsque l'on ne sait pas si la réaction est totale ou non :

$$\alpha A + \beta B \leftrightharpoons \gamma C + \delta D.$$

Cet équilibre impose évidemment que la vitesse volumique d'apparition de chaque espèce soit précisément égale à sa vitesse de disparition.

2 Évolution spontanée d'un système

Soit la réaction chimique globale : $\alpha A + \beta B \leftrightharpoons \gamma C + \delta D$.

À retenir. Activité

L'activité d'une espèce chimique X est une grandeur sans dimension :

- si X est une espèce en solution $a = \frac{[X]}{C^\circ}$ avec $C^\circ = 1{,}0\,\text{mol.L}^{-1}$;
- si X est le solvant $a = 1$;
- si X est une espèce à l'état solide $a = 1$.

L'activité permet alors de définir correctement et sans problème d'homogénéïté le quotient de réaction.

À retenir. Quotient de réaction

Pour la réaction chimique globale étudiée dans cette partie, le quotient de réaction Q_r est égal au produit des activités des produits sur le produit des activités des réactifs :

$$Q_r = \frac{(a(C))^{\gamma} \times (a(D))^{\delta}}{(a(A))^{\alpha} \times (a(B))^{\beta}}.$$

C'est une grandeur sans dimension.

Par exemple, pour la réaction chimique : $CH_3COOH_{(aq)} + H_2O_{(l)} \leftrightarrows CH_3COO^-_{(aq)} + H_3O^+_{(aq)}$ le quotient de réaction s'écrit :

$$Q_r = \frac{[CH_3COO^-] \times [H_3O^+]}{[CH_3COOH] \times C^\circ}.$$

Il faut toujours préciser dans quel état se trouve le système pour calculer le Q_r. On peut calculer le quotient de réaction à l'état initial du système ou pour un état intermédiaire quelconque. On peut enfin, calculer le quotient de réaction dans l'état final du système mais il devient alors égal à la constante d'équilibre $K(T)$.

À retenir. Constante d'équilibre

La constante d'équilibre K est égale au quotient de réaction dans l'état final, lorsque la réaction chimique a atteint l'équilibre :

$$Q_{r,\text{eq}} = K(T).$$

C'est une grandeur sans dimension, caractéristique de la réaction chimique et qui ne dépend que de la température.

Les constantes d'équilibres sont répertoriées dans des tables et connues pour différentes températures. Aucune constante d'équilibre n'est à connaître.
Par exemple, pour la réaction chimique : $CH_3COOH_{(aq)} + H_2O_{(l)} \leftrightarrows CH_3COO^-_{(aq)} + H_3O^+_{(aq)}$ la constante d'équilibre à 25°C vaut :

$$K(25^\circ C) = \frac{[CH_3COO^-]_{\text{eq}} \times [H_3O^+]_{\text{eq}}}{[CH_3COOH]_{\text{eq}} \times C^\circ} = 1,7.10^{-5}.$$

En comparant la valeur du quotient de réaction à l'instant initial $Q_{r,i}$ et la valeur de $K(T)$ on peut savoir dans quel sens la réaction va évoluer de manière spontanée, c'est-à-dire de manière naturelle sans aide extérieure et sans être forcée :

- si $Q_{r,i} = K(T)$, alors l'équilibre est déjà atteint, il n'y a **pas d'évolution** ;
- si $Q_{r,i} < K(T)$, alors la réaction se fait dans **le sens direct**, $Q_{r,i}$ augmente jusqu'à atteindre la valeur de $K(T)$;
- si $Q_{r,i} > K(T)$, alors la réaction se fait dans **le sens indirect**, $Q_{r,i}$ diminue jusqu'à atteindre la valeur de $K(T)$.

De manière globale on peut retenir que lorsque la réaction est hors équilibre, Q_r évolue naturellement pour se rapprocher de $K(T)$.

3 Évolution forcée d'un système

Le sens d'évolution spontanée d'une réaction chimique peut être renversé : on parle alors de transformation forcée. C'est le cas de l'électrolyse.

À retenir. Électrolyse

L'électrolyse est une transformation chimique d'oxydoréduction forcée par un générateur de tension continue au cours de laquelle le système électrochimique évolue dans le sens inverse de celui qui serait spontanément observé.

Ce genre de réaction est à l'opposée du fonctionnement d'une pile.

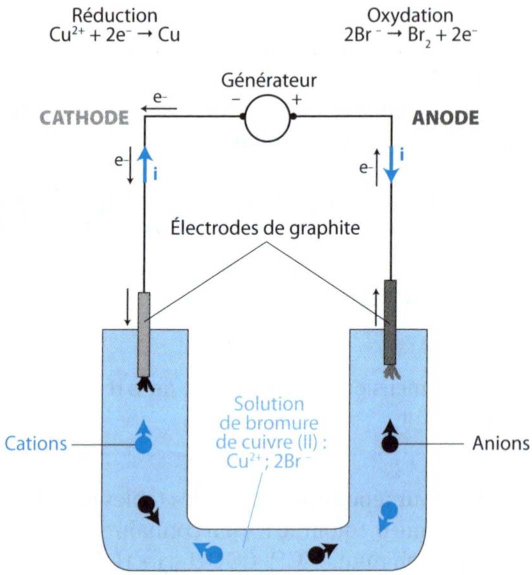

▶ **Figure 8.14.** Fonctionnement d'une électrolyse.

On plonge deux électrodes de graphite, inertes, dans le liquide de part et d'autre du tube en U. Elles permettent de faire circuler le courant du générateur jusqu'au mélange réactionnel mais ne réagissent pas. Le sens de déplacement des électrons dans le circuit est tel qu'il va induire :

- une réaction d'oxydation sur une des deux électrodes. On la nommera alors **anode**. C'est celle reliée au pôle positif du générateur;
- une réaction de réduction sur une des deux électrodes. On la nommera alors **cathode**. C'est celle reliée au pôle négatif du générateur.

Ici, les électrons circulent vers la cathode, où il se forme, expérimentalement, un dépot de cuivre. C'est l'observation expérimentale qui permet de savoir quelle réaction se produit ici, à savoir une réduction des ions Cuivre II en cuivre :

$$Cu^{2+}_{(aq)} + 2e^- \rightarrow Cu_{(s)}.$$

Pour l'anode, la solution se décolore et, si on ajoute un peu de cyclohexane, cela devient rouge : signe de la présence de dibrome aqueux. C'est bien une oxydation :

$$2Br^-_{(aq)} \longrightarrow Br_{2(aq)} + 2e^-.$$

La réaction globale se produisant dans l'électrolyse est la suivante :

$$Cu^{2+}_{(aq)} + 2Br^-_{(aq)} \leftrightarrows Cu_{(s)} + Br_{2(aq)}, \text{ avec } Q_r = \frac{[Br_2] \times (C°)^2}{[Cu^{2+}] \times [Br^-]^2}.$$

Le quotient de réaction ici est exactement l'inverse de celui que l'on aurait obtenu dans une pile avec les mêmes composants. Le générateur, par son apport d'énergie, impose que le quotient de réaction initial de ce sytsème $Q_{r,i}$ s'éloigne de $K(T)$: la réaction évolue de manière forcée.

Ce genre de procédé permet de convertir de l'énergie électrique, issue du générateur, en énergie chimique. En effet, après l'électrolyse, le système évolue de nouveau de manière spontanée dans le sens opposé. L'électrolyse est le moyen de recharger une batterie ou une pile : on parle d'accumulateur.

À retenir.

Un accumulateur est un système électrochimique de stockage d'énergie électrique sous forme chimique. Il a un double fonctionnement :
- en générateur : il fonctionne alors comme une pile et convertit l'énergie chimique en énergie électrique pour le milieu extérieur;
- en récepteur : il fonctionne comme un électrolyseur et convertit l'énergie électrique en énergie chimique, réutilisable ensuite.

Nous avons autour de nous de nombreux accumutaleurs : batteries de téléphones portables, batteries de voitures, piles rechargeables, etc. Il se trouve qu'il existe aussi des accumulateurs d'énergie dans la nature : les cellules chlorophyliennes.
Les accumulateurs et, plus largement, les systèmes capables de stocker de l'énergie sont un enjeu primordial pour l'avenir. Leur amélioration devient un élément vital de notre société.

Remarque

L'oxydation à l'anode et la réduction à la cathode restent vraies que ce soit pour les piles ou les électrolyses. Dans la pile, l'anode est le pôle négatif. Dans l'électrolyse, l'anode est reliée au pôle positif du générateur.

Conclusion

L'étude des réactions chimiques peut se faire de deux points de vue distinct : cinétique ou thermodynamique. La réaction va-t-elle se faire seule? Va-t-elle se faire rapidement? L'idéal pour un industriel est une réaction spontanée, rapide et qui, en plus, va jusqu'à un avancement le plus proche possible de x_{max}. C'est rarement le cas! Il est a privilégier des réactions qui ont un $K(T) > 10^3$, cela assure une réaction thermodynamiquement très avancée. On peut ensuite trouver le moyen de l'accélérer, en chauffant ou en ajoutant un catalyseur.

EXERCICES D'APPLICATION

I ▸ Les dosages

●○○ 10 min.

EXERCICE 1

On donne les équations de plusieurs réactions de titrage avec le réactif titrant en premier et le réactif titré en second à chaque fois.

1) $2S_2O_3^{2-}{}_{(aq)} + I_{2(aq)} \rightarrow S_4O_6^{2-}{}_{(aq)} + 2I^-_{(aq)}$
2) $MnO_4^-{}_{(aq)} + 5Fe^{2+}_{(aq)} + 8H^+_{(aq)} \rightarrow Mn^{2+}_{(aq)} + 5Fe^{3+}_{(aq)} + 4H_2O_{(l)}$
3) $2MnO_4^-{}_{(aq)} + 5H_2O_{2(aq)} + 6H^+_{(aq)} \rightarrow 2Mn^{2+}_{(aq)} + 5O_{2(g)} + 8H_2O_{(l)}$.

Pour chaque réaction, donner la relation entre les quantités de matière de réactifs titrant et titrés à l'équivalence.

●●○ 20 min.

EXERCICE 2

Un technicien de laboratoire doit vérifier la concentration C_0 en chlorure de calcium d'une ampoule médicale de 10 mL fabriquée en grande quantité par son entreprise. Il dispose, pour cela, de chlorure de calcium solide en poudre, d'un conductimètre et de toute la verrerie nécessaire. Lorsqu'il plonge la cellule du conductimètre directement dans la solution de l'ampoule médicale, l'appareil sature, même sur son plus grand calibre. Il propose alors de diluer par 100 le contenu de l'ampoule afin d'obtenir une solution de concentration C_d et de réaliser lui-même six solutions de chlorure de calcium de concentrations différentes. Il réunit ses résultats dans le tableau suivant :

C ($mmol.L^{-1}$)	1,0	2,0	4,0	6,0	8,0	10	C_d
σ ($mS.cm^{-1}$)	0,26	0,53	1,01	1,50	2,04	2,51	1,20

1) Décrire le protocole effectué par le technicien et le but de son expérimentation.
2) Tracer la courbe donnant la variation de la conductivité en fonction des concentrations en chlorure de calcium. Ces deux grandeurs sont-elles proportionnelles ?
3) Déterminer la concentration C_0 de l'ampoule médicale.

●●● 25 min.

EXERCICE 3

On prépare une solution appelée S_1 d'hydroxyde de sodium NaOH en versant 0,40 g de NaOH solide pur dans de l'eau distillée et en complétant à 1,0 L exactement. On dose 10 mL de cette solution S_1, par une solution S_2 d'acide chlorhydrique de concentration $C_A = 1,0 \times 10^{-2}$ mol.L^{-1} en présence de Bleu de Bromothymol (BBT).

1) Quelles sont les précautions à prendre lors de la préparation de la solution S_1 ?
2) Quels sont les ions présents dans la solution S_1 et leur concentration ?
3) Écrire l'équation de la réaction de dosage de S_1 par S_2. Cette réaction est considérée totale.
4) Calculer pour chaque volume d'acide ajouté suivant, 0 ; 5 ; 9 ; 10 ; 11 ; 15 et 20 mL, la quantité théorique de H_3O^+ et de HO^- restante dans la solution.

5) En déduire le pH pour chaque volume d'acide versé (on pourra utiliser le produit ionique $K_e = 1{,}0 \times 10^{-14}$).
6) Tracer la courbe théorique de l'évolution du pH. Déterminer le volume équivalent.
7) Lors de l'expérience, on observe un virage du BBT du jaune au bleu pour une quantité d'acide chlorhydrique ajoutée égale à $V_E = 9{,}6\,\text{mL}$. En déduire la concentration expérimentale réelle de la solution de soude.
8) Comparer les valeurs théoriques et expérimentales en calculant l'écart relatif. À quoi peut-on attribuer cet écart ?
9) Le BBT est-il un indicateur coloré bien adapté pour ce dosage ?

Données : $M(\text{Na}) = 23\,\text{g.mol}^{-1}$, $M(\text{O}) = 16\,\text{g.mol}^{-1}$, et $M(\text{H}) = 1{,}0\,\text{g.mol}^{-1}$.

II ▸ Spectrophotométrie et IR

●●○ **EXERCICE 4**

L'eau de Dakin est un antiseptique utilisé notamment pour le lavage des plaies et des muqueuses. Elle a une couleur caractéristique entre le rose et le violet. L'étiquette d'un flacon d'eau de Dakin du commerce indique une concentration en permanganate de potassium de « 0,0010 g pour 100 mL ». On souhaite vérifier cette information. Pour cela, on prépare cinq solutions-filles à partir d'une solution-mère S_0 de permanganate de potassium ($K^+ + MnO_4^-$) de concentration molaire $C_0 = 1{,}0 \times 10^{-2}\,\text{mol.L}^{-1}$. On mesure l'absorbance de chaque solution.

Solution	S_1	S_2	S_3	S_4	S_5
C ($\times 10^{-5}\,\text{mol.L}^{-1}$)	10	8,0	6,0	4,0	2,0
A	0,220	0,178	0,132	0,089	0,045

1) Décrire le protocole expérimental permettant de réaliser des mesures d'absorbance.
2) En utilisant le spectre d'absorption du permanganate de potassium (figure 8.15), déterminer à quelle longueur d'ondes les mesures d'absorbance doivent être faites. Justifier.

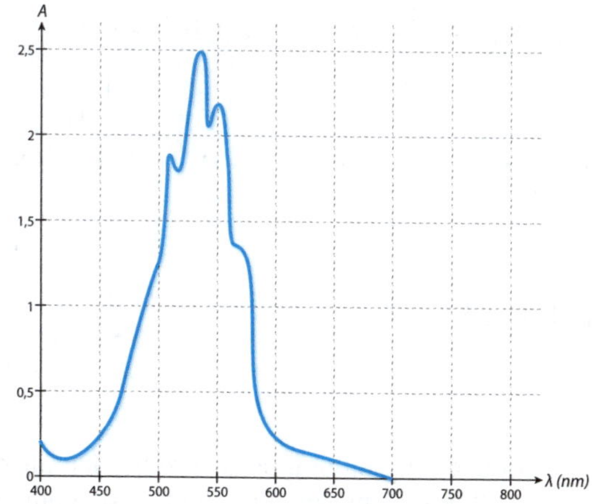

▸ **Figure 8.15.** Spectre d'absorption du permanganate de potassium.

EXERCICES D'APPLICATION

3) Tracer la courbe de la variation de l'absorbance en fonction de la concentration.
4) Déterminer le coefficient d'extinction molaire du permanganate de potassium sachant que les cuves font $l = 1{,}0\,\text{cm}$ de large.
5) Pour $\lambda = 530\,\text{nm}$, l'absorbance de l'eau de Dakin est $A = 0,15$. Déterminer alors C_{exp}, la concentration molaire en permanganate de potassium de l'eau de Dakin.
6) Comparer ce résultat expérimental à la concentration théorique C_{theo} de l'eau de Dakin présente sur l'étiquette (encadrement autorisé à 5% près). Conclure.

Données : $M(\text{K}) = 39\,\text{g.mol}^{-1}$, $M(\text{Mn}) = 55\,\text{g.mol}^{-1}$, et $M(\text{O}) = 16\,\text{g.mol}^{-1}$.

●●○ 10 min.

EXERCICE 5

On cherche à confirmer la structure d'une molécule dont on a le spectre infrarouge.

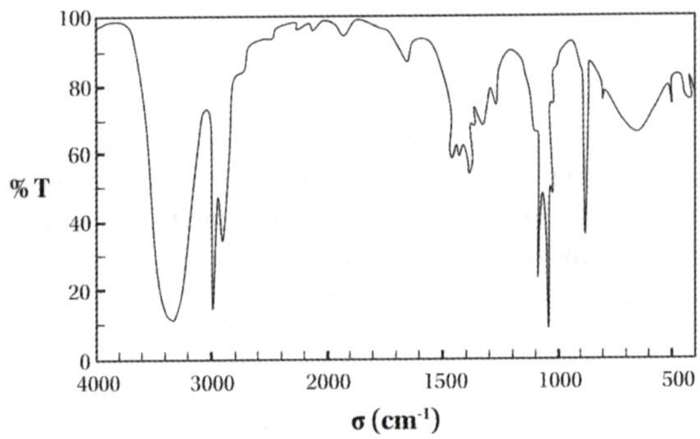

▸ **Figure 8.16.** Spectre infrarouge de la molécule étudiée.

1) Quelles liaisons caractéristiques le spectre IR (figure 8.16) met-il en évidence ?
2) Déterminer laquelle ou lesquelles des molécules ci-dessous peuvent correspondre à ce spectre IR ?

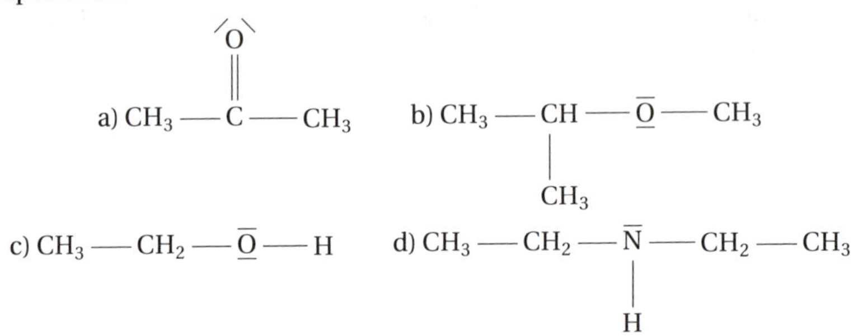

III ▸ La cinétique

●○○ 15 min.

EXERCICE 6

On mélange à 20°C, 20 mL d'une solution de peroxodisulfate de sodium de concentration $1{,}0 \times 10^{-1}\,\text{mol.L}^{-1}$ et 20 mL d'une solution d'iodure de potassium de concentration $5{,}0 \times 10^{-1}\,\text{mol.L}^{-1}$. On constate que le milieu, initialement incolore, devient progressivement brun selon la réaction :

$$2I^- + S_2O_8^{\ 2-} \rightarrow 2SO_4^{\ 2-} + I_2.$$

1) On dispose de bains à 0°C et à 40°C. Lequel convient-il d'utiliser pour diminuer la durée d'évolution du système?
2) On réalise le même mélange en changeant seulement la concentration de la solution d'iodure de potassium, qui vaut alors $8{,}0 \times 10^{-1}$ mol.L^{-1}. L'état final est-il atteint plus rapidement? La coloration du milieu à l'état final est-elle la même que pour l'expérience initiale?

●●○ 40 min.

EXERCICE 7

Un parfumeur décide de synthétiser la molécule d'éthanoate de 3-méthylbutyle $C_7H_{14}O_2$, un ester qui présente une odeur de banane car son extraction naturelle est trop coûteuse. Il utilise alors un mélange d'acide éthanoïque $C_2H_4O_2$ et d'alcool isoamylique $C_5H_{12}O$: il introduit dans un erlenmeyer 1,00 mol d'acide éthanoïque et 1,00 mol d'alcool isoamylique. Le mélange est maintenu à température constante et produit l'ester voulu et de l'eau. Il prélève régulièrement un échantillon du mélange qu'il refroidit brutalement, puis il dose l'acide restant par une solution d'hydroxyde de sodium. La quantité de matière d'acide est notée n_A. Les résultats sont rassemblés dans le tableau ci-dessous :

t (en h)	0	1	2	4	6	8	10	15	20	25
n_A (en mol)	1	0,82	0,70	0,54	0,46	0,41	0,38	0,35	0,34	0,34

1) Établir le tableau d'avancement de la réaction chimique étudiée.
2) Déterminer l'avancement maximal x_{max}.
3) Compléter alors le tableau ci-dessous en indiquant la quantité de matière d'ester formée aux dates des prélèvement manquants. Détailler une fois le calcul.

t (en h)	0	1	2	4	6	8	10	15	20	25
n_A (en mol)	1	0,82	0,70	0,54	0,46	0,41	0,38	0,35	0,34	0,34
n_{ester} (en mol)	0		0,30					0,65		0,66

4) En utilisant le tableau précédent, déterminer la valeur de l'avancement x_f à l'état final. Justifier votre réponse.
5) Cette transformation est-elle totale? Justifier votre réponse.
6) En utilisant la courbe obtenue par le parfumeur (figure 8.17) peut-on confirmer la valeur de x_f déterminée précédemment? Justifier.
7) À l'aide de cette courbe, interpréter qualitativement la variation de la vitesse de réaction au cours du temps. Quel facteur cinétique permet d'expliquer cette évolution?
8) Déterminer graphiquement le temps de demi-réaction de cette synthèse. Faire apparaître clairement la construction réalisée sur le graphique.
9) Quel est le but du refroidissement brutal effectué avant chaque dosage?
10) Le parfumeur décide de refaire l'expérience à une température plus élevée. Représenter sur la figure 8.17 l'allure de la courbe obtenue dans ces conditions.

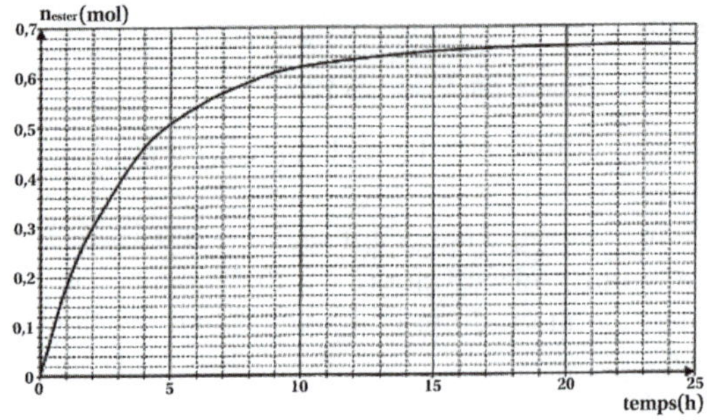

► **Figure 8.17.** Quantité de matière d'ester formé au cours du temps.

●●○ 15 min.

EXERCICE 8

La réaction de décomposition du pentaoxyde de diazote, élément présent dans les gaz d'échappement des voitures, donne du dioxyde d'azote et du dioxygène en suivant une loi de vitesse d'ordre 1 :

$$N_2O_{5(g)} \rightarrow 2NO_{2(g)} + \frac{1}{2}O_{2(g)}.$$

On peut écrire la vitesse volumique de disparition du N_2O_5 telle que :

$$v_d = k \times [N_2O_5].$$

Avec $k = 5{,}0 \times 10^{-4}\,s^{-1}$ et une concentration initiale en pentaoxyde de diazote dans le gaz d'échappement $C(0) = c_0 = 0{,}20\,mmol.L^{-1}$.

1) Déterminer une équation différentielle du premier ordre en $[N_2O_5]$.
2) Vérifier que $[N_2O_5] = c_0 \exp(-kt)$ est solution de l'équation différentielle.
3) Calculer alors la concentration en pentaoxyde de diazote au bout d'un temps t = 10 min.
4) Déterminer la valeur du temps de demi-réaction.

IV ► Prévision et sens d'évolution

●●○ 25 min.

EXERCICE 9

Un accumulateur au plomb est constitué de deux électrodes de plomb, dont l'une est recouverte de dioxyde de plomb $PbO_{2(s)}$, qui plongent dans une solution d'acide sulfurique $(2H^+_{(aq)} + SO_4^{2-}{}_{(aq)})$. Il subit une succession de cycles de charge et de décharge. Lors de la décharge, le plomb et le dioxyde de plomb sont consommés. L'accumulateur se comporte d'abord comme une pile de capacité $Q = 400\,kC$. On rappelle que Q est la quantité maximale d'électricité qu'il peut faire circuler dans un circuit extérieur.

1) Écrire les demi-équations des réactions qui se produisent aux électrodes. En déduire les électrodes constituant les bornes positive et négative de la pile.
2) Écrire l'équation de la réaction de fonctionnement de l'accumulateur et exprimer son quotient de réaction Q_r.
3) Lorsque l'accumulateur fonctionne assez longtemps pour être totalement déchargé, que devient son Q_r ?

4) Après sa décharge complète, l'accumulateur doit être rechargé. Comment doit-on procéder?
5) Donner l'équation de la réaction se produisant lors de la charge de l'accumulateur.
6) Quelle quantité d'électricité minimale doit traverser l'accumulateur pour le recharger totalement après une décharge complète?
7) Calculer alors l'augmentation de la masse de l'électrode de plomb pendant une recharge totale.

Données :

Couple oxydoréducteur :

- $Pb^{2+}_{(aq)}$ / $Pb_{(s)}$;
- $PbO_{2(s)}$ / $Pb^{2+}{}_{(aq)}$.

Constante de Faraday : $\mathscr{F} = 9{,}65 \times 10^4\,C.mol^{-1}$.
Masse molaire du plomb : $M(Pb) = 207{,}2\,g.mol^{-1}$.

●●● 30 min.

EXERCICE 10

L'acide formique HCOOH réagit avec l'eau selon une réaction acide-base. On mesure à l'équilibre une conductivité $\sigma = 2{,}75 \times 10^{-2}\,S.m^{-1}$ pour un volume $V = 100{,}0\,mL$ de solution aqueuse d'acide formique de concentration en soluté apporté $c = 2{,}0 \times 10^{-3}\,mol.L^{-1}$.

1) Écrire l'équation chimique de la réaction.
2) Construire le tableau d'avancement.
3) Exprimer alors chaque concentration d'espèces présentes à l'état final en fonction de x_{eq}.
4) Déterminer l'expression de la conductivité σ à l'équilibre en fonction de x_{eq} et de V. En déduire la valeur de x_{eq}.
5) Donner l'expression du quotient de réaction Q_r à l'équilibre et déterminer la valeur de $K(T)$. En déduire le sens d'évolution spontanée de la réaction.

Données : conductivité molaire ionique

- $\lambda_{H_3O^+} = 349{,}8 \times 10^{-4}\,S.m^2.mol^{-1}$;
- $\lambda_{HCOO^-} = 54{,}6 \times 10^{-4}\,S.m^2.mol^{-1}$.

CORRIGÉS DÉTAILLÉS

Corrigés de l'auto-évaluation, p. 212

1-D : pour retrouver la valeur cherchée par comparaison avec les autres ; **2-A** : l'autre méthode serait la dérivation informatiquement ; **3-B** : pour observer un changement de pente ; **4-C** : une solution peut être incolore et absorber les UV ; **5-A** : voir cours ; **6-A** : voir cours ; **7-C** : la cinétique n'a pas d'influence sur le rendement ; **8-B** : voir cours.

Corrigés des exercices d'application, p. 232

I ▶ Les dosages

EXERCICE 1

On note les quantités de matière initialement présente avec 0 en indice et les quantités de matière versée à l'équivalence avec E en indice. Un tableau d'avancement peut être nécessaire. À l'équivalence, chaque réactif est entièrement consommé :

$$n - \alpha x_E = 0 <=> x_E = \frac{n}{\alpha}.$$

1) $\frac{n(S_2O_3^{\ 2-})_E}{2} = n(I_2)_0$.
2) $n(MnO_4^{\ -})_E = \frac{n(Fe^{2+})_0}{5}$
3) $\frac{n(MnO_4^{\ -})_E}{2} = \frac{n(H_2O_2)_0}{5}$.

EXERCICE 2

1) Le technicien réalise une dilution, puis un dosage conductimétrique par étalonnage. La dilution est faite pour permettre une mesure correcte de la conductivité (l'appareil sature) et, surtout, pour travailler avec des solutions où il existe une proportionnalité entre conductivité et concentration. Il fabrique ensuite des solutions de concentration connue en espèce à doser, qui encadrent la solution de l'ampoule médicale. Pour s'en assurer, il faut comparer la conductivité de l'ampoule diluée et celle des deux solutions, la plus concentrée et la moins concentrée, fabriquées. Le technicien trace alors une droite avec les résultats obtenus sur les six solutions (droite d'étalonnage). Pour finir, on détermine par lecture graphique, la concentration de la solution inconnue (diluée depuis la solution-mère) à condition qu'il y ait proportionnalité !

2)

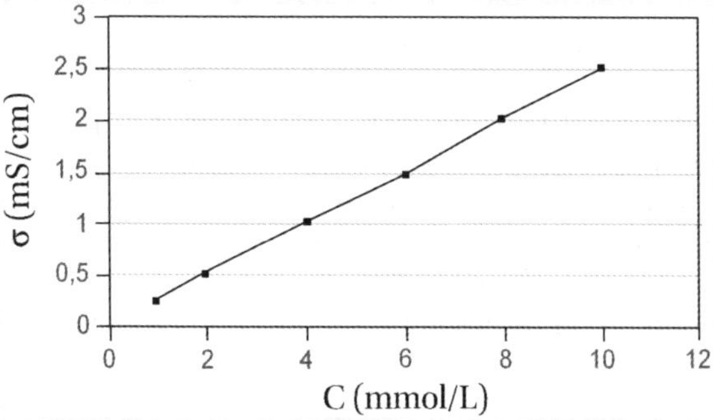

▶ **Figure 8.18.** Droite d'étalonnage conductimétrique.

La conductivité et la concentration sont deux grandeurs proportionnelles dans cette situation. On peut écrire $\sigma = \alpha \times C$ avec α le coefficient directeur de la droite.

$$\alpha = 0{,}025\,\text{m}^2\text{S.mol}^{-1}.$$

3) Pour la solution diluée, $\sigma = 1{,}20\,\text{mS.cm}^{-1}$, cela donne par lecture graphique $C_d = 4{,}8\,\text{mmol.L}^{-1}$. Or, la solution étudiée a été diluée par 100. Ainsi, $C_0 = 480\,\text{mmol.L}^{-1}$.

EXERCICE 3

1) On prépare une solution basique qui peut être corrosive et réagir fortement avec l'eau. Il faut donc d'abord verser de l'eau dans le récipient en grande quantité, puis ajouter doucement la poudre en remuant pour dissoudre le solide.

2) L'hydroxyde de sodium se dissocie en ions Na^+ et HO^- de concentrations respectives :

$$[Na^+] = [HO^-] = \frac{n}{V} = \frac{\frac{0{,}40}{23+1+16}}{1} = 1{,}0 \times 10^{-2}\,\text{mol.L}^{-1}.$$

3) $HO^- + H_3O^+ \rightarrow 2H_2O$.

4) Les choses se déroulent en trois étapes :

- avant l'équivalence, l'hydroxyde de sodium est majoritaire dans la solution. L'ajout de la première goutte d'acide chlorhydrique déclenche la réaction chimique, considérée comme théoriquement totale. Ainsi, les ions H_3O^+ sont entièrement consommés et la quantité d'ions HO^- diminue dans la solution;
- à l'équivalence, les réactifs sont introduits dans les proportions stœchiométriques et sont donc entièrement consommés tous les deux;
- après l'équivalence, l'ajout d'ions H_3O^+ continue, mais la réaction n'a plus lieu, puisqu'il n'y a plus de HO^- depuis l'équivalence.

Un tableau d'avancement pourra vous aider à comprendre et faire correctement les calculs :

Vol. acide (mL)	0	5	9	10	11	15	20
$n(H_3O^+)$ (mol)	0	0	0	0	1×10^{-5}	5×10^{-5}	1×10^{-4}
$n(HO^-)$ (mol)	1×10^{-4}	5×10^{-5}	1×10^{-5}	0	0	0	0
pH	12	11,5	10,7	7	3,3	2,7	2,5

CORRIGÉS DÉTAILLÉS

5) Avant l'équivalence, le pH se calcule à l'aide de $K_e = 1 \times 10^{-14} = [H_3O^+] \times [HO^-]$. En effet,

$$pH = -\log[H_3O^+] = -\log\left(\frac{K_e}{[HO^-]}\right).$$

Il faut donc calculer la concentration en ion HO^- restante en prenant garde à l'évolution du volume au fur et à mesure de l'ajout d'acide ($[HO^-] = \frac{n(HO^-)}{V_{solution}}$).
À l'équivalence, les réactifs ont entièrement disparu, il n'y a que de l'eau : pH = 7.
Après l'équivalence, on calcule le pH de la solution avec $pH = -\log[H_3O^+]$.
L'ensemble des résultats numériques se trouve dans le tableau.

6) On trace l'évolution du pH de la solution en fonction du volume d'acide versé en (mL).

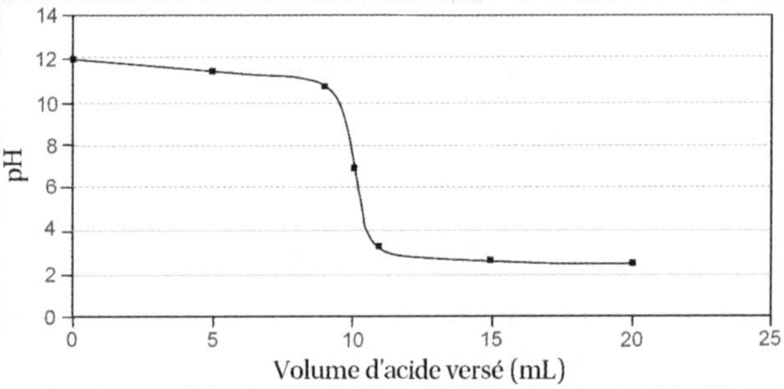

▶ **Figure 8.19.** Dosage théorique d'une base par un acide.

Le volume équivalent est de $V = 10$ mL (méthode des tangentes par exemple) pour un pH = 7.

7) L'équivalence expérimentale est atteinte pour $V_E = 9{,}6$ mL et, à cet instant de la réaction : $n(H_3O^+) = C_A \times V_E = n(HO^-)_{exp}$.
Ainsi, $[HO^-]_{exp} = \frac{0{,}01 \times 9{,}6 \times 10^{-3}}{10 \times 10^{-3}} = 9{,}6 \times 10^{-3}$ mol.L^{-1}.

8) La valeur théorique est de $C_B = 1{,}0 \times 10^{-2}$ mol.L^{-1}.
L'écart relatif est $\%_{erreur} = \frac{0.01 - 0.0096}{0.01} = 4\%$. Cet écart est dû aux imprécisions de la manipulation (verrerie mal rincée, masse mesurée et volume avec légère imprécision, changement de teinte sensible, etc.). Cela reste très raisonnable.

9) Le changement de teinte se produit bien autour du pH. À l'équivalence, il est donc bien adapté pour ce dosage (un écart de 4% est tout à fait acceptable). Le BBT est jaune en dessous de pH = 6 et vert au-dessus de pH = 7,6.

II ▶ Spectrophotométrie et IR

EXERCICE 4

1) Pour réaliser des mesures avec un spectrophotomètre, il faut utiliser des cuves bien propres à ne saisir que par les côtés striés. La lumière va passer par le côté parfaitement transparent. Il faut d'abord « faire le blanc » avec une cuve remplie du solvant afin de supprimer l'absorbance parasite (de la cuve et du solvant). Une fois que l'absorbance est bien à zéro, on peut insérer la cuve avec le produit à étudier. Pour les dilutions, voir le protocole habituel (mise en condition verrerie et gestes expérimentaux).

2) La courbe (figure 8.15) montre un pic d'absorbance pour $\lambda = 530\,\text{nm}$. On règle le spectrophotomètre sur cette longueur d'onde pour gagner en précision et mesurer, au mieux, les petites variations d'absorbance (et donc de concentration).
3) On trace la courbe $A = f(C)$:

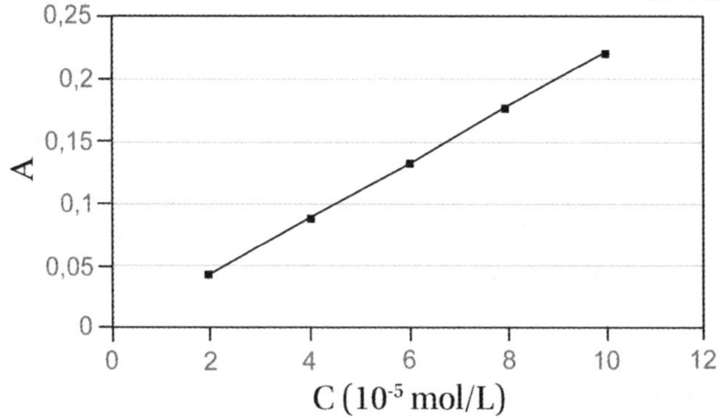

► **Figure 8.20.** Droite d'étalonnage spectrophotométrique.

4) La loi de Beer-Lambert donne $A = \epsilon(\lambda) \times l \times C$. Ainsi, le coefficient directeur de la droite correspond au produit $\epsilon(\lambda) \times l$ avec l la largeur de la cuve. Il faut faire attention aux unités ! En utilisant la courbe, on obtient : $\epsilon(530\text{nm}) = 2,2 \times 10^2\ \text{m}^{-2}.\text{mol}^{-1}$.
5) Par lecture graphique, on trouve $C_{\text{exp}} = 6,8 \times 10^{-5}\ \text{mol.L}^{-1}$.
6) L'étiquette du Dakin donne $t = \frac{m}{V} = 1,0 \times 10^{-2}\ \text{g.L}^{-1}$, $C_{\text{theo}} = \frac{t}{M} = 6,3 \times 10^{-5}\ \text{mol.L}^{-1}$. On peut calculer l'écart relatif $\%_{\text{erreur}} = \left|\frac{6,3-6,8}{6,3}\right| \times 100 = 7,9\%$. Si l'expérimentateur a travaillé avec précaution et précision, les informations de l'étiquette dépassent l'encadrement de 5% d'erreur autorisé. Le produit ne peut pas être mis ainsi en vente.

EXERCICE 5

1) La bande caractéristique sur le spectre IR est la bande large aux alentours de $3300\ \text{cm}^{-1}$ qui indique la présence d'une liaison –OH, donc de la présence d'une fonction alcool.
2) La molécule a) est une cétone avec la fonction carbonyle qui formerait une bande large dans le spectre IR vers les $1\,700\ \text{cm}^{-1}$. Ce n'est pas du tout le cas. La molécule c) est un éther-oxyde non repérable dans les spectres IR. La molécule d) est un amine secondaire avec une bande moyenne vers $1\,600\ \text{cm}^{-1}$. Cette bande n'est pas présente non plus. Il ne reste donc que la molécule b) qui présente bien la fonction hydroxyle –OH. C'est donc le spectre de la molécule d'éthanol.

III ► La cinétique

EXERCICE 6

1) La température est un facteur cinétique. Si on cherche à diminuer la durée d'évolution du système, on souhaite que la réaction se fasse donc plus vite. Il faut, par conséquent, augmenter la température en utilisant le bain à 40°C.

CORRIGÉS DÉTAILLÉS

2) La concentration d'un des réactifs est augmentée, l'expérimentateur agit ici sur un facteur cinétique. L'état final sera donc atteint plus vite. En revanche, l'état final ne sera pas modifié car l'iodure de potassium (qui était déjà en excès) est encore en excès, par conséquent, la coloration du milieu sera exactement la même que dans l'expérience initiale.

EXERCICE 7

1) La réaction étudiée ne présente pas de coefficients stœchiométriques :

Équation de la réaction	:	$C_2H_4O_2$ +	$C_5H_{12}O$ ⇋	$C_7H_{14}O_2$ +	H_2O
État du système	**Avancement**	$n(C_2H_4O_2)$	$n(C_5H_{12}O)$	$n(C_7H_{14}O_2)$	$n(H_2O)$
État initial	0	1	1	0	0
État intermédiaire	x	$1-x$	$1-x$	x	x
État final	x_f	$1-x_f$	$1-x_f$	x_f	x_f

2) Si l'acide éthanoïque est limitant $1,0-x_{max}=0$, c'est-à-dire $x_{max}=1,0$ mol. De même, si c'est l'alcool isoamylique est limitant $1,0-x_{max}=0$, c'est-à-dire $x_{max}=1,0$ mol. L'avancement maximal est donc bien $x_{max}=1,0$ mol.
3) En utilisant le tableau d'avancement, on peut écrire que $n_{ester}=x=1,0-n_A$. On peut donc remplir le tableau comme suit :

t (en h)	0	1	2	4	6	8	10	15	20	25
n_A (en mol)	1	0,82	0,70	0,54	0,46	0,41	0,38	0,35	0,34	0,34
n_{ester} (en mol)	0	0,18	0,30	0,46	0,54	0,59	0,62	0,65	0,66	0,66

4) L'avancement x_f à l'état final correspond à la valeur de x en fin de réaction, c'est-à-dire quand les quantités de matière n'évoluent plus : $x_f=0,66$ mol.
5) On remarque que la réaction s'arrête avant que l'avancement maximal soit atteint. La réaction n'est donc pas totale.
6) Par lecture graphique : $x_f=0,66$ mol, ce qui confirme la valeur du tableau. Il suffit de lire la valeur maximale atteinte par la courbe lorsque la pente n'évolue plus.
7) Plus la vitesse est importante, plus la pente de la tangente à la courbe est importante : cette pente est plus élevée en début de réaction à $t=0$ min qu'en milieu ($t=4$min) ou en fin de réaction ($t=25$ min). La vitesse diminue donc au cours de la réaction. Le facteur cinétique en jeu dans cette diminution est la concentration des réactifs qui diminue au cours du temps (les quantités de matière des réactifs diminuent à volume constant).
8) Graphiquement, le temps de demi-réaction correspond au temps au bout duquel la moitié du réactif limitant a été consommé. On cherche donc t pour $x=\frac{x_f}{2}$. On trouve $t=2,3$ heures (figure 8.21).

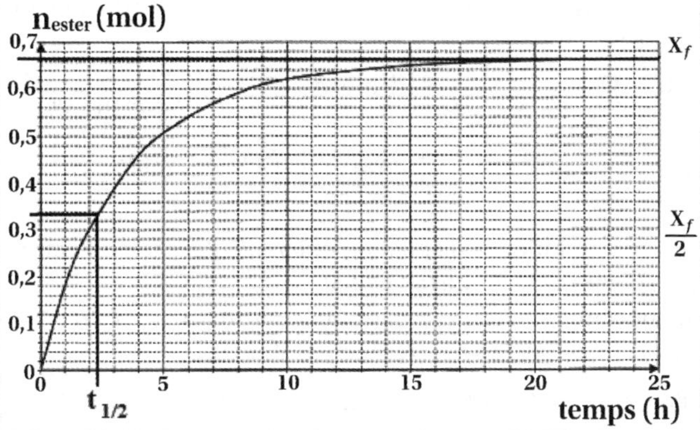

▸ **Figure 8.21.** Détermination graphique du temps de demi-vie.

9) Le but du refroidissement brutal effectué avant chaque dosage est un blocage cinétique par abaissement de la température. La réaction est ainsi stoppée et le dosage peut se faire sans que la quantité de matière d'acide continue d'évoluer dans le bécher.
10) La température étant un facteur cinétique, si elle augmente, l'avancement final est atteint plus rapidement. Le temps de demi-réaction est donc plus petit. Attention à ne pas représenter une courbe qui aurait un avancement final plus élevé ! On trace sur la figure 8.22 une nouvelle courbe en comparaison de la première obtenue par le parfumeur.

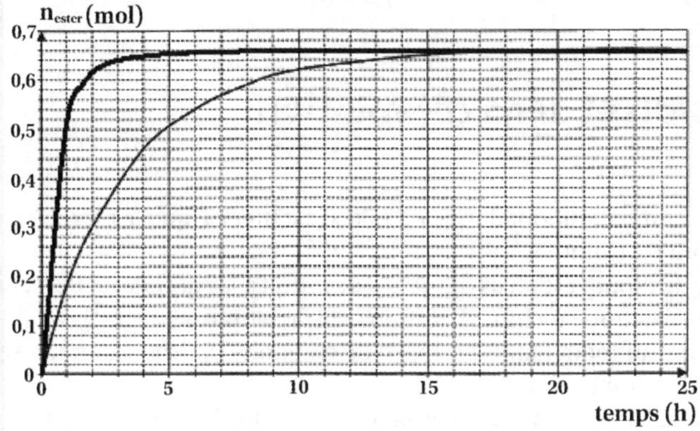

▸ **Figure 8.22.** Facteur cinétique en variation.

EXERCICE 8

1) Par définition de la vitesse volumique de disparition d'un réactif ainsi que l'expression donnée par l'énoncé, on peut écrire :

$$v_d = -\frac{d[N_2O_5]}{dt} = k \times [N_2O_5] \iff \frac{d[N_2O_5]}{dt} + k \times [N_2O_5] = 0.$$

C'est une équation différentielle du premier ordre sans second membre.

2) On remplace l'expression donnée dans l'énoncé au sein de l'équation différentielle du premier ordre :

$$\frac{d[N_2O_5]}{dt} + k \times [N_2O_5] = \frac{d(c_0 \exp(-kt))}{dt} + k \times c_0 \exp(-kt)$$
$$= -k c_0 \exp(-kt) + k c_0 \exp(-kt)$$
$$= 0.$$

La fonction est bien solution de l'équation différentielle, car le membre de gauche est bien égal au membre de droite (à savoir 0).

3) On cherche la concentration en $[N_2O_5]$ au bout de 10 minutes, c'est-à-dire 600 secondes. On utilise donc la fonction $[N_2O_5] = c_0 \exp(-kt)$:

$$[N_2O_5](600) = c_0 \exp(-k \times 600) = 0,00020.\exp\left(-5.10^{-4} \times 600\right) = 0,15\,\text{mmol.L}^{-1}.$$

4) Par définition du temps de demi-réaction, $t = t_{1/2}$ on a $[N_2O_5] = \frac{c_0}{2}$. On peut alors démontrer que :

$$[N_2O_5](t_{1/2}) = \frac{c_0}{2} = c_0 \exp\left(-k.t_{1/2}\right)$$
$$<=> \frac{1}{2} = \exp\left(-k.t_{1/2}\right)$$
$$<=> t_{1/2} = -\frac{1}{k}.\ln\left(\frac{1}{2}\right)$$
$$<=> t_{1/2} = \frac{ln(2)}{k}$$
$$= 1,4 \times 10^3\ \text{s}.$$

IV ▸ Prévision et sens d'évolution

EXERCICE 9

1) Lorsque l'accumulateur fonctionne en pile, il est précisé que le plomb et le dioxyde de plomb sont consommés :
   - le dioxyde de plomb est un oxydant : il sera réduit à la cathode en Pb^{2+}. La cathode sera donc l'électrode recouverte de dioxyde de plomb ;
   - le plomb est un réducteur : il sera oxydé à l'anode en Pb^{2+}. L'anode sera l'autre électrode, en simple plomb.

   Ainsi, à l'anode, la borne négative de la pile : $Pb \rightarrow Pb^{2+} + 2e^-$.
   À la cathode, la borne positive de la pile : $PbO_2 + 4H^+ + 2e^- \rightarrow Pb^{2+} + 2H_2O$.
2) L'équation globale : $PbO_2 + 4H^+ + Pb \leftrightharpoons 2Pb^{2+} + 2H_2O$.
   Son quotient de réaction :

$$Q_r = \frac{[Pb^{2+}]^2 C°}{[H^+]^4}.$$

   En effet, le plomb et le dioxyde de plomb sont solides, leur activité vaut donc 1, ainsi que l'eau qui est un produit de la réaction mais aussi le solvant.
3) Lorsque la pile est déchargée, l'accumulateur cesse de fonctionner : la réaction a atteint son avancement maximal et la pile ne fabrique plus de courant. Le quotient de réaction a donc atteint la valeur de la constante d'équilibre : $Q_r = K(T)$.

4) Il faut maintenant forcer la réaction à évoluer dans le sens indirect.
Pendant la décharge, l'accumulateur voit circuler des électrons de l'anode vers la cathode. Il faut donc inverser le sens de circulation des électrons en branchant un générateur : la borne négative du générateur sur l'anode et la borne positive du générateur sur la cathode. Ainsi, les électrons iront vers l'anode pour y produire une réduction. **Attention :** pendant la charge, l'electrode qui jouait le rôle d'anode va subir une réduction. Elle devient donc la cathode ! De même, l'électrode recouverte de dioxyde de plomb, qui jouait le rôle de cathode pendant la décharge, va être le siège d'une oxydation : elle devient l'anode pour la charge !
5) Pendant la charge de l'accumulateur (fonctionnement en électrolyse) :
   - à la nouvelle cathode, il y a réduction des ions plomb II : $Pb^{2+} + 2e^- \rightarrow Pb$;
   - à la nouvelle anode, il y a une oxydation des ions plomb II :
   $Pb^{2+} + 2H_2O \rightarrow PbO_2 + 4H^+ + 2e^-$.

   Ainsi, la réaction globale de charge est :
   $$2Pb^{2+} + 2H_2O \leftrightharpoons PbO_2 + 4H^+ + Pb.$$
   On peut remarquer que c'est exactement l'opposée de la réaction de décharge de l'accumulateur (fonctionnement en pile).
6) L'accumulateur possède une charge électrique maximale $Q = 400\,\text{kC}$. Ainsi, une fois totalement vide, si on souhaite recharger intégralement l'accumulateur, il faudra au moins fournir une quantité d'électricité minimale telle que $Q = 400\,\text{kC}$. On précise « quantité minimale » car cela suppose qu'il n'y a aucune perte durant le transfert. Or, on sait que lors de toute conversion d'énergie, il y a forcément des pertes. Il faudra donc sans doute dépenser plus d'énergie.
7) Par définition de la charge électrique :
   - $Q = I\Delta t = 400\,\text{kC}$ donnée dans l'énoncé ;
   - $Q = n(e^-) \times \mathcal{F}$ avec $n(e^-)$ la quantité d'électrons échangés au cours de la réaction chimique et $\mathcal{F}$ la constante de Faraday.

   Dans cette réaction, deux électrons sont envoyés de l'anode vers la cathode, donc $n(e^-) = 2x_f$, avec x_f l'avancement final de la réaction de décharge. Pour obtenir la masse il faut donc remonter à x_f, puis, avec la masse molaire du plomb, remonter à la masse m.
   $$n(e^-) = \frac{Q}{\mathcal{F}} \implies x_f = \frac{Q}{2 \times \mathcal{F}} = \frac{400000}{2 \times 96500} = 2{,}07\,\text{mol}.$$
   Ainsi, sur une recharge, il se formera une masse de plomb solide :
   $$m_{Pb} = n_{Pb} \times M(Pb) = x_f \times M(Pb) = 2{,}07 \times 207{,}2 = 429\,\text{g}.$$

EXERCICE 10

1) La réaction chimique entre l'acide formique et l'eau est une équation acide-base. Il y a donc un échange d'ion H^+ :
$$HCOOH + H_2O \leftrightharpoons HCOO^- + H_3O^+.$$
2) On réalise le tableau d'avancement correspondant à la réaction :

CORRIGÉS DÉTAILLÉS

Équation de la réaction	:	$HCOOH$ +	H_2O ⇌	$HCOO^-$ +	H_3O^+
État du système	**Avancement**	$n(HCOOH)$	$n(H_2O)$	$n(HCOO^-)$	$n(H_3O^+)$
État initial	0	$2{,}5.10^{-4}$	/	0	0
État intermédiaire	x	$2{,}5.10^{-4} - x$	/	x	x
État final	x_f	$2{,}5.10^{-4} - x_f$	/	x_f	x_f

3) La réaction chimique a son avancement final que l'on note $x_f = x_{eq}$. Ainsi, en s'aidant du tableau d'avancement, on donne la composition du système à l'état final :
   - $[HCOOH]_f = \frac{1}{V} \times \left(2{,}5.10^{-4} - x_{eq}\right)$;
   - $[H_2O]_f$ est le solvant, son activité chimique vaut donc $a = 1$ et sa concentration n'est jamais à définir;
   - $[HCOO^-]_f = \frac{1}{V} \times x_{eq}$;
   - $[H_3O^+]_f = \frac{1}{V} \times x_{eq}$.
4) Les seuls éléments chimiques à intervenir dans le calcul de la conductivité sont les ions. Ainsi, à l'équilibre :

$$\sigma = \sum_i \lambda_i \times [X_i] = \lambda_{HCOO^-} \times \frac{x_{eq}}{V} + \lambda_{H_3O^+} \times \frac{x_{eq}}{V}.$$

L'énoncé donnant la valeur de σ lorsque la réaction est à l'équilibre, on peut déterminer la valeur de x_{eq} :

$$\sigma = x_{eq} \times \left(\frac{\lambda_{HCOO^-} + \lambda_{H_3O^+}}{V} \right) \quad \text{donc : } x_{eq} = \frac{\sigma \times V}{\lambda_{HCOO^-} + \lambda_{H_3O^+}} = 0{,}68 \times 10^{-4}\,\text{mol}.$$

Il faut avoir une attention particulière pour les unités! Le volume doit être exprimé en m^3 sinon tout est faux ici.

5) Par définition à l'état d'équilibre $Q_r = K(T)$, donc :

$$K(T) = \frac{[HCOO^-]_{(eq)} \times [H_3O^+]_{(eq)}}{[HCOOH]_{(eq)} \times C^\circ} = \frac{\left(\frac{x_{eq}}{V}\right)^2}{\frac{(2{,}5.10^{-4} - x_{eq})}{V} \times C^\circ} = 2{,}5 \times 10^{-4}.$$

Au début de la réaction, il n'y a aucun produit de formé, ainsi $Q_{r,i} = 0$, donc $Q_{r,i} < K(T)$ la réaction se fera spontanément dans le sens direct.

CHAPITRE 9

La radioactivité

Plan du chapitre

Après avoir étudié les transformations chimiques et physiques, il reste une dernière grande famille de transformation à aborder : les transformations nucléaires. À la frontière entre la physique et la chimie, l'étude de la radioactivité et de l'énergie qui émane des réactions nucléaires est au coeur de notre civilisation moderne. Pour donner une idée de son importance, l'électricité en France est à plus de 70 % d'origine nucléaire.

Objectifs et compétences

Ce que j'ai vu au lycée	Ce que je vais apprendre en prépa
• Écrire symboliquement une réaction nucléaire. • Identifier le type de radioactivité. • Utiliser la loi de décroissance radioactive. • Dater l'âge d'un échantillon. • Lien entre radioactivité et application dans le domaine médical.	• Équilibrer avec plus de précision les réactions nucléaires. • Étudier la fission et la fusion nucléaire. • Étudier le défaut de masse d'un noyau et l'énergie libérée.

AUTO-ÉVALUATION

Évaluez-vous en répondant à la série de questions ci-dessous. Plusieurs bonnes réponses sont possibles.

QCM INTERACTIFS

lienmini.fr/40829-9

1. **La radioactivité α émet :**
   - ☐ **a.** l'équivalent d'un noyau d'hélium ;
   - ☐ **b.** l'équivalent d'un atome d'hélium ;
   - ☐ **c.** les protons issus d'un noyau d'hélium ;
   - ☐ **d.** les électrons qui entourent un noyau d'hélium.

2. **La radioactivité β^+ émet :**
   - ☐ **a.** un proton ;
   - ☐ **b.** un positon ;
   - ☐ **c.** un positron ;
   - ☐ **d.** un protion.

3. **La radioactivité β^- émet :**
   - ☐ **a.** un électon ;
   - ☐ **b.** un proton ;
   - ☐ **c.** un électron ;
   - ☐ **d.** un noyau d'hélium.

4. **La radioactivité γ :**
   - ☐ **a.** émet de la lumière ;
   - ☐ **b.** émet une particule chargée ;
   - ☐ **c.** permet à un atome fils excité de se désexciter ;
   - ☐ **d.** libère un positon et un électron.

5. **Le temps de demi-vie représente :**
   - ☐ **a.** la moitié du temps permettant à tous les noyaux radioactifs de se désintégrer ;
   - ☐ **b.** le temps au bout duquel la moitié des noyaux radioactifs se sont désintégrés ;
   - ☐ **c.** la moitié du temps de vie de l'échantillon radioactif ;
   - ☐ **d.** une constante universelle.

6. **L'activité est une grandeur :**
   - ☐ **a.** sans unité ;
   - ☐ **b.** qui s'exprime en joules ;
   - ☐ **c.** qui s'exprime en s^{-1} ;
   - ☐ **d.** qui s'exprime en nombre d'entités par mole.

7. **La radioactivité :**
   - ☐ **a.** présente seulement des effets négatifs ;
   - ☐ **b.** est non naturelle ;
   - ☐ **c.** est uniquement présente dans les centrales nucléaires ;
   - ☐ **d.** est au coeur des réactions se produisant dans le Soleil.

SYNTHÈSE DE COURS

I ▸ Définitions

La radioactivité est un phénomène qui affecte le noyau des atomes.

À retenir. Noyau radioactif

Un noyau radioactif est un noyau instable qui se scinde spontanément en deux noyaux différent avec émission de rayonnement.

Une transformation qui met en jeu des noyaux est une réaction nucléaire.

Certains noyaux gardent indéfiniment la même composition, ce sont les noyaux stables. D'autres sont radioactifs, ils sont instables et leur composition change. On trace sur la figure 9.1 la répartition des noyaux stables et instables.

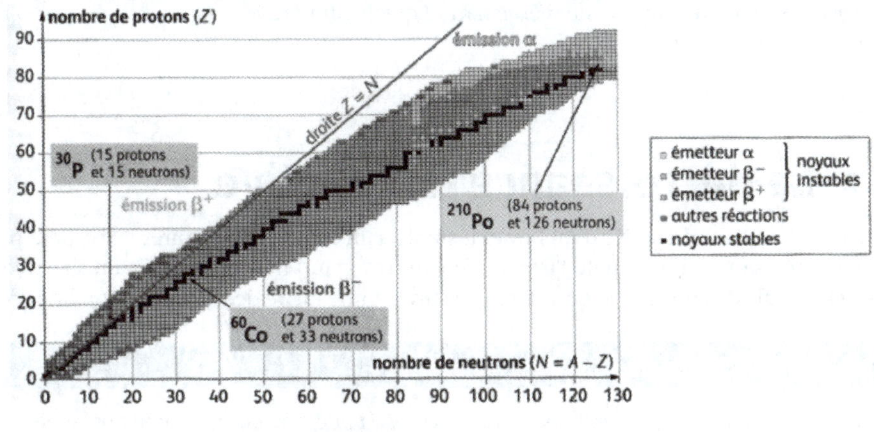

▸ **Figure 9.1.** Diagramme N-Z.

On remarque que :

- pour les noyaux instables, trois cas sont possibles. Si $Z > N$ (trop de protons), si $N > Z$ (trop de neutrons) ou si A est trop grand;
- les noyaux stables se trouvent dans la **vallée de la stabilité**.

Il y a alors différents types de radioactivité : la radioactivité β^+, la radioactivité β^- et la radioactivité α.

Quel que soit le type de radioactivité, les réactions vont faire passer un noyau X, appelé **noyau père**, à un noyau Y, appelé **noyau fils**, de composition différente. Ce genre de réaction doit respecter les règles de conservation de Soddy.

À retenir. Règles de Soddy

Lors d'une réaction de désintégration radioactive, il faut qu'il y ait conservation du nombre de nucléons et conservation de la charge électrique.

Dans le cas général : ${}_{Z_1}^{A_1}A \rightarrow {}_{Z_2}^{A_2}B + {}_{Z_3}^{A_3}C$ avec $A_1 = A_2 + A_3$ et $Z_1 = Z_2 + Z_3$.
Il existe trois types de radioactivité :

- **la radioactivité β^+** se produit lorsqu'il y a émission d'un positon ${}_1^0\mathrm{e}$ ($N < Z$). Exemple :

$$ {}_{15}^{30}\mathrm{P} \rightarrow {}_{14}^{30}\mathrm{Si} + {}_1^0\mathrm{e} ; $$

- **la radioactivité β^-** se produit lorsqu'il y a émission d'un électron ${}_{-1}^{0}\mathrm{e}$ ($N > Z$). Exemple :

$$ {}_{27}^{60}\mathrm{Co} \rightarrow {}_{28}^{60}\mathrm{Ni} + {}_{-1}^{0}\mathrm{e} ; $$

- **la radioactivité α** se produit lorsqu'il y a un trop grand nombre de nucléon et que le noyau libère l'équivalent d'un noyau d'hélium. On parle de particule $\alpha = {}_2^4\mathrm{He}$. Exemple :

$$ {}_{92}^{238}\mathrm{U} \rightarrow {}_{90}^{234}\mathrm{Th} + {}_2^4\mathrm{He}. $$

Lors de la désintégration d'un noyau radioactif, le noyau fils est généralement dans un état excité : il possède un surplus d'énergie interne (que l'on note avec une $*$ en exposant). Il se désexcite en évacuant ce surplus d'énergie sous la forme d'un rayonnement non chargé, appelé rayonnement gamma, de même nature que la lumière.
Exemple de **radioactivité γ** :

$$ {}_{90}^{234}\mathrm{Th}^* \rightarrow {}_{90}^{234}\mathrm{Th} + \gamma. $$

II ▸ La décroissance radioactive

La désintégration radioactive d'un noyau instable a un caractère aléatoire : on ne peut pas faire de prévisions. Si on répète l'expérience un très grand nombre de fois, on s'aperçoit que l'ensemble des noyaux se désintègre en suivant une loi de décroissance non linéaire.

À retenir. Loi de décroissance radioactive

Au niveau macroscopique, le nombre moyen $N(t)$ de noyaux radioactifs présents dans un échantillon, se désintègre en suivant la loi :

$$ N(t) = N_0 \times \exp(-\lambda t). $$

$N(t)$ est le nombre moyen de noyaux radioactifs à la date t ; N_0 est le nombre moyen de noyaux radioactifs à $t = 0$; λ la constante radioactive en s^{-1} et t la date en seconde.

Plutôt que la constante radioactive λ, on utilise souvent la constante de temps $\tau = \frac{1}{\lambda}$, temps caractéristique de la désintégration. On définit aussi le temps de demi-vie $t_{1/2}$.

À retenir. Temps de demi-vie

Le temps de demi-vie $t_{1/2}$ d'un échantillon contenant $N(t)$ noyaux radioactifs à la date t est égal à la durée au bout de laquelle le nombre moyen de noyaux radioactifs est divisé par deux : $N(t+t_{1/2})=\frac{N(t)}{2}$, ainsi $N(t+2t_{1/2})=\frac{N(t)}{4}$, etc.

On peut alors tracer la courbe suivante :

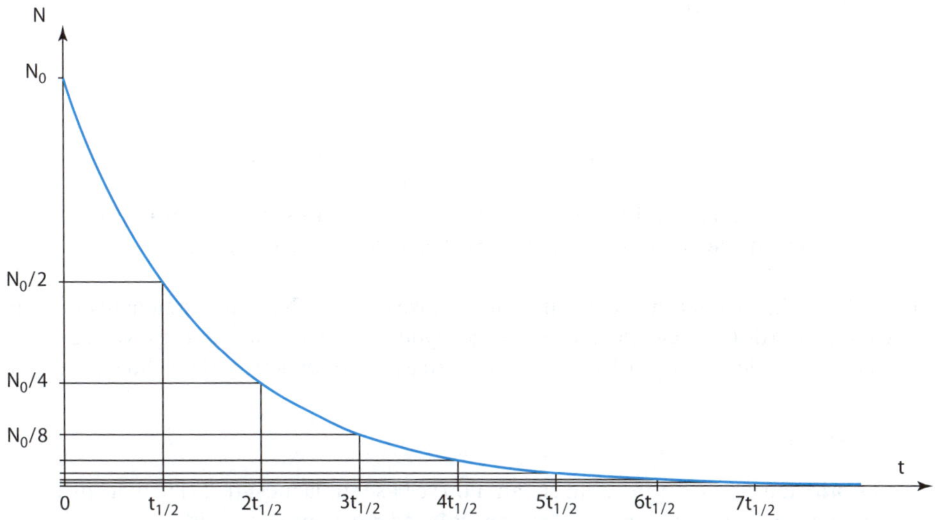

▸ **Figure 9.2.** Courbe de décroissance radioactive et demi-vie.

Ainsi, par définition :

$$t_{1/2}=\frac{\ln 2}{\lambda}=\tau\ln 2.$$

On retient l'idée suivante « Un noyau radioactif ne vieillit pas ». En effet, il a toujours la même chance de se désintégrer : une chance sur deux, entre deux demi-vies.

Noyau	λ	τ	$t_{1/2}$
^{238}U	$1{,}5\times10^{-10}\text{ans}^{-1}$	$6{,}7\times10^{9}\text{ans}$	$4{,}6\times10^{9}$ ans
^{14}C	$1{,}2\times10^{-4}\text{ans}^{-1}$	$8{,}3\times10^{3}\text{ans}$	5 800 ans
^{137}Cs	$2{,}3\times10^{-2}\text{ans}^{-1}$	$4{,}3\times10^{1}\text{ans}$	30 ans
^{212}Po	$2{,}3\times10^{6}\,/\text{s}^{-1}$	$4{,}3\times10^{-7}$ s	$0{,}30\,\mu$s

L'activité moyenne d'un échantillon radioactif est le nombre moyen de désintégrations qu'il produit par seconde. On peut donc établir, à partir d'un instant t le nombre moyen de désintégrations après un temps Δt.

$$A(t)=\frac{N(t)-N(t+\Delta t)}{\Delta t}=-\frac{N(t+\Delta t)-N(t)}{\Delta t}.$$

Ainsi, si la durée Δt tend vers zéro, on obtient, en utilisant la définition mathématique de la dérivée :

$$A(t) = -\frac{dN(t)}{dt}.$$

Il faut maintenant utiliser le fait que l'activité d'un échantillon radioactif est proportionnelle à la quantité d'éléments radioactifs présents.

À retenir. Activité

L'activité $A(t)$ est une grandeur positive exprimée en Becquerel (Bq) : $A(t) = \lambda \times N(t)$.

Ainsi, on peut écrire :

$$-\frac{dN(t)}{dt} = \lambda N(t) \quad <=> \quad \frac{dN(t)}{dt} + \lambda N(t) = 0.$$

On retrouve une équation différentielle du premier ordre sans second membre. Cela explique pourquoi la loi de décroissance radioactive est en exponentielle négative.

L'activité traduit la quantité de rayonnement émise par un échantillon radioactif et donne une indication de l'énergie transportée par ce rayonnement. Il représente le niveau de danger d'un échantillon, puisque l'énergie transportée peut venir détruire les cellules vivantes.

Application

Le principe de la datation d'un échantillon se base sur la mesure de l'activité de la source radioactive par un compteur de radioactivité (compteur Geiger) pour accéder à $N(t)$. C'est la détermination de N_0 de l'échantillon qui est délicate, puis :

$$t = -\frac{1}{\lambda} \ln\left(\frac{N(t)}{N_0}\right).$$

III ▸ Radioactivité et énergie

Les réactions nucléaires peuvent libérer d'importantes quantités d'énergie. On trouve des composés naturellement radioactifs dans la nature (une soixantaine). La plupart ont été fabriqués au cœur des étoiles. Selon le temps de demi-vie et l'activité, il est plus ou moins dangereux d'être proche d'une source radioactive.

À retenir.

La protection contre les rayonnements ionisant des radiations nécessite d'abord de s'éloigner de la source radioactive. Il faut ensuite être équipé de matériaux capables de réfléchir les radiations ou d'en absorber une grande partie. Évidemmment, il faut éviter d'inhaler, ingérer ou toucher un élément radioactif.

La radioactivité n'est pas uniquement nuisible. Elle permet de faire fonctionner le cœur des centrales nucléaires qui fabriquent la très grande majorité de l'électricité en France. La radioactivité a aussi des applications médicales : imagerie, radiothérapie, traceur radioactif, etc.

À retenir. La fusion nucléaire

La fusion nucléaire est une réaction nucléaire provoquée, où deux noyaux légers s'unissent au cours d'un choc pour former un noyau plus lourd, avec libération d'énergie (c'est ce qu'il se passe dans notre Soleil) :

$${}^{1}_{1}\mathrm{H} + {}^{3}_{1}\mathrm{H} \rightarrow {}^{4}_{2}\mathrm{He}.$$ (réaction thermonucléaire à 10 millions de degrés).

À retenir. La fission nucléaire

La fission nucléaire est une réaction nucléaire provoquée, où un noyau lourd donne naissance à deux noyaux plus légers sous l'effet d'un choc avec un neutron. Il y a ensuite réaction en chaîne, puisque des neutrons sont libérés (c'est ce qui est utilisé dans nos centrales nucléaires) :

$${}^{235}_{92}\mathrm{U} + {}^{1}_{0}n \rightarrow {}^{94}_{38}\mathrm{Sr} + {}^{140}_{54}\mathrm{Xe} + 2{}^{1}_{0}n.$$

Objectif prépa

Un des postulats de la théorie d'Einstein est que la masse est une des formes que peut prendre l'énergie. Un système au repos, de masse m, possède une énergie de masse E donnée par :

$$E = m \times C^2.$$

Avec E l'énergie en Joule, m la masse en kg et C la célérité de la lumière dans le vide. Pour un proton, on a : $m_p = 1{,}673 \times 10^{-27}$ kg, ce qui correspond à une énergie de masse $E = 2{,}505 \times 10^{-10}$ J. Le joule n'est pas une unité très adaptée pour traiter des énergies des noyaux (nombres trop petit). On met en place l'électron volt (eV) et l'unité de masse atomique u :

$$1\ \mathrm{eV} = 1{,}6 \times 10^{-19}\ \mathrm{J}, \quad \text{ainsi que} \quad 1u = \frac{1}{12} \times m\left({}^{12}_{6}C\right) = 1{,}66054 \times 10^{-27}\ \mathrm{kg}.$$

De manière globale, s'il y a une variation de masse d'un système au repos, il y a une variation d'énergie de masse. Le système peut alors perdre de l'énergie qu'il va fournir au milieu extérieur si $m_{\text{avant}} < m_{\text{apres}}$. En effet, $\Delta E = \Delta m \times C^2 = \left(m_{\text{apres}} - m_{\text{avant}}\right) \times C^2$. La masse d'un noyau est toujours inférieure à la somme des masses de ses constituants. Le défaut de masse est : masse de Z protons + masse de $(A-Z)$ neutrons – masse de ${}^{A}_{Z}X$.

Remarque

On parle aussi d'énergie de liaison, E_l représente l'énergie que l'on doit fournir au noyau isolé au repos, pour le dissocier en ses nucléons isolés et au repos : E_l = défaut de masse $\times C^2$.

EXERCICES D'APPLICATION

●●○ 20 min.

EXERCICE 1

Suite à un accident dans une centrale nucléaire, des nucléides radioactifs comme l'iode 131 et le césium 137 peuvent se répandre dans l'atmosphère.

1) Donner la composition de ces deux nucléides.
2) L'iode 131 est un émetteur β^-, écrire l'équation bilan de sa transformation nucléaire.
3) L'iode 131 et le césium 137 ont respectivement pour demi-vie $t_1 = 8,0$ jours et $t_2 = 30$ ans. Donner la relation liant masse de nucléide et nombre de noyaux de nucléide.
4) À la date $t = 0$, on considère deux échantillons d'iode 131 et de césium 137 de même masse $m_0 = 1,0\,\text{g}$. Calculer pour chaque nucléide la masse m présente aux dates $t =$ 8 jours, $t = 1$ an et $t = 30$ ans.
5) Peut-on dire, sans informations supplémentaires, que l'iode est moins dangereux que le césium ?

Données : ${}^{131}_{53}\text{I}$; ${}^{137}_{55}\text{Cs}$; ${}^{131}_{54}\text{Xe}$; $\mathcal{N}_A = 6,02 \times 10^{23}\,.\text{mol}^{-1}$; $M(I) = 130,9\,\text{g.mol}^{-1}$; $M(Cs) = 136,9\,\text{g.mol}^{-1}$.

●●● 25 min.

EXERCICE 2

L'énergie rayonnée par le Soleil provient des réactions de fusion des noyaux d'hydrogène en noyaux d'hélium. Ces réactions nécessitent une température de 10 millions de degrés. L'équation de la réaction de fusion est :

$$4\,{}^1_1\text{H} \rightarrow {}^4_2\text{He} + 2\,{}^0_1\text{e}.$$

L'énergie libérée par cette réaction est de 24 MeV.

1) Rappeler la définition d'une réaction de fusion.
2) Pourquoi une telle température est-elle nécessaire ?
3) Calculer la perte de masse correspondante en utilisant la relation $\Delta E = \Delta m \times C^2$.
4) Sachant que le Soleil rayonne $3,9 \times 10^{26}$ J chaque seconde et en supposant que l'énergie rayonnée provient intégralement de la fusion de l'hydrogène, déterminer la perte de masse du Soleil depuis sa formation. La comparer avec sa masse actuelle.

Données : masse actuelle du Soleil $M = 2,0 \times 10^{30}$ kg ; âge du Soleil : 4,6 milliards d'années.

CORRIGÉS DÉTAILLÉS

Corrigés de l'auto-évaluation, p. 248

1-A : voir cours; **2-B** : attention à l'orthographe; **3-C** : c'est bien un électron; **4-C** : voir cours; **5-B** : voir cours; **6-C** : c'est un nombre de désintégration par seconde; **7-D** : des réactions de fusion.

Corrigés des exercices d'application, p. 254

EXERCICE 1

1) L'iode 131 possède 53 protons et $N = 131 - 53 = 78$ neutrons. Le césium 137 possède 55 protons et $N = 137 - 55 = 82$ neutrons.
2) La radioactivité β^- se produit lors de l'émission d'un électron : ${}^{131}_{53}\mathrm{I} \rightarrow {}^{131}_{54}\mathrm{Xe} + {}^{0}_{-1}\mathrm{e}$. Si le Xenon fabriqué est excité, il se produira aussi un rayonnement gamma.
3) Par définition, $m = n \times M = \frac{N(t)}{\mathcal{N}_A} \times M$. Avec $N(t) = N_0 \times \exp(-\lambda t)$.
4) Pour pouvoir réaliser ce calcul, il faut déterminer les constantes radioactives de chaque noyau :
   - pour l'iode 131, on a $\lambda_1 = \frac{\ln 2}{t_1} = 8{,}2 \times 10^{-2}$ jours^{-1};
   - pour le césium 137, on a $\lambda_2 = \frac{\ln 2}{t_2} = 6{,}3 \times 10^{-5}$ jours^{-1}.

   On peut alors appliquer la formule trouvée à la question précédente :
   - $m_1(8j) = m_0 \times \exp(-\lambda_1 \times 8) = 0{,}5$ g; de même, $m_1(1 \text{ an}) = 1{,}6 \times 10^{-14}$ g, puis $m_1(30 \text{ ans}) = 0$ g;
   - $m_2(8j) = m_0 \times \exp(-\lambda_2 \times 8) = 0{,}999$ g; de même, $m_2(1 \text{ an}) = 0{,}977$ g, puis $m_2(30 \text{ ans}) = 0{,}50$ g.
5) Le problème de dangerosité se mesure à l'aide de nombreux paramètres (activité de l'échantillon, matière traversée, etc.) et pas seulement sa durée de vie. On ne peut donc pas conclure.

EXERCICE 2

1) La fusion est l'addition de deux noyaux légers qui forment un noyau plus lourd.
2) Une très grande température est nécessaire pour lutter contre les répulsions électromagnétiques de chaque noyau (les protons se repoussent).
3) On utilise la relation : $\Delta E = \Delta m \times C^2$.
   Ainsi, $\Delta m = \frac{\Delta E}{C^2} = \frac{24 \times 10^6 \times 1{,}6 \times 10^{-19}}{(3{,}00 \times 10^8)^2} = 4{,}27 \times 10^{-29}$ kg.
4) Chaque réaction de fusion libère une énergie $E = 24 \times 10^6 \times 1{,}6 \times 10^{-19} = 3{,}84 \times 10^{-12}$ J en entraînant une perte de masse de $1{,}28 \times 10^{-20}$ kg. Or, le Soleil rayonne une énergie $E_S = 3{,}9 \times 10^{26}$ J.
   On calcule d'abord le nombre de réactions de fusion qui se produisent chaque seconde : $N = \frac{E_S}{E} = 1{,}02 \times 10^{38}$ réactions. Ainsi, le Soleil subit une perte de masse chaque seconde de : $m = N \times \Delta m = 1{,}02 \times 10^{38} \times 4{,}27 \times 10^{-29} = 4{,}36 \times 10^9$ kg.
   On considère enfin que le Soleil rayonne cette énergie de manière constante depuis

sa formation, il y a 4,6 milliards d'années. La perte de masse totale du Soleil correspondante est de : $M_t = \Delta t \times m = 4{,}6 \times 10^9 \times 365{,}25 \times 24 \times 60 \times 60 \times 4{,}36 \times 10^9 = 6{,}33 \times 10^{26}$ kg.
Ces résultats numériques parlent de masses gigantesques à l'échelle humaine, qu'il est difficile d'appréhender. Le Soleil a perdu, en 4,6 milliards d'années, 0,03 % de sa masse actuelle, ce qui peut sembler faible, mais représente 100 fois la masse de la Terre !

Achevé d'imprimer en mars 2021
sur les presses de la SEPEC (France)
Numéro d'impression : 09467210230
Numéro d'éditeur : MAGSI-202001-44
Dépôt légal : avril 2021

IMPRIM'VERT®

PEFC 10-31-1470 / Certifié PEFC / Ce produit est issu de forêts gérées durablement et de sources contrôlées. / pefc-france.org